Perspektiven der Mathematikdidaktik

Reihe herausgegeben von

Gabriele Kaiser, Sektion 5, Universität Hamburg, Hamburg, Deutschland

In der Reihe werden Arbeiten zu aktuellen didaktischen Ansätzen zum Lehren und Lernen von Mathematik publiziert, die diese Felder empirisch untersuchen, qualitativ oder quantitativ orientiert. Die Publikationen sollen daher auch Antworten zu drängenden Fragen der Mathematikdidaktik und zu offenen Problemfeldern wie der Wirksamkeit der Lehrerausbildung oder der Implementierung von Innovationen im Mathematikunterricht anbieten. Damit leistet die Reihe einen Beitrag zur empirischen Fundierung der Mathematikdidaktik und zu sich daraus ergebenden Forschungsperspektiven.

Reihe herausgegeben von
Prof. Dr. Gabriele Kaiser
Universität Hamburg

Weitere Bände in der Reihe http://www.springer.com/series/12189

Nadine Krosanke

Entwicklung der professionellen Kompetenz von Mathematiklehramtsstudierenden zur Bedeutung von Sprache

Eine qualitative Studie zur professionellen Unterrichtswahrnehmung und der Kompetenz zur Analyse von Textaufgaben

Nadine Krosanke
Hamburg, Deutschland

Dissertation Universität Hamburg, 2020

ISSN 2522-0799 ISSN 2522-0802 (electronic)
Perspektiven der Mathematikdidaktik
ISBN 978-3-658-33504-5 ISBN 978-3-658-33505-2 (eBook)
https://doi.org/10.1007/978-3-658-33505-2

Die Deutsche Nationalbibliothek verzeichnet diese Publikation in der Deutschen Nationalbibliografie; detaillierte bibliografische Daten sind im Internet über http://dnb.d-nb.de abrufbar.

Planung/Lektorat: Marija Kojic
Springer Spektrum ist ein Imprint der eingetragenen Gesellschaft Springer Fachmedien Wiesbaden GmbH und ist ein Teil von Springer Nature.
Die Anschrift der Gesellschaft ist: Abraham-Lincoln-Str. 46, 65189 Wiesbaden, Germany

Inhaltsverzeichnis

Abbildungsverzeichnis

Tabellenverzeichnis

1 Einleitung

Das Schulfach Mathematik wird oft als vergleichsweise spracharmes Fach gesehen, obwohl Studien den Einfluss sprachlicher Kompetenz auf die Mathematikleistung von Schüler*innen zeigen (Heinze, Herwartz-Emden, Braun und Reiss 2011; Gürsoy, Benholz, Renk, Prediger und Büchter 2013; Ufer, Reiss und Mehringer 2013). Dieser Einfluss ist u. a. dadurch begründet, dass im Mathematikunterricht drei Sprachregister (Alltags-, Bildungs- und Fachsprache) sowohl zur Vermittlung der Inhalte als auch bei der Leistungsüberprüfung verwendet werden, sodass die Schüler*innen über bestimmte sprachliche Kompetenzen in diesen Registern verfügen bzw. diese im Laufe der Unterrichtseinheit erwerben müssen (Meyer und Prediger 2012). Dabei ist nicht nur die Wortebene der Sprachregister entscheidend, sondern auch die Satz- und Textebene sowie Diskurspraktiken stehen im Fokus. Insbesondere bildungssprachliche Kompetenzen (Gogolin 2009) sind für Schüler*innen essenziell, um erstens Leistungen in allen mathematischen Kompetenzbereichen erzielen zu können und um zweitens einen Zugang zu mathematischen Konzepten zu erhalten und ein konzeptuelles Verständnis aufzubauen (Gürsoy et al. 2013; Ufer et al. 2013). Entsprechend ist hier von einer kognitiven und kommunikativen Funktion von Sprache die Rede (Maier und Schweiger 1999). In der Erkenntnis, dass nicht alle Schüler*innen über die jeweils erforderlichen bildungssprachlichen Kompetenzen verfügen und unter der Annahme, dass deren Erwerb häufig nicht ausreichend von der Schule gefördert wird, postulierten Schütte und Kaiser bereits 2011, dass der Mathematikunterricht im Hinblick auf eine stärkere Berücksichtigung der Sprache verändert werden müsse. Inzwischen ist es als Aufgabe der Lehrkraft anerkannt, neben fachsprachlichen auch bildungssprachliche Kompetenzen der Schüler*innen zu fördern, um einen Beitrag zur Bildungsgerechtigkeit zu leisten und das Mathematiklernen für alle Schüler*innen in gleicher Weise zu ermöglichen. Darüber hinaus gibt es

N. Krosanke, *Entwicklung der professionellen Kompetenz von Mathematiklehramtsstudierenden zur Bedeutung von Sprache*, Perspektiven der Mathematikdidaktik, https://doi.org/10.1007/978-3-658-33505-2_1

erste Hinweise (Prediger und Wessel 2018), dass auch sprachlich starke Schüler*innen von einem sprachbewussten Mathematikunterricht profitieren, in dem Sprache explizit thematisiert wird.

Zentrale Ansätze für einen lernförderlichen Mathematikunterricht unter dieser Prämisse bieten die Prinzipien der sprachbewussten Unterrichtsgestaltung, wie sie u. a. von Tajmel und Hägi-Mead (2017) entwickelt wurden, sowie der methodisch-didaktische Scaffolding-Ansatz (Gibbons 2015). Gemäß dieser Ansätze thematisieren sprachbewusste Lehrkräfte Sprachmittel und Diskurspraktiken, die für die Vermittlung und das Verständnis des fachlichen Inhalts bzw. für den Erwerb der mathematischen Kompetenzen benötigt werden, explizit, um das fachliche Lernen zu ermöglichen bzw. zu fördern. Die zentrale Bedeutung dieses Themas für den Mathematikunterricht setzte den Impuls für die vorliegende Arbeit, denn zu Projektbeginn mangelte es deutlich an Lerngelegenheiten im Rahmen der Lehrer*innenbildung bezüglich dieser Thematik. So gab es beispielsweise für Studierende des Lehramts Mathematik an der Universität Hamburg kaum curriculare Angebote, in denen die Bedeutung von Sprache beim fachlichen Lernen und Lehren und die Gestaltung eines sprachbewussten Fachunterrichts thematisiert wurden, und die wenigen, die es gab, waren meist fachunspezifisch. An diesem Punkt setzt die vorliegende Studie an.

Die vorliegende Arbeit entstand im Rahmen des Projekts „ProfaLe“: Professionelles Lehrerhandeln zur Förderung fachlichen Lernens unter sich verändernden gesellschaftlichen Bedingungen (Kaiser 2015). Das Projekt wurde im Zuge der gemeinsamen „Qualitätsoffensive Lehrerbildung“ von Bund und Ländern aus Mitteln des Bundesministeriums für Bildung und Forschung gefördert. Ziel von ProfaLe war die Entwicklung, Durchführung, Beforschung und Implementierung von innovativen universitären Lehrveranstaltungen, die einen Beitrag zum professionellen Handeln angehender Lehrkräfte leisten sollten – insbesondere angesichts der zunehmend heterogenen Klassen. In diesem Kontext war es ein Ziel der vorliegenden Studie, ein Seminarkonzept zu entwickeln und zu erproben, das künftig zur Professionalisierung von Lehramtsstudierenden im Bereich Sprache im Mathematikunterricht beitragen soll. Die Untersuchung folgt einem kompetenzorientierten Ansatz von Lehrer*innenprofessionalität unter Rekurs auf das Kompetenzmodell von Blömeke, Gustafsson und Shavelson (2015). Demnach wird die professionelle Kompetenz von Lehrkräften als Kontinuum verstanden, das sowohl Dispositionen, wie professionelles Wissen und affektiv-motivationale Komponenten, als auch situationsspezifische Fähigkeiten bis hin zur Performanz umfasst (ebd.). Die drei Facetten der situationsspezifischen Fähigkeiten („Perception“, „Interpretation“, „Decision-Making“) werden hier grundlegend als professionelle Unterrichtswahrnehmung mit großer Nähe zum Konzept des „Mathematics Teacher Noticing" determiniert (Sherin, Jacobs und Phillipp 2011a). Es wird davon ausgegangen, dass die Verfügbarkeit der Kompetenzfacetten der professionellen Unterrichtswahrnehmung wesentlich bestimmt, inwieweit die Dispositionen einer Lehrkraft deren Handeln beeinflussen (Blömeke et al. 2015; Blömeke, König, Busse, Suhl, Benthien, Döhrmann und Kaiser 2014). Der Fokus auf das Thema „Sprache im Mathematikunterricht" im Zusammenhang mit der professionellen Unterrichtswahrnehmung ist bisher allerdings noch nicht erforscht. Bislang wurde vor allem die professionelle Unterrichtswahrnehmung allgemein oder mit Fokus auf das mathematische Denken der Schüler*innen (beispielsweise Sherin und Van Es 2009) oder mit Fokus auf Aspekte des Classroom Managements beforscht (Gold, Hellermann und Holodynski 2016).

In der vorliegenden Arbeit werden zwei Forschungsstränge („Professionelle Unterrichtswahrnehmung" und „Sprache im Mathematikunterricht") erstmals zusammengeführt. Das Seminarkonzept war daher so auszurichten, dass in dem Seminar nicht nur Wissen über die Bedeutung von Sprache und Methoden einer sprachbewussten Unterrichtsgestaltung im Mathematikunterricht vermittelt werden würde. Neben der Wissensvermittlung sollte die professionelle Unterrichtswahrnehmung der Studierenden gefördert werden, indem sie das vermittelte Wissen durch die Analyse von Text- und Videovignetten sowie Textaufgaben praktisch anwenden. Für die Beforschung der Einflüsse des Seminars auf die Kompetenzentwicklung wurden ebenfalls eine Videovignette und eine Textaufgabe eingesetzt, um Erkenntnisse hinsichtlich der professionellen Unterrichtswahrnehmung und Kompetenz von Studierenden zur Identifizierung und Analyse sprachlicher Hürden bei Textaufgaben zu gewinnen. Insgesamt kann die vorliegende empirische Studie trotz ihres explorativen Charakters als Interventionsstudie gelten, allerdings ohne Kontrollgruppe bzw. Kontrolle der Durchführungsbedingungen. Die beiden zentralen Forschungsfragen lauten:

- Inwiefern lassen sich bei den Studierenden Zuwächse in der Kompetenz zur Analyse von potenziellen sprachlichen Hürden in Textaufgaben nach der Teilnahme an dem Seminar identifizieren?
- Inwiefern lassen sich bei den Studierenden nach der Teilnahme an dem Seminar Kompetenzzuwächse in der professionellen Unterrichtswahrnehmung identifizieren, insbesondere hinsichtlich der Bedeutung von Sprache beim Lernen und Lehren von Mathematik?

Im ersten Teil der Arbeit wird der theoretische Hintergrund beleuchtet und der aktuelle Forschungsstand dargestellt. Hierfür wird zunächst die Konzeptualisierung, Messung und Förderung professioneller Kompetenz von Lehrkräften insbesondere hinsichtlich der professionellen Unterrichtswahrnehmung thematisiert. Es folgt die Präsentation von Theorien, Erkenntnissen und Konzeptionen zur Rolle von Sprache im Mathematikunterricht und zur Gestaltung eines sprachbewussten Mathematikunterrichts. Abschließend werden bisherige Konzeptualisierungen und empirische Studien zur professionellen Kompetenz von Lehrkräften im Bereich Sprache im Mathematikunterricht vorgestellt.

Im zweiten Teil der Arbeit folgt die Beschreibung und Begründung der entwickelten Lerngelegenheiten des Seminars. Hierfür wird das den Lerngelegenheiten zugrunde liegende Konzept beschrieben, das auf dem theoretischen Hintergrund und dem aktuellen Forschungsstand basiert. Anschließend wird das Konzept anhand eines Überblicks über die Lerngelegenheiten sowie anhand der ausführlichen Darstellung einer bestimmten Lerngelegenheit erläutert.

Im dritten Teil liegt der Fokus auf dem methodologischen und methodischen Ansatz der Studie. Aufgrund ihres explorativen Charakters wird diese zunächst begründet der qualitativen Forschung zugeordnet. Anschließend folgt die Darstellung des aus den Forschungsfragen resultierenden Prä-Post-Designs und die Beschreibung der Stichprobe. Zur Erhebung der professionellen Unterrichtswahrnehmung wurde eine authentische Videovignette entwickelt, in der eine sprachlich komplexe Textaufgabe bearbeitet wird. Die Entwicklung dieser Vignette wird zunächst auf Basis forschungsrelevanter Kriterien expliziert. Sodann werden das Video sowie die thematisierte Aufgabe unter den Aspekten der Forschungsfragen analysiert. So wird ein konkreter Eindruck davon vermittelt, was Studierende in der Vignette wahrnehmen und wie sie dies interpretieren könnten. Im Anschluss wird der Leitfaden der geführten qualitativen Interviews erläutert und konzeptionell begründet. Der dann folgende Abschnitt erläutert die Wahl der Auswertungsmethode des transkribierten Datenmaterials. Hier wird das Vorgehen der inhaltlich-strukturierenden und typenbildenden qualitativen Inhaltsanalyse nach Kuckartz (2016) beschrieben und unter Anwendung relevanter Gütekriterien empirischer Forschung bewertet. Da sich die interpretative Leistung der qualitativen Inhaltsanalyse vor allem in der Codierung des Datenmaterials vollzieht, folgt eine Beschreibung und Begründung der im gegebenen Kontext induktiv-deduktiv entwickelten Kategoriensysteme.

Im vierten Teil der Arbeit werden die Ergebnisse dargestellt. Zunächst liegt der Fokus auf den Ergebnissen zur Aufgabenanalyse der Studierenden mit Schwerpunkt auf der Identifizierung und Begründung potenzieller sprachlicher Hürden.

Sodann werden die Ergebnisse zur Entwicklung der professionellen Unterrichtswahrnehmung der beforschten Studierenden nach der Teilnahme an dem Seminar präsentiert. Auch hier stehen insbesondere Äußerungen zur Bedeutung von Sprache oder sprachbewusste Handlungsentscheidungen im Fokus. Die hieraus entwickelten beiden Typologien des Interpretations- und Handlungsverhaltens aus der sprachlichen Perspektive werden abschließend beschrieben und es wird die Häufigkeitsverteilung der Typen in der Prä- und der Post-Erhebung dargestellt.

Der fünfte und letzte Teil der vorliegenden Arbeit umfasst zunächst die Zusammenfassung der zentralen Ergebnisse. In der anschließenden Diskussion werden die Ergebnisse in den aktuellen Forschungsstand eingeordnet. Es folgt die Darstellung der Implikationen für die Lehrer*innenbildung, die aus den Ergebnissen der qualitativen Studie abgeleitet werden können. Ein Ausblick beleuchtet die Limitierungen der Studie und entwickelt Fragestellungen, unter denen die hier vorgelegten Ergebnisse im Rahmen zukünftiger Forschungen vertieft werden könnten.

Teil I
Theoretischer Hintergrund und Forschungsstand

2 Professionelle Kompetenz von Lehrkräften

Insbesondere nach den vergleichsweise schwachen Leistungen der deutschen Schüler*innen in den Großstudien TIMSS und PISA bestand großes Forschungsinteresse an der Frage, welche schulischen Faktoren die Schüler*innenleistung beeinflussen, um gezielt eine Verbesserung des Bildungssystems herbeizuführen (Klieme und Baumert 2001; Klieme, Neubrand und Lüdtke 2001). Zahlreiche Studien haben seitdem gezeigt, dass die Lehrkraft – zumindest unter den Faktoren, die beeinflussbar sind – eine zentrale Rolle für die Leistung der Schüler*innen einnimmt (beispielsweise Hattie 2003; Lipowsky 2006). Folglich ist die Beforschung der Professionalität von Lehrkräften ein wichtiges Forschungsfeld. In diesem wird zum einen untersucht, was die Professionalität von Lehrkräften ausmacht und zum anderen, wie die Lehrer*innenbildung die Entwicklung von Professionalität beeinflusst. Ein zentrales Ziel ist es, Impulse für die Verbesserung der Lehrer*innenbildung abzuleiten (beispielsweise Kaiser und König 2019). An diese Zielsetzung knüpft die vorliegende Studie an.

In der Lehrer*innenforschung können verschiedene Konzepte der Forschung zum Lehrer*innenberuf unterschieden werden (u. a. Terhart 2011; Terhart, Bennewitz und Rothland 2014). Laut Terhart (2011) sind in der deutschen Erziehungswissenschaft drei Ansätze zur Bestimmung von Professionalität im Lehrerberuf vorherrschend, die sich hinsichtlich unterschiedlicher forschungspraktischer Perspektiven abgrenzen lassen: der strukturtheoretische, der kompetenztheoretische und der berufsbiografische Bestimmungsansatz. Auf diese Differenzierung nach Terhart wird im Folgenden näher eingegangen, sie soll angesichts anderer Systematiken (u. a. Terhart et al. 2014; Schwarz 2011) jedoch nur beispielhaft erfolgen.

N. Krosanke, *Entwicklung der professionellen Kompetenz von Mathematiklehramtsstudierenden zur Bedeutung von Sprache*, Perspektiven der Mathematikdidaktik,
https://doi.org/10.1007/978-3-658-33505-2_2

Für den strukturtheoretischen Ansatz ist eine qualitativ-hermeneutische Beschäftigung mit Lehrer*innenprofessionalität mit soziologischem Theoriehintergrund kennzeichnend (Tillmann 2014). Den Ausgangspunkt des strukturtheoretischen Ansatzes stellt die Professionstheorie von Oevermann (1996) dar. Demnach wird das pädagogische Kerngeschäft von Lehrkräften als Wissens- und Normvermittlung begriffen, wobei dem pädagogischen Handeln auch eine therapeutische Funktion zugeschrieben wird (ebd.). Durch die Übertragung des Patient*innen-Therapeut*innen-Verhältnisses auf Lehrkräfte und deren Schüler*innen wird die Schulpflicht als problematisch gesehen. Das im Therapiekontext auf dem Leidensdruck des/der Patient*in beruhende „Arbeitsbündnis" müsse im Kontext Schule immer wieder ausgehandelt werden (ebd.). Im strukturtheoretischen Professionskonzept wird die Bestimmung professionellen Handelns laut Helsper als „Rekonstruktion der reziproken Handlungsstruktur zwischen Lehrern zu Schülern" (Helsper 2014, S. 216) gefasst. Dabei sei die Frage zentral, wie Lehrkräfte mit der Antinomie von Nähe und Distanz in der Schüler*innen-Lehrkraft-Beziehung umgehen (Helsper 2007). Durch diese Antinomie sei das Handeln der Lehrkraft besonders anfällig für Momente des Scheiterns bzw. Verwicklungen (ebd.). Der kompetenztheoretische Ansatz von Lehrer*innenprofessionalität kann im Unterschied zum strukturtheoretischen Ansatz der quantitativen Forschung und einem psychologischen Theoriehintergrund zugeordnet werden (Tillmann 2014). Durch eine möglichst genaue Definition von Kompetenzbereichen und Wissensdimensionen stellt dieser „(1) die empirische Erforschbarkeit des komplexen unterrichtlichen Geschehens, (2) die nicht zuletzt auf dieser Forschungsbasis erfolgende Erlernbarkeit eines erfolgreichen Lehrerhandelns und (3) den zwar nie deterministisch-kausalen, aber doch optimierbaren Lernerbezug von Lehrerkompetenzen in den Mittelpunkt" (Terhart 2011, S. 207–208). Hingegen stehen im Zentrum des berufsbiografischen Bestimmungsansatzes die langfristigen Prozesse des Kompetenzaufbaus und der Kompetenzentwicklung von Lehrkräften. Im Vergleich zum kompetenztheoretischen und zum strukturtheoretischen Ansatz hat der berufsbiografische Bestimmungsansatz eine „stärker individualisierte, breiter kontextuierte und zugleich lebensgeschichtlich-dynamische Sichtweise" auf Lehrer*innenprofessionalität (Terhart 2011, S. 208).

Diese hier nur knapp beschriebenen drei Bestimmungsversuche von Lehrer*innenprofessionalität werden im wissenschaftlichen Diskurs teils in Konkurrenz präsentiert. Insbesondere ist hier die Kritik von Baumert und Kunter (2006) am strukturtheoretischen Bestimmungsansatz und die Replik von Helsper (2007) zu nennen. Kritisiert wird u. a. die Annahme einer therapeutischen Dimension pädagogischen Handelns, da nach Baumert und Kunter (2006) durch institutionelle Vorentscheidungen eine „Spezifität und Sachlichkeit der Sozialbeziehung" (ebd., S. 472) gegeben ist. Durch den institutionellen Rahmen werde auch die im strukturtheoretischen Ansatz als Antinomie beschriebene Spannung zwischen Nähe und Distanz in der Interaktion von Lehrkräften und Schüler*innen entschärft (ebd.). Helsper (2007) antwortet auf die Kritik u. a. mit der Gegenrede, dass die Ausblendung der therapeutischen Dimension „einem deprofessionalisierenden Selbstverständnis von Lehrern Vorschub [leiste] – nämlich nur für die gute Vermittlung des Faches zuständig zu sein“ (ebd., S. 568). Hinsichtlich anderer Kritikpunkte, beispielsweise am Arbeitsbündnis zwischen Schüler*innen und Lehrkräften, das laut Helsper immer wieder ausgehandelt werden muss, betont Helsper (2007), dass der Grundgedanke in Form von der Bedeutung guten Classroom-Managements auch im Professionsansatz von Baumert und Kunter (2006) vorhanden sei. Der Überlegung, dass sich der strukturtheoretische Ansatz zu wenig der Kerntätigkeit von Lehrkräften – dem Planen und Durchführen von Unterricht – und der Rekonstruktion von Fähigkeiten, Fertigkeiten und Kenntnissen professioneller Lehrkräfte gewidmet habe, stimmt Helsper allerdings zu (2007, S. 576). Da das Forschungsinteresse der vorliegenden Studie eine Operationalisierung professionellen Handelns erfordert, um die etwaige Stärkung der professionellen Kompetenzen zu überprüfen, basiert diese Arbeit auf einem kompetenztheoretischen Ansatz zur Lehrer*innenprofessionalität. Aus dieser Perspektive wird im Folgenden zunächst die der Studie zugrunde liegende Konzeptualisierung professioneller Kompetenz von Lehrkräften dargestellt (Abschnitt 2.1). Anschließend werden die professionelle Unterrichtswahrnehmung (Abschnitt 2.2) und die Kompetenz von Mathematiklehrkräften zur Analyse von sprachlichen Hürden bei Textaufgaben (Abschnitt 2.3) fokussiert. Sie stellen Facetten der professionellen Kompetenz von Mathematiklehrkräften dar, die im Mittelpunkt dieser Arbeit stehen.

2.1 Konzeptualisierung der professionellen Kompetenz von Lehrkräften

Blömeke, Gustafsson und Shavelson (2015) bezeichnen die Konzeptualisierung der professionellen Kompetenz von Lehrkräften als „messy construct“ (ebd. S. 4), das in der Community sehr unterschiedlich gefasst und kontrovers diskutiert wird. Dies erscheint erstmal verwunderlich, denn viele Großstudien der vergangenen Jahre basieren auf der Begriffsdefinition von Kompetenz nach Weinert (Kaiser und König 2019) bzw. deren Weiterentwicklung von Koeppen, Hartig, Klieme und Leutner (2008), die zusätzlich die Abhängigkeit vom Kontext und die Erlernbarkeit von Kompetenz hervorheben:

> *„Kompetenzen sind die bei Individuen verfügbaren oder durch sie erlernbaren kognitiven Fähigkeiten und Fertigkeiten, um bestimmte Probleme zu lösen, sowie die damit verbundenen motivationalen, volitionalen und sozialen Bereitschaften und Fähigkeiten, um die Problemlösungen in variablen Situationen erfolgreich und verantwortungsvoll nutzen zu können."* (Weinert 2001, S. 27)

> *„Competencies are conceptualized as complex ability constructs that are context-specific, trainable, and closely related to real life."* (Koeppen et al. 2008, S. 61)

Ungeachtet dieser konsensualen Basis wird die Kompetenz von Lehrkräften in empirischen Studien immer wieder unterschiedlich konzeptualisiert. Wie Blömeke et al. (2015) betonen, liegt die Problematik darin, ein valides und reliables Kompetenzmodell zu entwickeln, das sowohl der situationsspezifischen Performanz als auch den der Performanz zugrunde liegenden kognitiven und affektiv-motivationalen Facetten gerecht wird. Viele Studien fokussieren entweder auf die Performanz oder die Dispositionen, sodass eine Dichotomie zwischen dem sogenannten **holistischen** und dem **analytischen** Ansatz zur Konzeptualisierung professioneller Kompetenz von Lehrkräften besteht: Studien, die den analytischen Ansatz verfolgen, erfassen die Dispositionen der Lehrkräfte. Der holistische Ansatz hingegen fokussiert die Performanz, also das beobachtbare Verhalten von Lehrkräften im Klassenzimmer (ebd.). Die Dichotomie zeigt sich auch in den unterschiedlichen Rollen, die der Performanz im Forschungsprozess zugewiesen wird – entweder als Forschungsgegenstand oder als Kriterium zur Validierung der Ergebnisse bzw. des Messinstruments:

> *„Currently the dichotomy of disposition versus performance comes down to [...] the question of whether (a) competence* ***is****performance in real-world situations, more specifically, whether behavior is the focus of competence, or (b) behavior is the* ***criterion****against which cognition and affect-motivation are validated as measures of competence."* (Blömeke et al. 2015, S. 6, Hervorhebung im Original)

Wie im Folgenden nach der genaueren Darstellung analytischer und holistischer Ansätze zur Erfassung von Lehrer*innenkompetenz expliziert wird, ist eine ähnliche Dichotomie in der kognitiven und der situativen Perspektive auf mathematikdidaktisches Wissen festzustellen, die häufig in ein- und demselben Diskurs angesprochen wird. Nachfolgend wird das Kompetenzmodell von Blömeke et al. (2015) vorgestellt, das in der vorliegenden Arbeit die theoretische Grundlage bildet. Die Konzeptualisierung von Blömeke et al. überwindet sowohl die Dichotomie des analytischen und des holistischen Ansatzes als auch die Dichotomie der kognitiven und situativen Perspektive auf mathematikdidaktisches Wissen. Hingewiesen sei darauf, dass es auch andere Kompetenzmodelle wie beispielsweise von Lindmeier, Heinze und Reiss (2013) gibt, die in ihrem Modell ebenso die Dichotomie überwinden.

Analytischer Ansatz zur Erfassung professioneller Kompetenz

Der analytische Ansatz zur Erfassung professioneller Kompetenz von Lehrkräften ist beispielsweise bei Large-Scale-Studien, wie „Teacher Education and Development Study in Mathematics" (TEDS-M) (Blömeke, Kaiser und Lehmann 2010) und „Cognitive Activation in the Classroom Project" (COACTIV) (Kunter, Baumert, Blum, Klusmann, Krauss und Neubrand 2013) vertreten. Hier wurden überwiegend Paper-Pencil-Tests eingesetzt, um dispositionale Facetten von Kompetenz zu erfassen. Die so erhobenen Persönlichkeitseigenschaften („traits") werden als relativ stabil angesehen, zeigen sich aber nicht unbedingt immer im Verhalten der Person (Blömeke et al. 2015). Letzteres wird als problematisch betrachtet, denn es ist weitgehend unklar, wie bzw. inwieweit die dispositionalen Facetten der Kompetenz die Performanz bestimmen bzw. vorhersagen (ebd.).

In der Konzeptualisierung professioneller Kompetenz beziehen sich sowohl TEDS-M als auch COACTIV zum einen auf die von Weinert (2001) entwickelte Unterscheidung kognitiver Fähigkeiten und affektiv-motivationaler Facetten und zum anderen auf die von Shulman (1986) unterschiedenen Wissensfacetten. Beispielsweise führt die Ausdifferenzierung der kognitiven Fähigkeiten nach Shulman in TEDS-M zu der Unterscheidung von pädagogischem (GPK), mathematischem (MCK) und mathematikdidaktischem Wissen (MPCK) (siehe Abbildung 2.1). Mathematisches Wissen umfasst hier grundlegende mathematische Definitionen, Konzepte, Algorithmen sowie Verfahren; mathematikdidaktisches Wissen umfasst hingegen das Wissen, wie man diese mathematischen Konzepte und Verfahren Schüler*innen vermittelt (Blömeke, Busse, Kaiser, König und Suhl 2016). Pädagogisches Wissen beinhaltet fachunspezifische Prinzipien und Strategien des Classroom Management sowie der Unterrichtsgestaltung und generisches Wissen über Lernende, Lernen, Bewertung, Bildungskontexte und -zwecke (Blömeke und Kaiser 2014). Diese theoretische Dreiteilung des professionellen Wissens nach Shulman (1986) wurde sowohl in TEDS-M als auch in ähnlicher Konzeptualisierung bei COACTIV empirisch überprüft und die Trennbarkeit konnte nachgewiesen werden (Krauss, Brunner, Kunter, Baumert, Blum, Neubrand und Jordan 2008; Blömeke et al. 2016).

In TEDS-M wurde die affektiv-motivationale Facette professioneller Kompetenz wiederum in motivationale sowie selbstregulative Fähigkeiten und Beliefs ausdifferenziert. Letztere werden unter Bezug auf Richardson (1996) verstanden als „understandings, premises, or propositions about the world that felt to be true" (ebd., S. 103) und es wird angenommen, dass diese Beliefs einen Einfluss auf das Handeln der Lehrkraft haben (Blömeke und Kaiser 2014, S. 22). Ein ähnliches Begriffsverständnis von Beliefs findet sich auch bei Törner (2002), der ihnen kognitive sowie affektive Facetten und eine handlungsleitende Funktion zuschreibt: „Die kognitive Komponente [...] äußert sich in den Vorstellungen über das entsprechende Objekt, die affektive Komponente betrifft die emotionale Beziehung oder Bindung an das Objekt und die Handlungsbereitschaft wird als Aktionsbereitschaft verstanden“ (Törner 2002, S. 107–108).

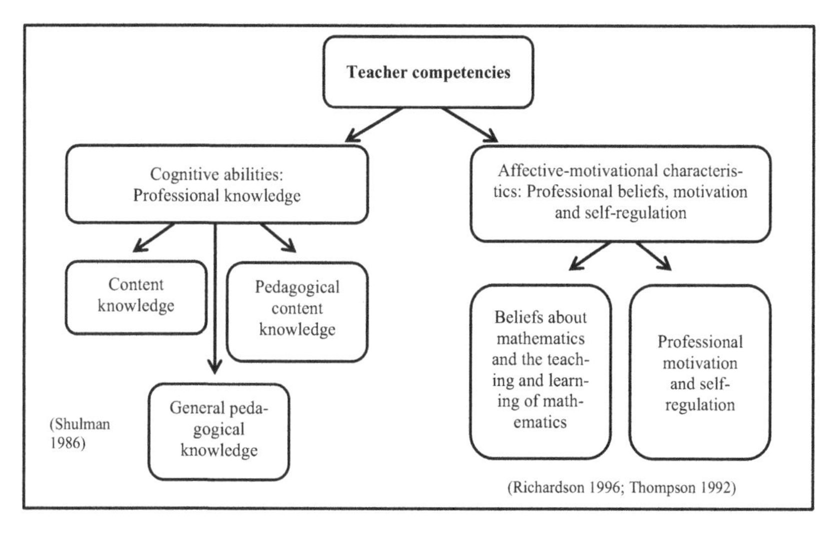

Abbildung 2.1 Konzeptualisierung professioneller Kompetenz von Lehrkräften in TEDS-M (adaptiert von Döhrmann, Kaiser und Blömeke 2012, S. 327)

Viele Studien mit analytischem Ansatz beruhen auf großen Fallzahlen und können sich folglich auf eine hohe Reliabilität der Messungen berufen. Allerdings sind sie dem Vorwurf zu geringer Validität und der Zerlegung bzw. Zerstückelung eines eigentlich holistischen Konzepts ausgesetzt (Blömeke et al. 2015). Es existieren Ansätze, diese Vorwürfe empirisch zu entkräften, beispielsweise in der Folgestudie „TEDS-Validierung“ von TEDS-M. Hier wurde u. a. mithilfe von Unterrichtsbeobachtungen untersucht, ob sich die innerhalb von TEDS-M entwickelten Instrumente zur Messung der während der universitären Lehrer*innenausbildung erworbenen professionellen Kompetenzen als prognostisch valide für die Qualität des Handelns im Unterricht zeigen (Jentsch, Schlesinger, Heinrichs, Kaiser, König und Blömeke 2020). In COACTIV wurden Daten der Schüler*innenleistungen aus PISA zur Validierung der Kompetenzmessung der zugehörigen Lehrkräfte eingesetzt, die Untersuchungsergebnisse konnten diese Zusammenhänge stützen (Kunter et al. 2013).

Holistischer Ansatz zur Erfassung professioneller Kompetenz

Der holistische Ansatz zur Erfassung professioneller Kompetenz von Lehrkräften hat seinen Ursprung in der Arbeits- und Organisationspsychologie (Blömeke et al. 2015). Daher beruht dieser Ansatz auf der Annahme, dass man das Verhalten von Lehrkräften im Unterricht beobachten muss, um eine Aussage darüber treffen zu können, inwieweit es sich um eine kompetente Lehrkraft handelt. Die dem Verhalten zugrunde liegenden Dispositionen und die Lerngelegenheiten während der Ausbildung stehen dabei weniger im Fokus des Interesses (ebd.). Statt von einem Kompetenzmodell wird hier von verschiedenen Kompetenzprofilen gesprochen (beispielsweise Oser und Heinzer 2010). Mit Kompetenzprofil ist ein „Bündel an Kompetenzen gemeint, das es zur erfolgreichen Bewältigung einer klar definierten und abgrenzbaren Erziehungs- oder Unterrichtssituation braucht" (ebd., S. 363). Der hier geltende Zusammenhang zum Begriff der Kompetenz wird bei Oser, Curcio und Düggeli (2007) wie folgt erläutert:

> *„Wir unterscheiden grundsätzlich zwischen drei Begriffen, nämlich zwischen Kompetenz, Kompetenzprofil und Standard [...]. Kompetenzen [...] werden im alltäglichen Unterricht meist im Verbund eingesetzt und dementsprechend nicht als scharf voneinander getrennte Einzelkompetenzen beobachtet. Deshalb sprechen wir von Kompetenzbündeln oder eben Kompetenzprofilen. So besteht beispielsweise das Kompetenzprofil <Die Lehrperson kann Gruppenunterricht planen, durchführen und die Resultate in den weiteren Unterricht integrieren> aus einem Bündel verschiedener Einzelkompetenzen, wie beispielsweise <einen Gruppenauftrag klar erteilen>, <effizient Gruppen bilden>, <die Schülerinnen und Schüler unterstützen> usw. Sobald das Postulat der Messbarkeit und damit Aspekte der Qualität konkretisiert werden, sprechen wir von Standards."* (Oser et al. 2007, S. 14)

Der Vorteil von Studien mit holistischem Ansatz liegt in ihrer hohen Validität durch die direkte Erfassung der Performanz (Blömeke et al. 2015). Allerdings sind Unterrichtsbeobachtungen von Lehrkräften sehr aufwendig, weshalb sie nur im Rahmen kleinerer Stichproben möglich sind. Hierdurch leidet die Reliabilität diesbezüglicher Aussagen. Des Weiteren bleibt der Einfluss dispositionaler Facetten unberücksichtigt (ebd.), deren Beforschung wichtige Impulse für die Lehrer*innenbildung hervorbringen könnte.

Situative und kognitive Perspektive auf mathematikdidaktisches Wissen

Eine ähnliche Dichotomie wie bei dem holistischen und dem analytischen Ansatz zur Erfassung professioneller Kompetenz von Lehrkräften zeigt sich auch im Kontext der Messung von fachdidaktischem Wissen. Rowland und Ruthven (2011) beschreiben diese ausgehend von der Frage

> *„whether mathematical knowledge in teaching is located 'in the head' of the individual teacher or is somehow a social asset, meaningful only in the context of its applications"* (Rowland und Ruthven 2011, S. 3).

Im Kontext des mathematikdidaktischen Wissens wird die „location" als **kognitive** bzw. **situative** Perspektive bezeichnet (Depaepe, Verschaffel und Kelchtermans 2013), wobei der in einer Studie gewählte perspektivische Ansatz die Erhebungsmethode des mathematikdidaktischen Wissens bestimmt: Für die kognitive Perspektive sind Wissenstests und für die situative Perspektive sind Unterrichtsbeobachtungen charakteristisch. Im Unterschied zu der von Blömeke et al. (2015) aufgezeigten Dichotomie des holistischen und analytischen Ansatzes bezieht sich die Dichotomie hier aber nicht auf die professionelle Kompetenz von Lehrkräften als Kompetenz insgesamt, sondern nur auf das mathematikdidaktische Wissen von Mathematiklehrkräften. Gemein ist beiden Diskursen, dass eine Überwindung der Dichotomie gefordert wird (Kaiser, Blömeke, König, Busse, Döhrmann und Hoth 2017).

Überwindung der Dichotomie

Zahlreiche Forscher*innen fordern, die Dichotomie zwischen dem holistischen und dem analytischen Ansatz zur Erfassung professioneller Kompetenz von Lehrkräften bzw. die Dichotomie zwischen der kognitiven und situativen Perspektive auf mathematikdidaktisches Wissen sei zu überwinden und es seien jeweils die Vorteile beider Ansätze zu nutzen (Depaepe et al. 2013; Blömeke et al. 2015; Kaiser et al. 2017). Für die gewünschte Verknüpfung von Dispositionen und Performanz wird allerdings ein Bindeglied in Form eines Prozesses benötigt. Blömeke et al. (2015) gehen davon aus, dass die situationsspezifischen Fähigkeiten „Perception", „Interpretation" und „Decision-Making" (kurz: PID) dieses Set aus kognitiven Prozessen im Kopf kompetenter Lehrkräfte darstellen und dass diese Fähigkeiten die Transformation der Dispositionen in Performanz vermitteln können (siehe auch Blömeke et al. 2014). Aus dieser Argumentation heraus entwickeln sie ein Modell, das Kompetenz sowohl als horizontales als auch als vertikales Kontinuum beschreibt (siehe Abbildung 2.2). Auf der horizontalen Achse wird Kompetenz entlang eines Kontinuums von Wissenskomponenten und affektiv-motivationalen Komponenten betrachtet, die den situationsspezifischen Fähigkeiten (PID) zugrunde liegen. Letztere beeinflussen wiederum das beobachtbare Verhalten in realen Situationen. Auf der vertikalen Achse besteht ein Kontinuum, da die einzelnen Kompetenzfacetten bei einer Person unterschiedlich stark ausgeprägt sein können.

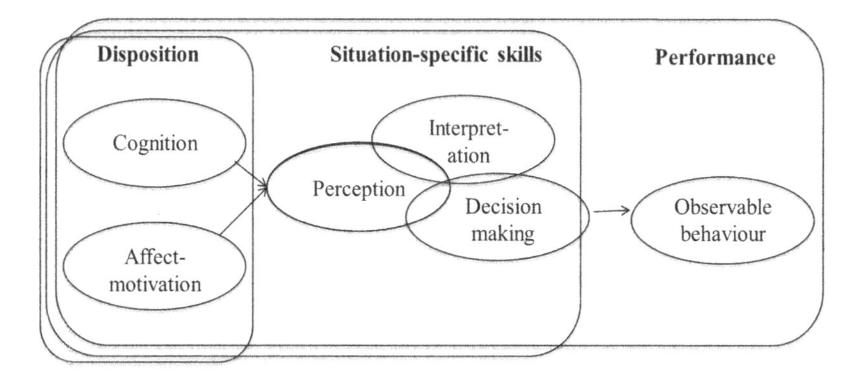

Abbildung 2.2 Kompetenz als Kontinuum (adaptiert von Blömeke et al. 2015, S. 7)

In neueren, erweiterten Modellen, beispielsweise bei Blömeke und Kaiser (2017), werden zusätzlich soziale Einflüsse bzw. die soziale Eingebundenheit in den Kontext Schule bei der Konzeptualisierung und Entwicklung der professionellen Kompetenz von Lehrkräften berücksichtigt. Auch Santagata und Yeh (2016) nehmen diese Einflüsse mit auf und verweisen auf den institutionellen Druck des Schulsystems, einer Schule oder auch einer speziellen Unterrichtssituation, der das unterrichtliche Handeln einer Lehrkraft beeinflussen und sogar zu einem Verhalten führen könne, das dem professionellen Wissen der Lehrkraft widerspricht. Folglich wird davon ausgegangen, dass die situationsspezifischen Fähigkeiten nicht nur von Persönlichkeitseigenschaften, sondern auch vom schulischen Kontext, in dem sie zur Anwendung kommen, beeinflusst werden.

Das eben beschriebene Kompetenzmodell von Blömeke et al. (2015) stellt den theoretischen Rahmen der vorliegenden Studie dar. Die professionelle Unterrichtswahrnehmung wird als Verfügbarkeit der drei situationsspezifischen Fähigkeiten „Perception", „Interpretation" und „Decision-Making" konzeptualisiert und aufgrund des großen Forschungsinteresses im Rahmen dieser Untersuchung im Folgenden genauer betrachtet. Dabei werden die englischen Bezeichnungen der drei Kompetenzfacetten beibehalten, da es für „Perception" keine adäquate Entsprechung und Bedeutungsüberschneidungen mit anderen Begriffen („Professionelle Unterrichtswahrnehmung", „Noticing", „Attending") geben würde.

2.2 Professionelle Unterrichtswahrnehmung als Teil der professionellen Kompetenz

Wie oben bereits herausgestellt wurde, ist die professionelle Unterrichtswahrnehmung als Teil der professionellen Kompetenz von Lehrkräften definiert. Allerdings gibt es verschiedene Konzeptualisierungen der professionellen Unterrichtswahrnehmung, die im Folgenden dargestellt und verglichen werden (Abschnitt 2.2.1). Sodann folgt ein Überblick über die wichtigsten diesbezüglichen empirischen Studien. Hierzu werden zuerst die stark unterschiedlichen Ansätze zur Erfassung professioneller Unterrichtswahrnehmung erläutert (Abschnitt 2.2.2), deren Unterscheidung wichtig ist, um die zentralen empirischen Erkenntnisse (Abschnitt 2.2.3) entsprechend einordnen zu können. Den Studien, die sich mit der Förderung der professionellen Unterrichtswahrnehmung beschäftigt haben, wird aufgrund des Forschungsinteresses ein eigenes Kapitel gewidmet (Abschnitt 2.2.3).

2.2.1 Konzeptualisierung professioneller Unterrichtswahrnehmung

Im erziehungswissenschaftlichen Diskurs sind unterschiedliche Konzeptualisierungen professioneller Unterrichtswahrnehmung präsent. Laut Stahnke, Schueler und Roesken-Winter (2016), die eine Übersicht über die wichtigsten empirischen Studien zur professionellen Unterrichtswahrnehmung liefern, gibt es vier theoretische Konzepte, auf die Studien am häufigsten rekurrieren: Die situationsspezifischen Fähigkeiten (PID-Modell), das „Teacher Noticing", die „Ability to analyze lessons" und das mathematikdidaktisches Wissen (ebd., S. 6). Im Folgenden werden die ersten drei Konzepte erläutert und miteinander verglichen. Wie bereits dargelegt, bilden die situationsspezifischen Fähigkeiten (PID-Modell) des Kompetenzmodells von Blömeke et al. (2015) den theoretischen Rahmen der vorliegenden Arbeit. Es wird aber auch gezeigt, dass sowohl das „Teacher Noticing" als auch die „Ability to analyze lessons" stark mit den situationsspezifischen Fähigkeiten korrespondieren bzw. diese sinnvoll ergänzen können. Folglich sind auch die Erkenntnisse der unter diesem theoretischen Konzept durchgeführten Studien für die vorliegende Untersuchung relevant. Dies gilt ebenso für die situative Perspektive auf mathematikdidaktisches Wissen, auf die bereits in Abschnitt 2.1 eingegangen wurde.

Situationsspezifische Fähigkeiten (PID-Modell)

Zahlreiche empirische Studien mit Fokus auf die professionelle Unterrichtswahrnehmung, wie TEDS-FU (Follow-up-Studie von TEDS-M) (u. a. Blömeke et al. 2014) oder Projekte der Qualitätsoffensive Lehrerbildung (Orschulik 2019; Scholten, Höttecke und Sprenger 2019; Bock 2017), beruhen auf der Konzeptualisierung von situationsspezifischen Fähigkeiten nach Blömeke et al. (2015). Diese Konzeptualisierung der professionellen Unterrichtswahrnehmung wird beispielsweise in TEDS-FU wie folgt in den Diskurs der Kompetenzmessung von Lehrkräften eingeordnet:

> *„Kompetenz als Disposition kann [...] analytisch zum einen vom unterrichtlichen Handeln im Sinne von Performanz und zum anderen von situations- und verhaltensnahen kognitiven Fähigkeiten der Wahrnehmung (perception), Interpretation (interpretation) und Entscheidung über Handlungsoptionen (decision-making) unterschieden werden, die die Transformation von Kompetenz in Performanz vermitteln. Letztere stellen eine spezifische, stärker holistische Form der Wissensrepräsentation dar, indem die zuvor getrennt erworbenen und damit ggf. unabhängig voneinander vorliegenden Kompetenzfacetten nunmehr gut vernetzt und flexibel zugänglich vorliegen und situationsspezifisch angewendet werden können.“* (Blömeke et al. 2014, S. 512)

Die professionelle Unterrichtswahrnehmung wird hier als kognitive Fähigkeit konzeptualisiert, die sich in die drei situationsspezifischen Fähigkeiten „Perception“, „Interpretation“ und „Decision-Making“ (PID) differenziert, die zusammen das Bindeglied zwischen Dispositionen und Performanz darstellen. Eine genaue Definition der drei Facetten der situationsspezifischen Fähigkeiten wird bei Blömeke et al. (2014, S. 514) gegeben. Dort wird die „präzise Wahrnehmung von unterschiedlichen mathematikbezogenen Unterrichtssituationen“ unter Bezug auf Clark und Lampert (1986) und Carter, Cushing, Sabers, Stein und Berliner (1988) als „Perception“ bezeichnet, deren „zielangemessene Analyse und Interpretation“ als „Interpretation“ und die „flexible Reaktion darauf“ als „Decision-Making“.

Blömeke et al. (2014) beziehen sich bei ihrer Konzeptualisierung professioneller Unterrichtswahrnehmung auf Erkenntnisse aus der Expertiseforschung (siehe Abschnitt 2.2.3). Insbesondere beziehen sie sich bei der Definition der Facette „Perception“ („präzise Wahrnehmung von unterschiedlichen mathematikbezogenen Unterrichtssituationen“) auf die fächerübergreifende Studie von Carter et al.

(1988). Diese zeigte, dass Noviz*innen zögerlicher sind in ihrer Beschreibung dessen, was sie in einer Unterrichtssituation wahrnehmen, als erfahrene Lehrkräfte, die Ereignisse im Klassenzimmer detaillierter beobachten, verstehen und interpretieren können. Die Arbeiten von Schoenfeld (2010) stellen hingegen die Basis für die Facette „Decision-Making" dar. In seinem Modell zum Handlungsverhalten beschreibt er, welche Ressourcen beim situativen Handeln von Lehrkräften aktiviert werden. Eine Erweiterung und Präzisierung der Definition von Blömeke et al. (2014) wird auch von Kaiser, Busse, Hoth, König und Blömeke (2015) entwickelt. Sie konzeptualisieren „*Decision-making* either as anticipating a response to students' activities or as proposing alternative instructional strategies" (ebd., S. 374, Hervorhebung im Original).

Insgesamt ist bei der Konzeptualisierung professioneller Unterrichtswahrnehmung als Verfügbarkeit der situationsspezifischen Fähigkeiten zum einen bis heute ungeklärt, ob es sich bei der Anwendung der drei Teilfähigkeiten um einen linearen oder einen zyklischen Prozess handelt. Zum anderen gibt es unterschiedliche Positionen in Bezug auf die Abgrenzung der situationsspezifischen Fähigkeiten von anderen Kompetenzfacetten. Innerhalb von TEDS-FU wird insbesondere der Handlungsdruck unterrichtlicher Situationen hervorgehoben, unter dem die situationsspezifischen Fähigkeiten zutage treten (Blömeke et al. 2014). Bei einer späteren Publikation von Blömeke und Kaiser (2017) werden hingegen auch einige Fähigkeiten vor und nach dem Unterrichten, in denen kein Handlungsdruck herrscht, zu den situationsspezifischen Fähigkeiten gezählt:

> *"[Teachers' situation-specific skills] are conceptualized [...] as a facet of teachers' cognitions and not equal to observable teaching behavior. They are in addition distinct from knowledge in that they represent cognitive processes prior to, during, or following real-life performance."* (Blömeke und Kaiser 2017, S. 790)

Teacher Noticing

Ein Konzept, das dem Ansatz der situationsspezifischen Fähigkeiten verwandt ist, bildet das „Teacher Noticing", das insbesondere von Sherin und Van Es geprägt worden ist (für einen Überblick siehe Sherin et al. 2011a). Ausgangspunkt dieses Konzepts ist die Feststellung, dass Lehrkräfte in Unterrichtssituationen mit einer „blooming, buzzing confusion of sensory data" bombardiert werden (B. Sherin und Star 2011). Eine gleichwertige Fokussierung und Reaktion auf jedes einzelne Element dieser Datenfülle sei weder sinnvoll noch möglich, sodass Lehrkräfte hier eine Auswahl treffen müssten. Als professionsspezifische Fähigkeit steht diese Auswahl laut Sherin und Van Es in Verbindung mit dem theoretischen Ansatz der „Professional Vision", von Godwin (1994) definiert als „socially organized ways of seeing and understanding events that are answerable to the distinctive interests of a particular social group" (ebd., S. 606). Godwin stellte in seiner disziplinübergreifenden Studie fest, dass das professionstypische Handeln einer professionellen Gruppe das Erkennen, Hervorheben und Deuten bestimmter Phänomene in einem komplexen Wahrnehmungsfeld umfasst. Diese Idee wird beim „Teacher Noticing" auf den Mathematikunterricht übertragen:

> *"[W]e focused on noticing as professional vision in which teachers selectively attend to events that take place and then draw on their existing knowledge to interpret these noticed events."* (Sherin, Russ und Colestock 2011b, S. 80)

In der Literatur finden sich unterschiedliche Definitionen bzw. Konzeptualisierungen des „Teacher Noticing" (Sherin et al. 2011a; Scheiner 2016), wobei laut Sherin et al. (2011a) jedoch „Attending" und „Making sense" zwei Komponenten des „Noticing" darstellen, die bei allen Vertreter*innen zu finden sind – teils nur unter einer anderen Bezeichnung. Diese beiden Komponenten werden von Sherin et al. (2011a) wie folgt definiert:

> *„**Attending to particular events in an instructional setting.** To manage the complexity of the classroom, teachers must pay attention to some things and not to others. In other words, they must choose where to focus their attention and for how long and where their attention is not needed and, again, for how long. [...] **Making sense of events in an instructional setting.** For those features to which teachers do attend, they are not simply passive observers. Instead teachers necessarily interpret what they see, relating observed events to abstract categories and characterizing what they see in terms of familiar instructional episodes."* (Sherin et al. 2011a, S. 5, Hervorhebung im Original)

„Noticing" ist folglich gekennzeichnet durch fokussierte Aufmerksamkeit auf unterrichtsrelevante Ereignisse und deren wissens- und erfahrungsbasierte Interpretation. Daher werden die beiden Komponenten häufig auch als „Selective Attention" und „Knowledge-based Reasoning" bezeichnet (beispielsweise Sherin und Van Es 2009). Obwohl also alle Konzeptualisierungen des „Noticing" diese beiden Komponenten enthalten, unterscheiden sie sich auf zwei Ebenen: Erstens richten manche Vertreter*innen des „Teacher Noticing" den Fokus nur auf bestimmte professionstypische Aspekte, die in Unterrichtssituationen wahrgenommen werden. Beispielsweise fokussieren Sherin und Van Es (2009) in ihrer Studie, ob Lehrkräfte die mathematischen Denkwege von Schüler*innen wahrnehmen („student's mathematical thinking"). Dieser Fokus ist im nordamerikanischen Raum besonders verbreitet. Andere Studien, wie beispielsweise die von Schack, Fisher, Thomas, Eisenhardt, Tassell und Yoder (2013) hingegen nehmen sämtliche Aspekte einer Unterrichtssituation in den Blick. Demgegenüber betrachtet die Untersuchung von Gold, Hellermann und Holodynski (2016) die professionelle Unterrichtswahrnehmung bezüglich der Aspekte des Classroom Managements. Zweitens gibt es Studien, in denen zusätzlich zu den beiden Komponenten „Attending" und „Making sense" auch die Reaktion der Lehrkraft auf eine wahrgenommene Unterrichtssituation zum „Noticing" gezählt wird. Dies ist beispielsweise bei Schack et al. (2013) und Jacobs, Lamb und Phillipp (2010) der Fall. Letztere konzeptualisieren die professionelle Wahrnehmung von Lehrkräften in Bezug auf die mathematischen Denkwege von Schüler*innen wie folgt:

> *„We conceptualize [professional noticing of children's mathematical thinking] as a set of three interrelated skills: attending to children's strategies, interpreting children's understandings, and deciding how to respond on the basis of children's understands."* (Jacobs et al. 2010, S. 172)

In ihrer Unterscheidung von „three interrelated skills" besteht deutliche Parallelität zu den drei situationsspezifischen Fähigkeiten „Perception", „Interpretation" und „Decision-Making". Zwar ist das Konzept des „Noticing" nicht wie die situationsspezifischen Fähigkeiten in ein Kontinuum der professionellen Kompetenz von Lehrkräften zwischen Dispositionen und Performanz eingeordnet, aber auch in diesem Diskurs werden die Ergebnisse der Expertiseforschung aufgegriffen (beispielsweise Van Es und Sherin 2002). Es wird angenommen, dass die Fähigkeit des „Noticing" bei Expert*innen besonders ausgeprägt (Van Es 2011, S. 135) und vom Wissen zu unterscheiden ist:

> *"[I]t is not helpful to think of teacher noticing as simply another category of teacher knowledge. [...] The word noticing names a process rather than a static category of knowledge."* (Sherin et al. 2011a, S. 5)
>
> *"Noticing differs from constructs such as knowledge and beliefs because noticing names an interactive, practice-based process rather than a category of cognitive resource."* (Phillipp, Jacobs und Sherin 2014, S. 466)

Ähnlich wie bei den situationsspezifischen Fähigkeiten wird außerdem davon ausgegangen, dass das „Noticing" vom Wissen sowie den Beliefs beeinflusst wird:

> *"[T]eachers' noticing is intimately tied to their orientations (including beliefs) and resources (including knowledge)."* (Schoenfeld 2011, S. 231)

Die situationsspezifischen Fähigkeiten und das „Noticing" unterscheiden sich nicht nur in der vorhandenen bzw. nicht vorhandenen Anknüpfung an das Konzept „Professional Vision", sondern in zwei weiteren Aspekten. Erstens bezeichnen die Vertreter*innen des „Noticing"-Konzepts die Komponenten „Attending" und „Making sense" als nicht trennbar, sondern als „interrelated and cyclical" (Sherin et al. 2011a, S. 5). Blömeke et al. (2015) treffen hingegen gar keine Aussage darüber, ob es sich bei der Anwendung der situationsspezifischen Fähigkeiten um einen linearen oder zyklischen Prozess handelt. Zweitens sind zwar die situationsspezifischen Fähigkeiten und das „Noticing" insbesondere in den Facetten „Interpretation" und „Making sense" vergleichbar, allerdings wird beispielsweise von Scheiner (2016) die Gleichstellung der Komponenten „Perception" und „Attending" kritisiert. Scheiner bezieht sich dabei auf die kognitionspsychologische Sicht von Lamme (2003), der davon ausgeht, dass Stimuli zunächst unbewusst wahrgenommen („perceived") oder eben nicht wahrgenommen werden („unperceived") und erst im nächsten Schritt werde ein Teil der wahrgenommenen Stimuli tatsächlich registriert („attended"). Weiter werde von den registrierten Stimuli wiederum auch nur ein Teil „explicity attended". Auf dieser Basis folgert Scheiner:

> *„With this in mind, attention selects certain stimuli of a perceived scene for detailed analysis, while perception goes to build up a certain visual experience."* (Scheiner 2016, S. 231)

Auf konzeptueller Ebene wäre hier sicherlich in der Differenzierung von „Attending" und „Perception" eine weitere Ausschärfung des Konstrukts erforderlich. In der vorliegenden Studie soll der Begriff „Perception" verwendet werden, da bislang keine anderen handhabbaren Operationalisierungen zur Verfügung stehen. Hierbei soll jedoch die Kritik von Scheiner (ebd.) sowohl bei der Operationalisierung als auch bei der Interpretation und Diskussion der Ergebnisse beachtet werden.

Ähnlich wie im Diskurs um die situationsspezifischen Fähigkeiten wird auch in neueren Studien zum „Noticing" das theoretische Konstrukt teils dahingehend erweitert, dass Aktivitäten vor und nach dem Unterrichten einbezogen werden (beispielsweise Amador, Carter, Hudson und Galindo 2017; Choy, Thomas und Yoon 2017). Sherin (2017) beschreibt dies als einen interessanten Ansatz, kritisiert aber auch eine teils damit einhergehende zu starke Erweiterung des Konstrukts und votiert für eine begriffliche Abgrenzung zum ursprünglichen „classroom noticing" (Sherin 2017, S. 405).

Ability to analyze lessons

Ein weiteres Beispiel der Konzeptualisierung professioneller Unterrichtswahrnehmung, die ebenfalls Parallelität zum Konzept der situationsspezifischen Fähigkeiten aufweist (Santagata und Yeh 2016, S. 155), ist die „Ability to analyze lessons", die in der Arbeitsgruppe rund um Santagata entwickelt wurde. Ausgangspunkt ist die Studie von Santagata, Zannoni und Stigler (2007), die ähnlich wie Sherin und Van Es (2009) die Auswirkungen video-basierter Seminare auf die Wahrnehmungs- bzw. Analysefähigkeit unterrichtlicher Situationen von angehenden Lehrkräften erforschte. Die „Ability to analyze lessons" wurde seither von der Arbeitsgruppe weiterentwickelt und besteht inzwischen, ähnlich wie die situationsspezifischen Fähigkeiten, aus drei Facetten:

> *"[W]e have defined analysis skills as the abilities to: (1) attend to the details of the teaching-learning process (such as student thinking, teacher questions, and math content); (2) elaborate on these details to examine the impact of teacher decisions on student progress towards lesson learning goals; and, (3) propose improvements in the form of alternative strategies teachers might adopt to enhance students' learning opportunities."* (Santagata und Yeh 2016, S. 155)

Auch wenn die Begriffe unterschiedlich sind, gibt es eindeutige Parallelen zwischen „Attending" und „Perception", „Elaboration" und „Interpretation" sowie „Proposing Improvements" und „Decision-Making". Die Begriffsverständnisse unterscheiden sich allerdings dahingehend, dass Santagata und Yeh (2016) in ihrer Definition angeben, auf welche Aspekte professionelle Lehrkräfte in der Analyse von Unterrichtssituationen besonders stark eingehen sollten. Ähnlich wie Sherin und Van Es (2009), die den Fokus auf das mathematische Denken der Schüler*innen richten, gehen Santagata und Yeh (2016, S. 156) näher als Blömeke et al. (2015) erstens darauf ein, welche Aspekte der Unterrichtssituation besonders relevant sein könnten („such as student thinking, teacher questions, and math content"). Zweitens thematisieren sie, mit welchen Zielvorstellungen sich Lehrkräfte mit diesen Aspekten auseinandersetzen („student progress towards lesson learning goals") und welche Handlungsalternativen sie entwickeln sollten.

Fazit

Sowohl „Teacher Noticing" als auch die „Ability to analyze lessons" sind durch eine deutliche Parallelität zu den situationsspezifischen Fähigkeiten gekennzeichnet. Daher bildet der Theorierahmen der situationsspezifischen Fähigkeiten eine geeignete Grundlage für die vorliegende Studie und erlaubt zugleich, auch Studien unter dem Ansatz der Konzepte des „Teacher Noticing" und der „Ability to analyze lessons" hier zu verorten. Professionelle Unterrichtswahrnehmung wird folglich definiert als situationsabhängiger, kognitiver Prozess, der die Facetten „Perception", „Interpretation" und „Decision-Making" umfasst. Dieser von Blömeke et al. (2015) entwickelte Rahmen wird ergänzt durch die Annahme, dass die drei Facetten keine getrennten, nacheinander ausgeführten Prozesse darstellen, sondern gleichzeitig erfolgen und miteinander verwoben sind (Santagata und Yeh 2016; Scheiner 2016; Sherin 2011a). Die Annahme der Verwobenheit der drei Facetten professioneller Unterrichtswahrnehmung erscheint aus konzeptueller Sicht logisch, führt aber zu Herausforderungen bei der Operationalisierung. Dieser Problematik und anderen Herausforderungen bei der Erfassung professioneller Unterrichtswahrnehmung widmet sich das nächste Kapitel.

2.2.2 Ansätze zur Erfassung professioneller Unterrichtswahrnehmung

Aktuell gibt es zahlreiche empirische Studien zur professionellen Unterrichtswahrnehmung (siehe Überblick bei Stahnke et al. 2016). Diese unterscheiden sich in ihrem Fokus recht deutlich, etwa hinsichtlich der untersuchten Personengruppen: Diese reichen von Lehramtsstudierenden bis zu praktizierenden Lehrkräften und von Lehrkräften der Vorschule bis zu solchen der Sekundarstufe II. Die Vergleichbarkeit der Ergebnisse ist jedoch insbesondere infrage gestellt, da nicht immer alle drei Facetten der professionellen Unterrichtswahrnehmung, sondern teils auch nur eine davon (beispielsweise „Perception" bei Star und Strickland 2008) oder lediglich zwei (beispielsweise „Perception" und „Interpretation" bei Sherin und Van Es 2009) untersucht wurden. Gründe hierfür liegen in einer Engführung des Forschungsinteresses oder in einer Konzeptualisierung von professioneller Unterrichtswahrnehmung, in der die Entwicklung von Handlungsoptionen nicht dazugehört. Diese Unterschiedlichkeit setzt sich bei den Ansätzen zur Erfassung professioneller Unterrichtswahrnehmung fort. Insbesondere die Unterschiede in der Operationalisierung des Konstrukts scheinen bedeutsam, da hier das unterschiedliche Begriffsverständnis und die Problematik der Erfassung dieses Konstrukts zum Tragen kommen. Daher sollen im Folgenden die verschiedenen Erfassungsansätze und ihre Herausforderungen bzw. Grenzen dargestellt und diskutiert werden.

Grundsätzlich können nach Stahnke et al. (2016) drei Arten von Studien unterschieden werden: Erstens sind die Interventionsstudien zu nennen, die Veränderungen in der professionellen Unterrichtswahrnehmung nach der Teilnahme an Lerngelegenheiten untersuchen (beispielsweise Sherin und Van Es 2009; Santagata et al. 2007; Schack et al. 2013; Star und Strickland 2008). Auf diese

Interventionsstudien wird in Abschnitt 2.2.4 ausführlich eingegangen. Zweitens sind Fallstudien (beispielsweise Santagata und Yeh 2016) und drittens konfirmatorische Studien (beispielsweise Kaiser et al. 2015; Kersting, Sutton, Kalinec-Craig, Stoehr, Heshmati, Lozano und Stigler 2016; Seidel und Stürmer 2014) von Bedeutung, wobei Letztere zum Ziel haben, eine bestimmte Hypothese oder Vorannahme zu überprüfen. Während Fallstudien mit kleinen Stichproben und einem qualitativen Forschungsparadigma verbunden sind, arbeiten konfirmatorische Studien mit einer großen Stichprobe und sind methodologisch in der quantitativen Forschung verortet. In der Empirie haben beide methodologische Ansätze ihre Berechtigung und verfolgen ja auch eigene Ziele, allerdings ist – wie Thomas (2017) feststellt – bei der Untersuchung der professionellen Unterrichtswahrnehmung eine der Situationsabhängigkeit geschuldete, besondere Problematik zu konstatieren:

> „*There remains a vexing problem of* ***generalizing the specific****. Measures of teacher noticing are increasingly useful to the extent that they may be enacted across differing contexts and projects. Thus, the creation of more generalized measures of noticing performance would be a positive development. However, such generalized measures appear to be in some fundamental conflict with the highly situated nature of noticing enactment. That is, teacher noticing is, by its very nature, inseparable from a particular context, community, and time.*“ (Thomas 2017, S. 510, Hervorhebung im Original)

Nicht nur bei qualitativen, sondern auch bei quantitativen Studien besteht also aufgrund der Situationsabhängigkeit der professionellen Unterrichtswahrnehmung eine Problematik hinsichtlich der Generalisierbarkeit der Ergebnisse. Eine weitere Herausforderung bei der Operationalisierung resultiert aus der Tatsache, dass es sich bei der professionellen Unterrichtswahrnehmung um einen Prozess handelt, der während des Unterrichtens im Kopf der Lehrkraft abläuft. Die Problematik liegt insbesondere im Bereich der „Perception“ und „Interpretation“ in der Frage, wie diese kognitiven Prozesse beobachtbar bzw. messbar gemacht werden können. Nickerson, Lamb und LaRochelle (2017) haben in ihrer Recherche zu Formen der Datenerhebung professioneller Unterrichtswahrnehmung folgende drei als die am häufigsten implementierten Ansätze identifiziert: erstens Unterrichtsbeobachtungen, durch die dann Rückschlüsse über die professionelle Wahrnehmung der unterrichtenden Person gezogen werden; zweitens die retrospektive Reflexion seitens der untersuchten Person zu einer ihrer Unterrichtsstunden; drittens die Äußerungen zu einer videografierten Unterrichtssituation oder zu Schüler*innenlösungen aus dem Unterricht einer anderen Lehrkraft. All diese Ansätze der Datenerhebung versuchen, den inneren Prozess bei der Wahrnehmung von Unterricht abzubilden, können dies aber naturgemäß nicht umfassend leisten, wie etwa B. Sherin und Star (2011) in Bezug auf den videobasierten Erfassungsansatz folgern:

> *"When we say that teachers are 'attending to pedagogy' in their comments, we are saying only what their comments are about, from a researcher's point of view, not what they were perceiving. [...] These meters [coherent or topic meters] tell us something about emergent features of teacher reasoning. But they do not, in any direct way, tell us anything about the underlying noticing machinery that produced those emergent features."* (B. Sherin und Star 2011, S. 76)

Folglich kann die Empirie nur versuchen, professionelle Unterrichtswahrnehmung möglichst umfassend zu erfassen, und muss die Grenzen der jeweiligen Erfassungsansätze reflektieren. Auch das Verfahren, die Wahrnehmung mithilfe von Eye-Tracking zu erfassen (beispielsweise Stürmer, Seidel, Müller, Häusler und Cortina 2017) ist nur bedingt erkenntnisfördernd, denn die Blickrichtung der Lehrkräfte und der Blickfokus auf bestimmte Personen liefert keine Daten zu der Art und Weise, wie sie die rein äußerlich visuell fixierte Situation tatsächlich wahrnehmen.

Ein verbreiteter Ansatz zur Erfassung professioneller Unterrichtswahrnehmung ist der Einsatz von Videovignetten (Stahnke et al. 2016). Dies sind „kurze Szenen aus dem Alltag des Unterrichts bzw. der Lehrperson, die kritische Probleme aufzeigen, zu deren Bewältigung bestimmte Kompetenzen notwendig sind" (Rehm und Bölsterli 2014, S. 215). Allerdings variieren auch diese Vignetten hinsichtlich Aufbau, Inhalt, Länge und bezogen auf ihren Einsatz im Rahmen des gewählten Studiendesigns. So wurden beispielsweise im Projekt TEDS-FU (u. a. Blömeke et al. 2014) „staged videos" und bei Kersting (2008) sowie Seidel und Stürmer (2014) authentische Videovignetten eingesetzt. Die Länge der einzelnen Vignetten variiert von ein bis drei Minuten (beispielsweise Kersting 2008) bis zu einer ganzen Unterrichtsstunde (beispielsweise Santagata et al. 2007), wobei teils einzelne Personen oder die gesamte Klasse in der Unterrichtssituation gezeigt werden. Diese großen Unterschiede führen zu einer starken Heterogenität und wechselnden Komplexität der Vignetten, die wiederum die Vergleichbarkeit erschweren. Im Forschungsprozess wird ferner der Einsatz des Mediums sehr unterschiedlich gehandhabt. In der Regel wird den Proband*innen die Vignette nur einmal gezeigt, nur in wenigen Studien ist das Stoppen (beispielsweise Orschulik 2019; Scholten et al. 2019) oder ein mehrfaches Ansehen der Vignetten im Design vorgesehen (beispielsweise bei Santagata und Guarino 2011), sodass die Ergebnisse auch unter diesem Aspekt der Erhebungsform voneinander abweichen. Außerdem äußerten sich die Proband*innen teils schriftlich (beispielsweise Blömeke et al. 2014; Kersting et al. 2016) und teils mündlich (Sherin und Van Es 2009; Van

Es 2011) zu einer videografierten Unterrichtssituation. In jedem Fall determinieren die Untersuchungsinstrumente und die genauen Formen der Datenerhebung die Analyseergebnisse. Grundlegend ist es das Ziel, dass sich die Proband*innen möglichst gut in die Unterrichtssituation hineindenken können, sodass trotz der geringeren Komplexität, des fremden Klassenraums, der fremden Schüler*innen und des geringeren Handlungsdrucks Äußerungen getätigt werden, die möglichst viele Daten zur professionellen Unterrichtswahrnehmung liefern. Dabei ist bisher weitgehend unerforscht, inwieweit die auf diese Weise erhobenen Daten dem realen Verhalten in der eigenen Unterrichtspraxis tatsächlich auch nahe kommen. Diesen kritischen Aspekt stellt auch Thomas (2017) heraus:

> *„Can teachers <step into the video> such that their interpretations and decisions reflect what would actually transpire in their own teaching? Can teachers apply superimpose their own knowledge, goals and identity upon a video-recorded instance of strangers from another time and place? My own research reflects a belief that such proximal measures can be valuable indicators of noticing practice; however, investigations focused on the distance between measure and practice would be quite useful."*
> (Thomas 2017, S. 511)

Ein weiteres unlösbares Problem der videobasierten Forschung ist meines Erachtens, dass die beforschte Person auf die situative Weiterentwicklung keinen Einfluss nehmen kann. Eine reale Handlungssituation unterliegt durch den Eingriff der Lehrkraft kontinuierlicher Veränderung mit der Option der Steuerung, etwa durch Nachfragen. Der Rückgriff auf das Medium des Videos ist allein der Tatsache geschuldet, dass die Erhebung professioneller Unterrichtswahrnehmung in der realen Unterrichtspraxis schwer realisierbar ist.

Bei der Nutzung des videobasierten Ansatzes zur Erfassung der professionellen Unterrichtswahrnehmung ist zudem die Entwicklung von Items bzw. Prompts eine besondere Herausforderung. Entsprechend zeigt sich in den Studien eine große Bandbreite, sie reicht hier von offenen Items bzw. Prompts (beispielsweise bei Kersting 2008; Sherin und Van Es 2009; Blömeke et al. 2014) bis zu geschlossenen Items bzw. Prompts (beispielsweise Blömeke et al. 2014). Auch in diesem Zusammenhang sind die Gütekriterien empirischer Forschung besonders zu beachten: Zum einen ist hier die Gefahr groß, eine Fülle von Antworten zu bekommen, die schwer vergleichbar bzw. bewertbar sind, zum anderen sollten die Proband*innen nicht durch die Vorgabe von Antwortmöglichkeiten beeinflusst werden. In TEDS-FU wurden deshalb teils offene Items eingegrenzt, wie das folgende Beispiel-Item zur Erhebung der Facette „Decision-Making" zeigt:

„Formulieren Sie in einem Satz wörtlich jeweils einen Arbeitsauftrag, den Sie der Klassen geben würden,...

...wenn Sie die allgemeine mathematische Kompetenz MATHEMATISCHE DARSTELLUNGEN VERWENDEN betonen wollen.

... wenn Sie die allgemeine mathematische Kompetenz MATHEMATISCH ARGUMENTIEREN betonen wollen." (Blömeke et al. 2014, S. 525)

Mit solchen offenen Items werden zwei entscheidende Vorteile genutzt: Zum einen werden die Antwortmöglichkeiten eingegrenzt, was für das Codieren großer Datenmengen hilfreich ist, und zum anderen wird verhindert, dass Handlungsoptionen formuliert werden, die keiner großen Expertise bedürfen (beispielsweise „I would open the windows because fresh air helps thinking", Kaiser et al. 2015, S. 379).

Aufbauend auf den vielfältigen Datenerhebungsmethoden professioneller Unterrichtswahrnehmung beschreiben Stockero und Rupnow (2017) die drei wichtigsten Ansätze zur Auswertung der Daten: „measurement using categorization of instances", „measurement using point or ranking systems" und „measurement in relation to a standard" (ebd., S. 283–284). Beschreibende Kategorien professioneller Unterrichtwahrnehmung finden sich beispielsweise bei Sherin und Van Es (2009) und ein Ranking auf Basis allgemeingültiger Kriterien bei Van Es (2011) sowie bei Kersting et al. (2016). Ein Expert*innenrating für die Items erfolgte bei TEDS-FU (Blömeke et al. 2014). Im Weiteren wird vor allem auf die ersten beiden Ansätze näher eingegangen.

Im Rahmen ihrer Studie nutzten Sherin und Van Es (2009) u. a. Interviews zu Videovignetten, um die professionelle Unterrichtswahrnehmung der beforschten Lehrkräfte zu erfassen. Das hier verwendete Kategoriensystem der Auswertung (siehe Abbildung 2.3) enthält beschreibende Kategorien und beruht auf einer getrennten Operationalisierung der beiden Facetten „Perception" und „Interpretation", wobei statt „Perception" (wie in der vorliegenden Arbeit) der Begriff „Selective Attention" verwendet wird. Diese Kategorie umfasst zum einen, über welche Personen des Videos (Schüler*innen, Lehrkraft oder sonstige Personen) und zum anderen, über welches Thema (Classroom Management, Lernklima, allgemeinpädagogisches Handeln oder mathematisches Denken) die Proband*innen sprechen. Die Facette „Knowledge-based Reasoning" (in der vorliegenden Arbeit „Interpretation") wurde hingegen zum einen über die Textsorte der Äußerung („describe", „evaluate" und „interpret") operationalisiert. Zum anderen wurden Äußerungen zum mathematischen Denken der Schüler*innen im Hinblick darauf unterschieden, ob es sich um eine reine Wiedergabe der Ideen („restate student ideas"), eine Analyse der Ideen („investigate meaning of student idea") oder eine

Verallgemeinerung und Zusammenführung der Ideen handelte („generalize and synthesize across student ideas").

Professional Vision Component	Dimension of Analysis	Coding Categories
Selective Attention	Actor	Student
		Teacher
		Other
	Topic	Management
		Climate
		Pedagogy
		Math thinking
Knowledge-based Reasoning	Stance	Describe
		Evaluate
		Interpret
	Strategy used to explore student math thinking	Restate student ideas
		Investigate meaning of student idea
		Generalize and synthesize across student ideas

Abbildung 2.3 Kategoriensystem zur professionellen Unterrichtswahrnehmung von Sherin und Van Es (2009, S. 24)

Ähnlich wie bei Sherin und Van Es (2009) wurde auch bei Jacobs et al. (2010), Star und Strickland (2008) und beim „Oberserver-Instrument" nach Seidel und Stürmer (2014) die Facette „Perception" der professionellen Unterrichtswahrnehmung als das Sprechen über bestimmte Themen operationalisiert, wie beispielsweise über Zielklarheit, Unterstützung, Lernklima, Schüler*innenstrategien oder mathematisches Denken. Ein anderer Ansatz zeigt sich beispielsweise bei Leatham, Peterson, Stockero und Van Zoest (2015). Hier wurden bestimmte Ereignisse der Videovignette als besonders wahrnehmungswürdig angenommen:

„We conceptualize an important group of instances in classroom lessons that occur at the intersection of student thinking, significant mathematics, and pedagogical opportunities—what we call ***M****athematically Significant Pedagogical* ***O****pportunities to build on* ***S****tudent* ***T****hinking.“* (Leatham et al. 2015, S. 88, Hervorhebung im Original)

Demzufolge äußert sich die Kompetenzfacette „Perception“ bei Leatham et al. (2015) in der Thematisierung dieser bestimmten Ereignisse (sogenannte MOST) und nicht im Ansprechen von Themen. Auf diese Weise wird versucht, der oben diskutierten Problematik in der Generalisierung des Besonderen zu begegnen.

Wie eben anhand von Beispielen gezeigt wurde, werden die drei Facetten der professionellen Wahrnehmung („Perception“, „Interpretation“ und „Decision-Making“) häufig einzeln erfasst. Da der Prozess jedoch als zyklisch und die Facetten als ineinander verwoben betrachtet werden müssen, resultiert eine weitere Problematik bei der Operationalisierung in der Frage, ob es überhaupt möglich ist, die Komponenten bei der Messung zu trennen: „Can we isolate and examine individual components? Or, do the components of teacher noticing only have meaning when considered in concert with one other?“ (Thomas 2017, S. 510). Diese Kernfrage betrifft insbesondere die Erfassung der „Perception“, denn es ist anzunehmen, dass die beforschte Person die als Videovignette präsentierte Unterrichtssituation bereits interpretiert hat, wenn sie über diese spricht. Im Untersuchungsdesign von TEDS-FU wurden daher Items, mit denen die Facette „Perception“ erhoben werden sollte, teils auf objektive Sachverhalte bezogen, beispielsweise darauf, ob die Lehrkraft im Video den Arbeitsauftrag für die Schüler*innen mündlich und schriftlich erteilt hat (König, Blömeke, Klein, Suhl, Busse und Kaiser 2014, S. 81). In anderen Studien wurde das Stoppen der Präsentation des Videos bei einer bestimmten Unterrichtssituation durch die untersuchte Person als Wahrnehmung („Perception“) dieser Situation gewertet (Jacobs und Morita 2002; Orschulik 2019; Scholten et al. 2019).

Wie Stockero und Rupnow (2017) hervorheben, stellt das Ranking auf Basis allgemeingültiger Kriterien wie bei Van Es (2011) und Kersting et al. (2016) einen anderen Ansatz zur Messung der professionellen Unterrichtswahrnehmung dar. Hier werden nicht nur beschreibende Kategorien, wie bei Sherin und Van Es (2009), sondern bewertende Kategorien auf Basis allgemeingültiger Kriterien (ohne Expert*innenrating) zur Erfassung der professionellen Unterrichtswahrnehmung genutzt. Bei Kersting et al. (2016) wurden beispielsweise die Äußerungen der beforschten Personen zu einer videografierten Unterrichtssituation in vier Kategorien mit einem Score von 0 bis 2 bewertet (siehe Abbildung 2.4). Die Äußerungen wurden dabei im Hinblick auf die Interpretationstiefe („depth of interpretation"), Bezüge zum mathematischen Hintergrund („mathematics content"), Bezüge zum mathematischen Denken der Schüler*innen („mathematical thinking") und die Entwicklung von Handlungsoptionen („suggestions for improvement") bewertet. Dabei wurde beispielsweise ein Score von 0 in der Kategorie „mathematical thinking" vergeben, wenn eine Äußerung nicht auf das Denken oder Verstehen der Schüler*innen einging und ein Score von 1, wenn in der Äußerung auf das Denken oder Verstehen der Schüler*innen eingegangen wurde, aber nicht im Kontext der spezifischen Mathematik. Eine Äußerung erhielt einen Score von 2, wenn das Denken oder Verstehen der Schüler*innen in expliziter Verbindung mit der in der Videovignette gezeigten Mathematik analysiert wurde. In ähnlicher Abstufung wurden Äußerungen, die keine Interpretationen oder fundierte Beurteilungen enthielten, mit 0 in der Kategorie „Interpretationstiefe" bewertet. Äußerungen, die zwar Interpretationen oder fundierte Urteile implizierten, aber nicht die verschiedenen analytischen Punkte miteinander verbanden, wurden mit einem Score von 1 bewertet, während Äußerungen, in denen verschiedene interpretative Punkte zu einem kohärenten Argument verbunden wurden, mit einem Score von 2 bewertet wurden.

	Score 0	Score 1	Score 2
Depth of interpretation	A response „contained no interpretation or substantiated judgment"	"Responses that contained some interpretation or substantiated judgments, but did not connect the different analytic points"	"Responses in which different interpretative points were connected to form a coherent argument"
Mathematics content	A response "did not address the mathematics shown in the video clip"	"Mathematics or mathematical problem in the video clip was addressed descriptively but not further analyzed"	"The mathematics was analyzed beyond what was observable in the video clip"
Mathematical thinking	A response „did not address student thinking or understanding"	A response included "some concern for student thinking or understanding without analyzing it in the context of the specific mathematics"	"Student thinking or understanding was analyzed in explicit connection to the mathematics shown in the clip"
Suggestions for improvement	A response "did not contain any suggestion for improvement"	A response "included a general pedagogical suggestion"	"The suggestion was mathematically based or directly related to the mathematics shown in the video clip"

Abbildung 2.4 Kategoriensystem zur professionellen Unterrichtswahrnehmung von Kersting et al. (2016, S. 101)

Einen ähnlichen Ansatz wie Kersting et al. (2016) zur Erfassung der professionellen Unterrichtswahrnehmung verfolgte auch Van Es (2011, siehe Abbildung 2.5). In ihrem Kategoriensystem wurden zwar vier statt drei Abstufungen – sogenannte Level – festgelegt, und das ohne getrennte Betrachtung verschiedener Kategorien, aber inhaltlich zeigen sich viele Parallelen. So gilt auch hier das Fokussieren auf das mathematische Denken der Schüler*innen („attend to particular students' mathematical thinking") und das Interpretieren von Ereignissen als Voraussetzung für ein hohes Professionslevel. Im Unterschied zu Kersting et al. (2016), die eine geschlossene Argumentationskette bei Interpretationen als Qualitätsmerkmal identifizieren, ist für Van Es (2011) das Herstellen einer Verknüpfung zwischen Ereignissen des Videos und Prinzipien des Lehrens und Lernens („make connections between events and principles of teaching and learning") entscheidendes Kriterium des höchsten Levels. Eine weitere Diskrepanz ist bei der Einordnung von Handlungsoptionen festzustellen. Während den Handlungsoptionen bei Kersting et al. (2016) eine eigene Kategorie gewidmet ist, sind sie bei Van Es (2011) Kennzeichen des höchsten Levels. Kritisch zu sehen ist meines Erachtens, dass die Proband*innen in beiden Studiendesigns nicht explizit nach Handlungsoptionen gefragt wurden. Beispielsweise nutzte Kersting den folgenden Prompt: „Discuss how the teacher and the student(s) interact around the mathematical content“ (Kersting 2016, S. 100). Hier ist deutlich, dass die Proband*innen nicht explizit aufgefordert wurden, Handlungsoptionen zu nennen, aber die Nennung von Handlungsoptionen und gegebenenfalls deren Qualität wurden trotzdem bewertet. Offenbar wurde in beiden Studien angenommen, dass erfahrene Lehrkräfte von selbst Handlungsoptionen entwickeln. Diese Annahme sollte meiner Auffassung nach insbesondere in Bezug auf Sensibilisierungsversuche kritisch gesehen werden, denn die Nennung von Handlungsoptionen ist leicht trainierbar und die Angabe allein bedarf keiner großen Expertise. Bei Kersting et al. (2016) gab es zwar eine Unterscheidung zwischen allgemeinpädagogischen und fachdidaktischen Handlungsoptionen (siehe Abbildung 2.4), aber auch dies erscheint noch nicht als ausreichendes Qualitätskriterium.

Insgesamt kann festgehalten werden, dass es bereits zahlreiche Ansätze gibt, um die Facetten „Perception“ und „Interpretation“ in Äußerungen von Lehrkräften zu Videovignetten zu erfassen. Für die Facette „Decision-Making“ hingegen liegen bislang außerhalb des Expert*innenratings nur wenig differenzierte Ansätze vor.

	Level 1 Baseline	Level 2 Mixed	Level 3 Focused	Level 4 Extended
What Teachers Notice	Attend to whole class environment, behavior, and learning and to teacher pedagogy	Primarily attend to teacher pedagogy Begin to attend to particular students' mathematical thinking and behaviors	Attend to particular students' mathematical thinking	Attend to the relationship between particular students' mathematical thinking and between teaching strategies and student mathematical thinking
How Teachers Notice	From general impressions of what occurred Provide descriptive and evaluative comments Provide little or no evidence to support analysis	From general impressions an highlight noteworthy events Provide primarily evaluative with some interpretative comments Begin to refer to specific events and interactions as evidence	Highlight noteworthy events Provide interpretative comments Refer to specific events and interactions as evidence Elaborate on events and interactions	Highlight noteworthy events Provide interpretative comments Refer to specific events and interactions as evidence Elaborate on events and interactions Make connections between events and principles of teaching and learning On the basis of interpretations, propose alternative pedagogical solutions

Abbildung 2.5 Kategoriensystem zur professionellen Unterrichtswahrnehmung von Van Es (2011, S. 139)

2.2.3 Erkenntnisse aus empirischen Studien zur professionellen Unterrichtswahrnehmung

Wie bis hierhin gezeigt wurde, liegen den empirischen Studien zur Erforschung professioneller Unterrichtswahrnehmung teils unterschiedliche Konzeptualisierungen und Operationalisierungen zugrunde. Aufgrund ihres gemeinsamen Kernanliegens ist es dennoch sinnvoll, die empirischen Erkenntnisse im Folgenden zusammenzuführen und hierbei auch auf die oben explizierten Unterschiede in der Erfassung oder Konzeptualisierung professioneller Unterrichtswahrnehmung Bezug zu nehmen.

Grundsätzlich können drei Arten von empirischen Studien zur professionellen Unterrichtswahrnehmung unterschieden werden: erstens Studien, die sich auf bestimmte Personengruppen (Expert*innen und Noviz*innen bzw. erfahrene Lehrkräfte und angehende Lehrkräfte) beziehen; zweitens Studien hinsichtlich der

Verbindungen zu anderen Kompetenzfacetten, wie Wissen und Beliefs; drittens Interventionsstudien, die untersucht haben, inwiefern professionelle Unterrichtswahrnehmung erlernbar ist. Letztere werden aufgrund ihrer hohen Bedeutung im Rahmen der vorliegenden Arbeit in Abschnitt 2.2.4 gesondert betrachtet. Auf die Erkenntnisse der anderen Studien wird im Folgenden eingegangen.

Die Expertiseforschung hat zahlreiche Erkenntnisse generiert, die bei der Beforschung der professionellen Unterrichtswahrnehmung aufgegriffen worden sind (siehe Abschnitt 2.2.1). So folgern Carter et al. (1988) aus ihrer Datenanalyse, dass Noviz*innen zögerlicher in ihrer Beschreibung dessen sind, was sie in einer Unterrichtssituation wahrgenommen haben, als erfahrene Lehrkräfte, die mehrere Ereignisse im Klassenzimmer detaillierter beobachten, verstehen und interpretieren können. Ähnlich weisen die Ergebnisse der Studien von Berliner (2001) und Chi (2011) darauf hin, dass erfahrene Lehrkräfte Unterrichtssituationen schneller, genauer und ganzheitlicher wahrnehmen als Noviz*innen. Sie können außerdem Folgehandlungen oder -ereignisse angemessener und schneller antizipieren. Bromme (1992; 1997) kommt in seinen Studien des Weiteren zu dem Schluss, dass sich die Unterrichtswahrnehmung von Expert*innen und Noviz*innen in Bezug auf Begriffe und Kategorien unterscheidet. Ihre von ihm als kategoriale Wahrnehmung bezeichnete Auffassung „formt die grundlegenden Geschehenseinheiten, mit denen Unterrichtssituationen perzeptiv strukturiert und damit auch interpretiert werden“ (Bromme 1997, S. 190).

Aus der systematischen Literaturübersicht von Stahnke et al. (2016) geht hervor, dass aktuelle Studien mit Fokus auf die professionelle Unterrichtswahrnehmung Erkenntnisse aus der Expertiseforschung bestätigen: „Teachers‘ expertise and experience positively influence noticing“ (ebd., S. 1). Dies zeigt sich beispielsweise bei Jacobs et al. (2010), laut deren Studie die erfahrenen Lehrkräfte in ihren Äußerungen öfter und stärker evidenzbasiert als die Lehramtsstudierenden auf Schüler*innenstrategien eingingen („Perception“), das Verständnis der Schüler*innen analysierten („Interpretation“) und auf dieser Basis Handlungsoptionen entwickelten („Decision-Making“). Dabei war, wie auch in den Studien von Schack et al. (2013) sowie von Santagata und Guarino (2011), die Kompetenzfacette „Decision-Making“ bei den Lehramtsstudierenden am wenigsten von allen Facetten entwickelt. Die Forschungslage gibt folglich Hinweise darauf, dass Lehramtsstudierende mit dem Entwickeln von Handlungsoptionen Schwierigkeiten haben. Ähnliches zeigt sich in den Untersuchungen von Cooper (2009) und Son (2013), wonach angehende Lehrkräfte auf Fehler der Schüler*innen überwiegend mit „reteaching“, also dem Vorrechnen reagierten und wenig andere Handlungsoptionen nannten. Dies bestärkt umgekehrt die Vermutung von Schoenfeld und Kilpatrick (2008), dass das Repertoire an Unterrichtsstrategien erst mit steigender Expertise zunimmt. Auch Kersting, Givvin, Sotelo und Stigler (2010) stellen auf Basis ihrer Daten einen Zusammenhang zwischen einem großen Handlungsrepertoire und erfolgreichen Lehrkräften her. In Bezug auf die Facetten „Perception" und „Interpretation" weisen Studien auch darauf hin, dass angehende Lehrkräfte Probleme beim Erkennen und Interpretieren von Schüler*innenfehlern haben (Jakobsen, Ribeiro und Mellone 2014; Son 2013).

Vorwiegend quantitative Studien haben sich mit der Frage beschäftigt, inwiefern die professionelle Unterrichtswahrnehmung mit anderen Kompetenzfacetten wie Wissen und Beliefs korreliert. Im Kompetenzmodell von Blömeke et al. (2015) werden dazu Annahmen getroffen (siehe Abschnitt 2.1), diese wurden jedoch bislang noch nicht ausreichend empirisch bestätigt. Denn in manchen Studien konnten die angenommenen Zusammenhänge zwischen der professionellen Unterrichtswahrnehmung und dispositionalen Facetten nicht bzw. nicht in der erwarteten Signifikanz nachgewiesen werden. So resultierte beispielsweise in TEDS-FU zwar ein zweidimensionales Modell, das zwischen stabilen und situationsspezifischen Fähigkeiten unterschied, allerdings war den situationsspezifischen Fähigkeiten neben den Facetten „Perception", „Interpretation" und „Decision-Making" auch unerwarteterweise das pädagogische Wissen zuzuordnen (Blömeke et al. 2016). Ein weiteres Beispiel liefert die Studie von König et al. (2014), die den Zusammenhang zwischen allgemein-didaktischem Wissen und professioneller Unterrichtswahrnehmung untersucht hat. Hier zeigten sich moderate Zusammenhänge zwischen dem Lehrer*innenprofessionswissen und den Interpretationsfähigkeiten („Interpretation"), aber niedrige Zusammenhänge zwischen der Facette „Perception" und dem Wissen. Folgt man Stahnke et al. (2016), so lässt sich der aktuelle Stand empirischer Forschung dennoch als Bestätigung des Kompetenzmodells nach Blömeke et al. (2015) zusammenfassen: „Most studies revealed evidence for the impact of CK, PCK or beliefs on teachers' situation-specific skills" (Stahnke et al. 2016, S. 17). Das Autorenteam bezieht sich hierbei u. a. auf die Studien von Dunekacke, Jenßen und Blömeke (2015) und Kersting et al. (2016). Eine noch differenziertere Zusammenfassung unter Rekurs auf die genannten Studien findet sich bei Blömeke und Kaiser (2017):

> „*Teacher knowledge seems to predict directly the skill to perceive classroom situations and indirectly following steps such as decision-making. Evidence exists with respect to MCK and MPCK and content-related situation-specific skills [...] as well as with respect to GPK and skills not specific for a subject such as classroom management [...].*" (Blömeke und Kaiser 2017, S. 791–792)

Im Vergleich ist der Zusammenhang zwischen der Performanz und der professionellen Unterrichtswahrnehmung deutlich weniger erforscht als der zwischen dispositionalen Facetten und der professionellen Unterrichtswahrnehmung. Eine Studie, die sich hiermit beschäftigt hat, ist TEDS-Unterricht (Jentsch et al. 2020). Mithilfe eines Beobachtungsinstruments zur Erfassung fachspezifischer Unterrichtsqualität und der videobasierten Messung professioneller Unterrichtswahrnehmung mittels der in TEDS-FU entwickelten videobasierten Instrumente konnten Korrelationen zwischen diesen beiden Facetten nachgewiesen werden. Dabei zeigten sich moderate Zusammenhänge zwischen der Unterrichtsqualitätsdimension „Kognitive Aktivierung“ und der professionellen Unterrichtswahrnehmung und eine schwach positive Korrelation zwischen der Dimension „Konstruktive Unterstützung“ und der professionellen Unterrichtswahrnehmung. Allerdings zeigten sich in dieser Studie nur gering signifikante Korrelationen zwischen dem ebenfalls erhobenen fachdidaktischen Wissen und der in Beobachtungen erfassten fachspezifischen Unterrichtsqualität (ebd.).

Insgesamt ist die Frage, ob das Kompetenzmodell von Blömeke et al. (2015, siehe Abschnitt 2.1) ausreichend validiert ist, oder ob Wissen und Facetten der professionellen Unterrichtswahrnehmung doch stärker getrennt zu betrachten sind bzw. doch stärker zusammenhängen als gedacht, noch nicht abschließend beantwortet. Zugleich gibt es aber viele evidenzbasierte Hinweise für die Gültigkeit des Modells, weshalb es in der vorliegenden Studie als Fundament des eigenen Theorierahmens verwendet wird.

2.2.4 Förderung der professionellen Unterrichtswahrnehmung

Aus den vorgestellten empirischen Erkenntnissen ist ersichtlich, dass eine Förderung der professionellen Unterrichtswahrnehmung wichtig ist, da angehende Lehrkräfte in der Regel über geringe Fähigkeiten in dieser Kompetenz verfügen. Dabei steht im Kontext der Förderung der professionellen Unterrichtswahrnehmung der Einsatz von Videos in der Lehrer*innenaus- und -weiterbildung im Mittelpunkt (siehe Überblick bei Stahnke et al. 2016). Die wohl meistzitierte Studie, nach der die professionelle Unterrichtswahrnehmung mithilfe von Unterrichtsvideos gefördert werden kann, ist die Untersuchung von Sherin und Van Es (2009). In sogenannten Videoclubs trafen sich praktizierende Lehrkräfte ein Jahr lang etwa allmonatlich, um gemeinsam mit den Forscherinnen Videoaufzeichnungen ihres eigenen Mathematikunterrichts zu analysieren. Die Transkripte der gemeinsamen Unterrichtsanalyse sowie anhand einer Videovignette durchgeführte

Prä-Post-Interviews zur professionellen Unterrichtswahrnehmung konstituierten die Datenbasis der Studie. Während die Lehrkräfte in den ersten Videoclubs vorwiegend ihre Unterrichtshandlungen lediglich in deskriptiven Äußerungen kommentiert und bewertet haben, waren ihre Äußerungen am Ende der Studie in den Videoclubs vorwiegend interpretativ. Im Zuge des Forschungsprozesses galten die Äußerungen sehr viel mehr dem mathematischen Denken der Schüler*innen, während andere Themen, wie beispielsweise das Lernklima, weniger als zuvor thematisiert wurden. Hier zeigt sich eine positive Entwicklung, da aus den vermehrten interpretativen Äußerungen auf eine Stärkung der Facette „Interpretation" geschlossen werden kann. Laut Sherin und Van Es ist auch der verstärkte Fokus auf das mathematische Denken der Schüler*innen besonders zu begrüßen, den sie als relevanten Aspekt der professionellen Unterrichtwahrnehmung betrachten (siehe Abschnitt 2.2.1). Weitere qualitative Studien mit praktizierenden Lehrkräften (Santagata 2009) und Lehramtsstudierenden (Santagata und Guarino 2011; Star und Strickland 2008; Schack et al. 2013) konnten ebenfalls zeigen, dass die gemeinsame systematische Analyse von Videovignetten die Entwicklung der professionellen Unterrichtswahrnehmung fördern kann. Bei diesem empirischen Nachweis sind allerdings die unterschiedlichen Konzeptualisierungen der professionellen Unterrichtswahrnehmung zu berücksichtigen. So umfasst die professionelle Unterrichtswahrnehmung beispielsweise bei Star und Strickland (2008) nur die Facette „Perception", bei Schack et al. (2013) hingegen alle drei Facetten („Perception", „Interpretation" und „Decision-Making"). Folglich können Star und Strickland (2008) lediglich begründet feststellen, dass die Studierenden nach der Intervention ihre Aufmerksamkeit mehr auf relevante Situationen gerichtet haben.

Wie schon Sherin und Van Es (2009) und aktuell Kaiser und König (2019) betonen, ist der Einsatz von Videos in der Lehrer*innenbildung keine neue Strategie. Der Vorteil, unter Einsatz des Mediums praxisnahe Fälle ohne den organisatorischen Aufwand von Praktika diskutieren zu können, ist in der Lehrer*innenaus- und -weiterbildung bereits länger bekannt und wurde auch aus anderen Forschungsperspektiven vielfach genutzt (siehe Zusammenfassung bei Sherin und Van Es 2009). Mit der Zielperspektive, die professionelle Unterrichtswahrnehmung zu fördern, ist der Videoeinsatz relativ neu und nimmt in letzter Zeit stark zu, etwa in zahlreichen Projekten im Rahmen der Qualitätsoffensive Lehrerbildung (Kramer, König, Kaiser, Ligtvoet und Blömeke 2017; Hirstein, Denn, Jurkowski und Lipowsky 2017; Scholten et al. 2019; Orschulik 2019; Bock 2017 etc.). Dabei werden auch andere als videobasierte Seminarkonzepte erprobt und erforscht. Beispielsweise untersuchten Kramer et al. (2017) bei Lehramtsstudierenden, inwieweit ein videobasiertes Seminarkonzept im Hinblick auf die professionelle Wahrnehmung im Bereich der Klassenführung lernförderlicher wirkt als ein transkriptbasiertes. Bei beiden Gruppen zeigten sich sehr ähnliche statistisch signifikante Zuwächse in der professionellen Unterrichtswahrnehmung, allerdings beurteilten die beforschten Studierenden das videogestützte Seminar als kognitiv aktivierender als die Studierende das Seminar mit den transkriptgestützten Lerngelegenheiten. Stürmer, Könings und Seidel (2013) haben in ihrer quantitativen Studie drei verschiedene Seminartypen hinsichtlich ihres Einflusses auf die professionelle Unterrichtwahrnehmung von Lehramtsstudierenden verglichen. Bei allen drei Seminaren war ein ähnlich starker Anstieg der professionellen Unterrichtswahrnehmung zu verzeichnen, wobei spannend ist, dass nur eines der drei Seminare videobasiert war. Die übrigen waren vorwiegend theoretisch orientiert, enthielten aber fall- bzw. reflexionsbasierte Lerngelegenheiten.

Im Weiteren wird aufgrund der eben dargestellten empirischen Erkenntnisse angenommen, dass videobasierte Lerngelegenheiten die professionelle Unterrichtswahrnehmung fördern können. Eine wichtige Frage bei der Entwicklung konkreter videobasierter Lerngelegenheiten ist, ob eher mit Videoaufnahmen des Unterrichts fremder Lehrkräfte oder mit Aufnahmen vom Unterricht der an der Lerngelegenheit teilnehmenden (angehenden) Lehrkräfte gearbeitet werden sollte. In der Studie von Krammer, Hugener, Biaggi, Frommelt, Fürrer Auf der Maur und Stürmer (2016) wurde die Wirksamkeit zweier Interventionen verglichen, bei denen in einem Fall fremde und im anderen eigene Videoaufnahmen verwendet wurden. Hierbei zeigten sich keine signifikanten Unterschiede hinsichtlich der Förderung der professionellen Unterrichtswahrnehmung von Lehramtsstudierenden zwischen den beiden Gruppen. Allerdings gibt es Hinweise, dass sowohl Lehramtsstudierende als auch praktizierende Lehrkräfte die Analyse eigener Videos oftmals als aktivierender und motivierender betrachten (Krammer und Hugener 2014 für Lehramtsstudierende; Seidel, Stürmer, Blomberg, Kobarg und Schwindt 2011 für Lehrkräfte). Anzumerken ist, dass der Einsatz von Videoaufnahmen des eigenen Unterrichts auch dazu führen kann, dass sich Teilnehmer*innen brüskiert oder vorgeführt fühlen und ihr Unterrichtshandeln verteidigen (Seidel, Blomberg und Renkl 2013). Dieses Problem besteht beim Einsatz von fremden Videos nicht, da eine größere Distanz zur handelnden Lehrkraft gegeben ist.

Videobasierte Lerngelegenheiten zur Förderung der professionellen Unterrichtswahrnehmung können außerdem in Hinsicht darauf unterschieden werden, wie mit den Videos gearbeitet wird. Bei Sherin und Van Es (2009) wurden eher freie Diskussionen der Lehrkräfte untereinander über die Videos initiiert. Diese Gespräche wurden durch Impulse der Forscherinnen, beispielsweise die Anregung, mehr auf das mathematische Denken der Schüler*innen einzugehen, angereichert. Eine stärkere Strukturierung der gemeinsamen Analyse von Unterrichtsvideos zur Förderung der professionellen Unterrichtswahrnehmung bietet demgegenüber der sogenannte „Lesson Analysis Framework“ der Arbeitsgruppe rund um Santagata. Dieser umfasst fünf Fragen, die (angehende) Lehrkräfte mit Bezug auf die Videovignette beantworten sollten:

> „*(1) What are the main learning goals of the lesson? (2) Did the students make progress towards the learning goals? Did they encounter difficulties? What evidence do you have? What evidence is missing? (3) Which instructional decisions assisted students in making progress towards the goals, which did not? And (4) How can the lesson be improved? What alternative strategies could the teacher use and how would these assist students in making progress toward the learning goal?*“ (Santagata und Yeh 2016, S. 155)

Eine weitere zentrale Frage bei der Entwicklung von Lerngelegenheiten zur Förderung der professionellen Unterrichtswahrnehmung lautet, inwiefern die Ausprägung bzw. die Förderung der dispositionalen Facetten zu beachten ist. Sollen die Unterrichtsvideos „nur“ gemeinsam analysiert werden, oder ist auch eine Förderung theoretischen Wissens Teil des Konzepts? Legt man das Kompetenzmodell von Blömeke et al. (2015) zugrunde, so stehen die dispositionalen Facetten mit der professionellen Unterrichtwahrnehmung in Verbindung. Unter dieser Prämisse sind eine bestimmte Wissensbasis und lernförderliche Beliefs unabdingbar, um Unterrichtssituationen professionell wahrnehmen zu können. Allerdings warnen Blömeke und Kaiser (2017) davor, das Modell in der Weise auf die Lehrer*innenausbildung zu übertragen, dass angehenden Lehrkräften zunächst nur Wissen vermittelt und erst dann praxisnahe bzw. praktische Erfahrungen ermöglicht werden. Aus Sicht der Verfasserinnen könnte es auch so sein, dass – eine Basis an Wissen zur Förderung der professionellen Unterrichtswahrnehmung vorausgesetzt – integrierte Ansätze am ehesten effektiv sind. Letztendlich bildet die Wirkungsweise der möglichen Ansätze aktuell noch eine interessante Forschungslücke.

Der weiteren Frage, welche Eigenschaften Videovignetten haben sollten, damit sie idealerweise die professionelle Unterrichtswahrnehmung in Bezug auf das mathematische Denken von Schüler*innen fördern, sind Sherin, Linsenmeier und Van Es (2009) nachgegangen. Die 26 im Videoclub eingesetzten Videovignetten wurden zunächst in drei Dimensionen beurteilt: Hinsichtlich des Ausmaßes, in dem die Vignette Einblick in das mathematische Denken der Schüler*innen ermöglicht („window“), der Tiefe des gezeigten Denkens („depth“) und der Klarheit der Gedankengänge („clarity“) wurden sie als „low“, „medium“ oder

„high“ klassifiziert. Anhand der videografierten Videoclub-Treffen konnte untersucht werden, welche Vignetten zu mehr oder weniger produktiven Diskussionen geführt haben. Die Ergebnisse weisen darauf hin, dass erstens sowohl Vignetten mit großer als auch mit geringer Tiefe zu produktiven Diskussionen führen können. Zweitens führen Vignetten mit großer Tiefe des exponierten mathematischen Denkens nicht unbedingt zu produktiven Diskussionen, wenn letztlich nur kleine Einblicke in das Denken ermöglicht werden. Drittens resultieren Vignetten, die einen umfassenden Einblick gewähren und von einer großen Tiefe gekennzeichnet sind – unabhängig von der Klarheit der Gedankengänge der Schüler*innen – in produktiven Gesprächen über das mathematische Denken der Schüler*innen.

2.3 Kompetenz zur Analyse von sprachlichen Hürden bei Textaufgaben als Teil der professionellen Kompetenz

Aufgaben sind ein zentrales Element in der Vorbereitung und Durchführung von Mathematikunterricht, weshalb sie theoretisch schon seit Langem als ein Indikator für Unterrichtsqualität betrachtet werden (beispielsweise Bromme, Seeger und Steinbring 1990). Für diesen Zusammenhang zeigten sich beispielsweise in COACTIV empirische Belege (Neubrand, Jordan, Krauss, Blum und Löwen 2011). Folglich kann in der Phase der Unterrichtsplanung die Analyse von Aufgaben und deren Anpassung an eine bestimmte Lerngruppe als Teil der professionellen Kompetenz gelten. Die Analyse der einzelnen Aufgabe kann dabei verschiedene Aspekte beleuchten, beispielsweise die hier geforderten allgemeinen mathematischen Kompetenzen oder die sprachliche Komplexität der Aufgabe (Neubrand et al. 2011; Ross und Kaiser 2018). Die sprachliche Gestaltung scheint für die Einschätzung von Aufgaben hinsichtlich ihres Schwierigkeitsgrades elementar, da sprachliche Komplexität ein schwierigkeitsgenerierendes Merkmal darstellt. Hierauf wird ausführlich in den Abschnitt 3.3 und 5.1 eingegangen.

In aktuellen Studien zur Aufgabenanalyse von (angehenden) Lehrkräften wird teilweise das Konzept der professionellen Unterrichtswahrnehmung auf den Umgang mit Aufgaben in der Unterrichtsplanung übertragen (beispielsweise Son und Kim 2015). Da in der vorliegenden Studie die professionelle Unterrichtswahrnehmung als situationsabhängiger Prozess in Bezug auf Unterrichtssituationen konzeptualisiert wird (siehe Abschnitt 2.2.1), ist die Kompetenz zur Analyse von sprachlichen Hürden bei Textaufgaben nicht Teil der professionellen Unterrichtswahrnehmung. Sie wird hier dem mathematikdidaktischen Wissen zugeordnet. Dabei beziehe ich mich auf die Definition mathematikdidaktischen Wissens (MPCK) von Döhrmann, Kaiser und Blömeke (2010):

> *„MPCK kann in Anlehnung an die grundlegenden Arbeiten von Shulman […] in zwei Subdimensionen ausdifferenziert werden: curriculares und auf die Planung von Unterricht bezogenes Wissen sowie auf unterrichtliche Interaktion bezogenes Wissen […]. Die Subdimension curriculares und planungsbezogenes Wissen umfasst […] insbesondere die Fähigkeit, zentrale Themen im Lehrplan zu identifizieren, curriculare Zusammenhänge zu erkennen und herzustellen sowie Lernziele zu formulieren und unterschiedliche Bewertungsmethoden zu kennen […]. Darüber hinaus bezieht sich diese Subdimension auf eine Vielzahl von Kenntnissen und Fähigkeiten, die für die konkrete Planung von Mathematikunterricht in der Sekundarstufe I notwendig sind. Dies betrifft die Auswahl eines angemessenen Zugangs zum mathematischen Thema, die Wahl geeigneter Unterrichtsmethoden, Kenntnisse über unterschiedliche Lösungsstrategien und das Abschätzen möglicher Schülerreaktionen bis zur Auswahl der Bewertungsmethoden."* (ebd., S. 175)

Da in dieser Definition das mathematikdidaktische Wissen auch planungsbezogene Kenntnisse und Fähigkeiten umfasst, erscheint es schlüssig, die Analyse von Aufgaben im Rahmen der Unterrichtsplanung zu verorten.

Grundlegend wird angenommen, dass die Kompetenz zur Identifizierung sprachlicher Hürden in Textaufgaben – wie die professionelle Unterrichtswahrnehmung – erlernbar ist. Die Annahme basiert darauf, dass die Wirksamkeit von Lerngelegenheiten („opportunities to learn") auf das fachliche, fachdidaktische und allgemein-didaktische Wissen umfassend belegt ist (König, Ligtvoet, Klemenz und Rothland 2017; Doll, Buchholtz, Kaiser, König und Bremerich-Vos 2018). Studien konnten nachweisen, dass bessere Leistungen von Studierenden mit einer hohen Anzahl an Lerngelegenheiten korrelierten. Laut Kaiser und König (2019) verweisen außerdem zahlreiche Studien auf die Relevanz praxisbasierter Lerngelegenheiten im Rahmen der universitären Ausbildung, die den Studierenden die Möglichkeit geben, ihr theoretisches Wissen unmittelbar mit praktischen Tätigkeiten von Lehrkräften zu verknüpfen und zu verdichten. Die Aufgabenanalyse kann als solche Tätigkeit gesehen werden.

3 Bedeutung von Sprache im Mathematikunterricht

Die Betrachtung von Mathematik als spracharmes Unterrichtsfach beruht meist auf der überholten Vorstellung eines kalkülorientierten Mathematikunterrichts. Heutiger Mathematikunterricht ist jedoch kompetenz- und verstehensorientiert, weshalb der Sprache hier wie in jedem Unterrichtsfach eine große Bedeutung zukommt. Die Relevanz von Sprache zeigt sich auch in den empirischen Studien zum Zusammenhang von Sprachkompetenz und Schüler*innenleistung im Fach Mathematik, die in Abschnitt 3.1 vorgestellt werden. Im Anschluss daran wird erläutert, wie sich dieser Einfluss begründet. Hierfür werden in Abschnitt 3.2 die im Mathematikunterricht zur Sprachproduktion und -rezeption benötigten Sprachregister (Alltags-, Bildungs- und Fachsprache) erläutert. Abschnitt 3.3 fokussiert sodann Erkenntnisse zu sprachlichen Hürden in Mathematikaufgaben. Hier sind insbesondere Textaufgaben von Interesse, weil sie einen zentralen Bestandteil von kompetenzorientiertem Mathematikunterricht darstellen und der Umgang mit ihnen Rückschlüsse zur Beantwortung der Frage zulässt, warum sprachlich schwache Schüler*innen geringere Mathematikleistungen erbringen als sprachlich starke Schüler*innen. Außerdem können aus diesbezüglichen Analyseergebnissen Implikationen für die Praxis im Umgang mit Textaufgaben abgeleitet werden. Sprache spielt im Mathematikunterricht aber nicht nur bei Textaufgaben eine wichtige Rolle. In Abschnitt 3.4 wird dargestellt, inwieweit die zuvor definierten Sprachregister im Mathematikunterricht als Lernmedium, Lerngegenstand, Lernvoraussetzung oder sogar ggf. Lernhindernis wirksam werden und kognitive sowie kommunikative Funktionen haben können, die nicht nur für die Mathematikleistung, sondern auch für den Lernprozess bedeutsam sind.

N. Krosanke, *Entwicklung der professionellen Kompetenz von Mathematiklehramtsstudierenden zur Bedeutung von Sprache*, Perspektiven der Mathematikdidaktik,
https://doi.org/10.1007/978-3-658-33505-2_3

3.1 Sprachkompetenz als Einflussfaktor auf die Mathematikleistung

Zahlreiche empirische Studien belegen die Benachteiligung von Schüler*innen mit Migrationshintergrund[1] im deutschen Bildungssystem (Stanat 2006; OECD 2007; Heinze, Herwartz-Emden, Braun und Reiss 2011). Bereits in den PISA-Studien von 2000 und 2003 zeigten sich ausgeprägte Disparitäten zwischen Jugendlichen mit und ohne Migrationshintergrund in Bezug auf den schulischen Erfolg (Stanat 2006). Eine signifikante Veränderung dieses Zusammenhanges ist bisher, zumindest auf Basis der neueren PISA-Ergebnisse, nicht erkennbar: Es ist vielmehr festzustellen, „dass der Leistungsabstand zwischen diesen beiden Gruppen [Schüler*innen mit und ohne Migrationshintergrund] in Deutschland zwischen 2006 und 2015 nicht nennenswert abnahm" (OECD 2016, S. 6). Bereits 2006 wurde vermutet, dass die sprachliche Kompetenz den wichtigsten Faktor dieser Bildungsungleichheit darstellt und es wurden weitere Maßnahmen zur Sprachförderung gefordert, um der Benachteiligung bestimmter Schüler*innengruppen entgegenzuwirken: „Allgemein weist das Befundmuster der Schulleistungsstudien darauf hin, dass die Diskriminierung von Schüler*innen mit Migrationshintergrund in Deutschland vor allem darin besteht, dass die Maßnahmen der Förderung von Kompetenzen in der Instruktionssprache unzureichend sind" (Stanat 2006, S. 116).

Folgewirkungen dieser Diskriminierung zeigen sich nicht nur in den Schüler*innenleistungen in besonders sprachbetonten Fächern, sondern auch in den Mathematikleistungen. Aus der PISA-Studie von 2006 ging hervor, dass es Deutschland schlechter als anderen Ländern gelingt, Schüler*innen mit einer anderen Familiensprache als Deutsch adäquate Mathematikleistungen zu ermöglichen (OECD 2007). Aufgrund des Vergleichs zu Ländern mit einem ähnlichen Anteil von Schüler*innen mit Migrationshintergrund und geringeren Unterschieden der Schüler*innengruppen wie beispielsweise Kanada werden die Ursachen des Misserfolgs dem deutschen Schulsystem und nicht den Schüler*innen zugeordnet (OECD 2007). Weitere Studien wie TIMSS, KESS 4, IGLU bzw. PIRLS, SOKKE und BeLesen bestätigen die Korrelation des Migrationshintergrundes bzw. migrationsbedingter sprachbiografischer Faktoren und geringeren Mathematikleistungen (Heinze et al. 2011). Die daraus resultierende Chancenungleichheit betrifft in Deutschland, vor allem in Großstädten wie Hamburg, einen großen Teil

[1] Anmerkung: Die Studien gingen teils von unterschiedlichen Definitionen des „Migrationshintergrundes" aus bzw. untersuchten mit einem Migrationshintergrund zusammenhängende sprachbiografische Faktoren, weshalb die Ergebnisse teils nicht direkt vergleichbar sind.

der Bevölkerung. So hatten beispielsweise im Schuljahr 2018/2019 50,4 % der Schülerschaft in Hamburg einen Migrationshintergrund[2] (Freie und Hansestadt Hamburg 2019, S. 12).

Die genannten Studien untersuchten den Einfluss von herkunftsbezogenen und sprachbiografischen Faktoren oder von der Lesekompetenz auf die Mathematikleistung, aber nicht den Einfluss der sprachlichen Kompetenz im weiteren Sinne. Schwache sprachliche Kompetenzen in der Instruktionssprache wurden zwar als wesentlicher Erklärungsfaktor für Leistungsunterschiede der Schüler*innen mit und ohne Migrationshintergrund angenommen (s. o.), aber zunächst nicht untersucht bzw. nur bei Schüler*innen mit Migrationshintergrund. Gürsoy et al. (2013) setzten bei dieser Forschungslücke an und untersuchten die Leistung aller Schüler*innen in den zentralen Prüfungen in Klasse 10 im Fach Mathematik (ZP10-M-Studie) in Abhängigkeit von den folgenden Faktoren: bildungssprachliche Kompetenz (Erhebung mit dem C-Test), Lesekompetenz, Migrationshintergrund, sozioökonomischer Status und Zeitpunkt des Deutscherwerbs. Sie konnten herausarbeiten, dass bei den untersuchten Abschlussprüfungen der Migrationshintergrund und ein niedriger sozioökonomischer Status zwar einen negativen Einfluss auf die Leistung haben, der stärkste Einflussfaktor unter allen erhobenen Hintergrundfaktoren ist jedoch die bildungssprachliche Kompetenz. Dabei wurde deutlich, dass sich Defizite in der bildungssprachlichen Kompetenz (siehe Abschnitt 3.2) nicht nur auf das Textverständnis der Prüfungsaufgaben auswirken, sondern dass sie schon im vorherigen Lernprozess das konzeptuelle Verständnis beeinträchtigt haben (ebd.). Der Zusammenhang von sprachlichen Fähigkeiten und der Mathematikleistung zeigte sich ebenfalls in der tiefergehenden Analyse der TIMSS-Daten (Walzebug 2015) und der Daten aus der Grundschulstudie SOKKE (Ufer, Reiss und Mehringer 2013). In der SOKKE-Studie konnte wie bei der ZP10-M-Studie zudem der Einfluss der sprachlichen Kompetenz auf konzeptuell-inhaltliche Kompetenzfacetten und auf den Fähigkeitserwerb innerhalb eines Schuljahres nachgewiesen werden.

Diese aktuellen empirischen Erkenntnisse fundieren die bereits 2009 getroffene Aussage von Gogolin, dass bildungsschwache Schüler*innen zwar alltagssprachliche, aber zu geringe bildungssprachliche Kompetenzen erwerben, die jedoch „besonders relevant im Kontext von Bildung, wenn nicht sogar bildungserfolgsentscheidend" sind (Gogolin 2009, S. 263). Konsens herrscht auch dahingehend,

[2]Einen Migrationshintergrund haben dieser Definition zufolge alle nach 1949 auf das heutige Gebiet der Bundesrepublik Deutschland Zugewanderten, alle in Deutschland geborenen Ausländer*innen und alle in Deutschland als Deutsche Geborenen mit zumindest einem zugewanderten oder als Ausländer*innen in Deutschland geborenen Elternteil.

dass der Erwerb bildungssprachlicher Kompetenzen eines quantitativ und qualitativ hochwertigen sprachlichen Inputs aus dem Umfeld bedarf (Boysen 2012), da Schüler*innen, die in ihrem familiären und sozialen Umfeld keinen förderlichen Input erhalten, diese Kompetenzen eher im geringeren Maße außerhalb der Schule erwerben. So hängt ein Defizit an bildungssprachlichen Kompetenzen nicht zwingend mit einem Migrationshintergrund zusammen, sondern kann ebenso durch ein bildungsfernes Elternhaus oder durch ein Umfeld mit einem niedrigen sozioökonomischen Status bedingt sein. Aus diesem Grund wird im Weiteren von „sprachlich schwachen Schüler*innen“ als besonders relevante Zielgruppe für den sprachbewussten Fachunterricht gesprochen.

3.2 Sprachregister im Mathematikunterricht

Im Mathematikunterricht hat Sprache eine umfassende Funktion, es kommen die verbalen Sprachregister der Alltagssprache, der Bildungssprache und der Fachsprache auf Wort-, Satz-, Text- und Diskursebene bei der Sprachproduktion und Sprachrezeption zum Tragen (Meyer und Prediger 2012). Im Folgenden werden die sprachwissenschaftlichen Grundlagen und Merkmale der drei Sprachregister erläutert.

Der Begriff des Sprachregisters wurde von Halliday (1978) eingeführt und beschreibt eine Sprachvarietät, die spezifische sprachwissenschaftliche Merkmale aufweist und eine bestimmte Funktion erfüllt. Ein Sprachregister ist demnach definiert als „a variety according to use; a register is what you speak at the time, depending on what you are and the nature of the activity in which the language is functioning“ (Halliday 1978, S. 31). Welches Sprachregister verwendet wird, hängt von den Anforderungen der Kommunikationssituation ab, in der ein Sprecher eine Nachricht erfolgreich übermitteln möchte. Die Anforderungen differenziert Halliday unter drei Aspekten: dem Themengebiet der Kommunikationssituation („field“), der medialen Form der Äußerung („mode“) und der sozialen Beziehung zwischen den Kommunizierenden („tenor“) (Halliday 1994). Daraus folgt, dass die Wahl des passenden Sprachregisters eng an die jeweilige Kommunikationssituation gekoppelt ist: Nur wenn hier eine Passung besteht, kann die Kommunikation zwischen Sender und Empfänger gelingen, indem die Nachricht durch den Empfänger dekodiert werden kann. Jedes Sprachregister ist somit eine in gleicher Weise funktionale Sprachvarietät. Allerdings geht mit der Übersetzung einer Äußerung von einem in ein anderes Register auch immer eine Bedeutungs- und Funktionsverschiebung einher.

Auf Basis dieses Verständnisses können zunächst grob zwei Sprachvarietäten in der Gesellschaft unterschieden werden: Die Alltagssprache, mit der typische Kommunikationssituationen des alltäglichen Lebens bewältigt werden können, und eine Sprachvarietät, die früher den Gebildeten vorbehalten war und die Verbalisierung komplexerer Zusammenhänge ermöglicht (Gogolin und Duarte 2016). Cummins (1979) unterscheidet diese sprachlichen Fähigkeiten in „basic interpersonal communication skills" (BICS) und „cognitive academic language proficiency" (CALP). Im Unterschied zu den BICS bezieht sich die CALP auf die in höheren Bildungskontexten gesetzten sprachlichen Anforderungen, die auch mit höheren kognitiven Leistungen assoziiert werden (ebd.). In der aktuellen Bildungsdiskussion in Deutschland wird der von Gogolin geprägte Begriff der Bildungssprache verwendet, der sich von der „academic language" und somit auch von Cummins' CALP u. a. insofern abgrenzt, als nicht nur die Sprache des tertiären, sondern des gesamten Bildungsbereiches betrachtet wird. Der Begriff der Bildungssprache geht auf Habermas (1977) zurück, der sie als dasjenige Sprachregister bezeichnet, mit dessen Hilfe man sich innerhalb der Schule Wissen verschaffen kann (Gogolin und Duarte 2016). Gogolin und Lange (2010) knüpfen hier an und determinieren die Bildungssprache als „Medium, um abstrakte und komplexe Inhalte sprachlich aufzunehmen und auszudrücken" (ebd., S. 9). Gogolin und Duarte fassen den Diskussionsstand aus verschiedenen fachwissenschaftlichen Perspektiven unter Bezug auf Bourdieu (1992) sowie (Morek und Heller 2012) zusammen:

> *„a) Soziologisch gesehen ist Bildungssprache ein soziales Destinktionsmittel; das Verfügen über diese Form der Sprache kann als Ausdruck kulturellen Kapitals [...] verstanden werden.*
>
> *b) Erziehungswissenschaftlich betrachtet ist Bildungssprache das Register, in dem Wissensaneignung in Bildungsinstitutionen erfolgt und zu dem diese Institutionen deshalb Zugang verschaffen müssen.*
>
> *c) Linguistisch betrachtet besitzt Bildungssprache die spezifischen Merkmale konzeptueller Schriftlichkeit, auch wenn sie im mündlichen Medium gebraucht wird. Zudem ist sie in Varianten ausdifferenziert, die verschiedene Funktionen erfüllen – etwa fachliche Varianten.*
>
> *d) Bildungssprache wird mit abstrakten, kognitiven Leistungen assoziiert [...]."* (Gogolin und Duarte 2016, S. 483)

Im Folgenden soll zunächst näher auf die Merkmale der Alltags-, Bildungs- und Fachsprache aus linguistischer Sicht eingegangen werden.

Die konzeptuelle Schriftlichkeit von Bildungssprache begründet sich auf lexikalisch-semantischer Ebene in einer hohen lexikalischen Dichte, beispielsweise durch differenzierende und abstrahierende Fach- und Fremdwörter, Nominalisierungen und Komposita (Gogolin und Duarte 2016). Eine Abstraktion bzw. Dekontextualisierung und räumlich-zeitliche Distanz wird auf der syntaktischen Ebene etwa durch Verwendung von Passivkonstruktionen und wiederum lexikalisch-semantisch durch unpersönliche Ausdrücke wie „man" realisiert. Weitere Merkmale der Bildungssprache auf der Ebene der Syntax sind komplexe Satzgefüge, Funktionsverbgefüge und Attributkonstruktionen (ebd.). Die Fachsprache wird linguistisch begründet als fachliche Variante der Bildungssprache gefasst und teilt folglich Eigenschaften mit der Bildungssprache, wie die konzeptuelle Schriftlichkeit und Dekontextualisierung, konstituiert sich jedoch zusätzlich auf der lexikalisch-semantischen Ebene durch Fachausdrücke und fachliche Kollokationen. Die mathematische Fachsprache weist zudem sowohl in der verbalen als auch in der symbolisch-algebraischen Darstellung eine typische Grammatik, Syntax und Semantik auf (Hußmann 2005). Auf Textebene ist die Fachsprache durch fachtypische Textsorten wie beispielsweise Textaufgaben, Sätze und Konstruktionsbeschreibungen gekennzeichnet, im diskursiven Bereich beispielsweise durch typische Konstruktionen bei der Erläuterung eines Rechenweges oder bei der Erklärung von Bedeutungen. Das alltagssprachliche Register ist im Unterschied zur Bildungs- und Fachsprache stärker an den situativen Kontext der Kommunikationspartner gebunden und häufig nur situativ verständlich. Hier ist die Verwendung kurzer und zum Teil unvollständiger Sätze aus der Ich-Perspektive mit einfachen grammatischen Satzkonstruktionen, deiktischen Mitteln und Begriffen mit weitem Bedeutungsfeld prägend (Abshagen 2015).

3.3 Sprachliche Hürden in Mathematikaufgaben, insbesondere Textaufgaben

Das Verstehen bzw. die Interpretation mathematischer Textaufgaben wurde in diversen empirischen Studien untersucht, da dieser Aufgabentyp im Mathematikunterricht und bei der Erhebung von Mathematikleistungen eine zentrale Rolle spielt (Kaiser und Schwarz 2009; Duarte, Gogolin und Kaiser 2011; Deseniss 2015; Gürsoy et al. 2013; Ufer et al. 2013; Haag, Heppt, Stanat, Kuhl und Pant 2013; Wilhelm 2016; Leiss, Domenech, Ehmke und Schwippert 2017). Im Zuge der seit den PISA-Studien geforderten neuen Aufgabenkultur im Sinne der „mathematical literacy" und der in den Bildungsstandards festgelegten Kompetenz, mathematikhaltige Texte sinnentnehmend erfassen zu können (Kompetenzbereich

„Kommunizieren", Kultusministerkonferenz 2003), wird das Verstehen von Textaufgaben als „eine zentrale Voraussetzung für eine erfolgreiche Teilnahme am Mathematikunterricht" betrachtet (Duarte et al. 2011, S. 38). Wie die empirischen Studien zeigen, wird das Aufgabenverständnis durch geringe sprachliche Kompetenz negativ beeinflusst, was teils wiederum zu einer fehlerhaften Aufgabenbearbeitung führt. Dabei wurden nicht nur Lesehürden im engeren Sinne identifiziert, sondern auch Probleme bei der Bildung des Situationsmodells als mentale Beschreibung der außermathematischen Situation (in Anlehnung an Reusser 1997) aus einer sprachlich-kulturellen Perspektive (Kaiser und Schwarz 2009; Duarte et al. 2011; Deseniss 2015). Zugleich zeigten sich konzeptuelle Hürden, die auf ein mangelndes mathematisches Verständnis zurückzuführen sind (Gürsoy et al. 2013; Ufer et al. 2013; Wilhelm 2016). Im Folgenden wird besonders auf die potenziellen sprachlichen Hürden im Leseprozess eingegangen, die auch Probleme bei der Bildung des Situationsmodells verursachen können. Der Zusammenhang zum konzeptuellen Verständnis wird in Abschnitt 3.4 im Kontext der kognitiven Funktion von Sprache näher thematisiert.

Hinsichtlich der Frage potenzieller sprachlicher Hürden im Leseprozess ist die Untersuchung von Kaiser und Schwarz (2009) aufschlussreich. Sie analysierten den Umgang mit mathematischen Textaufgaben von 20 Schüler*innen der Sekundarstufe I mit russischer Herkunftssprache und Deutsch als Zweitsprache. Dabei wurde insbesondere die Rolle der Bildungssprache bei den im Lösungsprozess auftretenden Schwierigkeiten untersucht. Es konnte herausgearbeitet werden, dass die Proband*innen primär auf Substantive fokussierten und den Strukturwortschatz wie beispielsweise Präpositionen vernachlässigten. Komposita wurden häufig in ihre Bestandteile zerlegt, wodurch die weitere Aufgabenbearbeitung anhand der Einzelbedeutungen bzw. der durch die Schüler*innen generierten falschen Bedeutung des Kompositums erfolgte, was zu einer fehlerhaften mathematischen Bearbeitung führte. Ähnliche Erkenntnisse resultierten aus der Studie von Duarte et al. (2011). Haag et al. (2013) fanden in ihrer Studie heraus, dass relativ lange Textaufgaben, Aufgaben mit bildungssprachlichem Wortschatz und Nominalphrasen für Schüler*innen mit Deutsch als Zweitsprache schwerer zu verstehen sind als für solche mit Deutsch als Erstsprache. Diese Ergebnisse bestätigen sich jedoch nicht bei Gürsoy et al. (2013) und Wilhelm (2016) in der ZP10-M-Studie. Hier erwiesen sich lange Sätze nur dann für sprachlich schwache Schüler*innen als schwierig, wenn weitere schwierigkeitsgenerierende Merkmale hinzukamen. Auch Leiss et al. (2017) untersuchten in ihrer Studie den Zusammenhang von sprachlicher Komplexität und Aufgabenschwierigkeit. Dabei wurden drei Stufen von sprachlicher Komplexität hinsichtlich der Lexik, der Morphosyntax, der Syntax und der Informationsstrukturierung bzw. der Kohäsion und Kohärenz festgelegt. Der vermutete Zusammenhang konnte nicht bestätigt werden, allerdings gab es zum Zeitpunkt der Studie auch noch keine Operationalisierung sprachlicher Komplexität für Mathematikaufgaben, auf die sich Leiss et al. (2017) hätten beziehen können. Diese wird aktuell von Ross und Kaiser (2018) entwickelt. Bisher liegen lediglich Hinweise auf spezifische sprachliche Herausforderungen in Textaufgaben vor, die aber je nach Vertrautheit zum Kontext, zum mathematischen Inhalt und in Kombination mit anderen schwierigkeitsgenerierenden Merkmalen zur realen sprachlichen Hürde werden können. Im Folgenden sollen diese potenziellen Hürden der Bildungs- und Fachsprache auf Basis der in der Forschungsliteratur üblichen Unterscheidung von Wort-, Satz- und Textebene zusammengetragen werden.

Wortebene

Maier und Schweiger (1999) beschrieben bereits vor mehr als zwanzig Jahren zwei Herausforderungen der mathematischen Fachsprache auf Wortebene. Zum einen gebe es Fachausdrücke bzw. Kollokationen, die nicht in der Alltagssprache vorkommen, beispielsweise „Hypotenuse“ und „Dezimalbruch“. Zum anderen gebe es Fachausdrücke, die in der Alltags- oder Bildungssprache eine andere Bedeutung haben, beispielsweise „Produkt“, „Funktion“, „rational“, „ableiten“, „kürzen“ oder „den gleichen Nenner finden“. Allerdings erwies sich in der ZP10-M-Studie die Wortebene der Fachsprache bei der Bearbeitung mathematischer Textaufgaben nicht als Schwierigkeit (Wilhelm 2016; Gürsoy et al. 2013). So hat Wilhelm (2016) herausgefunden, dass die untersuchten sprachlich schwachen Schüler*innen in den zentralen Prüfungen „weniger an<klassischen>mathematischen Fachbegriffen, sondern eher an Begriffen des bildungssprachlichen Registers“ (ebd., S. 298) gescheitert sind. Dies begründet sie damit, dass fachsprachliche Begriffe von Lehrkräften meist explizit eingeführt und geübt werden, während dies für bildungssprachliche Elemente weniger der Fall ist.

Hinsichtlich der Bildungssprache zeigen sich, wie bereits erwähnt, insbesondere Komposita (wie „Meereshöhe“ und „Zuschauerschnitt“) und Strukturwörter wie Präpositionen (beispielsweise „der Verbrauch bei 180 km/h“, Gürsoy et al. 2013, S. 19) als schwierigkeitsgenerierende Merkmale von mathematischen Textaufgaben (Kaiser und Schwarz 2003; Duarte et al. 2011; Gürsoy et al. 2013; Wilhelm 2016). Aber auch andere bildungssprachliche Inhaltswörter und Kollokationen wie „Erlös“, „Auslastung“, „Kosten anfallen“ (Gürsoy et al. 2013, S. 21) oder „eine Strecke zurücklegen“ (Beese, Benholz, Chlosta, Gürsoy, Hinrichs, Niederhaus und Oleschko 2014, S. 90) gelten als schwierigkeitsgenerierend, da sie in den beforschten Aufgaben für die Bildung des Situationsmodells essenziell waren. Dies gilt ebenfalls für metaphorische Ausdrücke wie „Faustformel“ (Gürsoy et al. 2013,

S. 21) oder „eine Entscheidung fällen" (Rösch und Paetsch 2011, S. 66). Demgegenüber erwiesen sich Nominalisierungen (beispielsweise „vielfach – ein Vielfaches"), Präfixverben (beispielsweise „verrechnen", „berechnen", „abrechnen"), Suffixadjektive (beispielsweise „durchschnittlich") und trennbare Verben (beispielsweise „angeben", „Gib ... an") weniger als erschwerend bei der Bearbeitung von mathematischen Textaufgaben, obwohl diese als „Stolpersteine" der deutschen Sprache gelten (Abshagen 2015). Ähnliches gilt für die fachspezifischen Operatoren wie „angeben", „erläutern" und „ermitteln". Die Herausforderung liegt hier offenbar eher in dem Wissen um die konkreten Handlungsanweisungen, die mit den Operatoren verbunden sind.

Satzebene

Auf Satzebene gilt die Realisierung von Unpersönlichkeit in Form von Passivkonstruktionen und Konstruktionen mit „man" als schwierigkeitsgenerierendes Merkmal von mathematischen Textaufgaben (Abshagen 2015; Maier und Schweiger 1999), auch wenn dies bisher nicht empirisch belegt worden ist. Gut belegt ist hingegen die Bedeutung von Verdichtungen für das Textverständnis (Gürsoy et al. 2013; Rösch und Paetsch 2011). So zeigten Gürsoy et al. (2013, S. 19), dass komplexe Attribuierungen („Um wie viel Prozent liegt der Verbrauch bei 180 km/h über dem Verbrauch bei 100 km/h?") zu Schwierigkeiten bei Schüler*innen führen können. Im Rahmen von Verdichtungen wird auch die Verwendung des Genitivs („die Größe des Winkels") als potenzielle Hürde betrachtet (Abshagen 2015, S. 16).

Neben den Verdichtungen stellen auch die fachspezifischen Satzteile, in welche die Verdichtungen eingebettet sind, Herausforderungen dar. Ein Beispiel für die Prozentrechnung ist: „Um wie viel Prozent liegt ... über ...?" (Gürsoy et al. 2013). Zindel (2019) beschrieb dies analog für die verbale Darstellung des funktionalen Zusammenhangs zwischen zwei Größen: „Die Funktion ordnet der Geschwindigkeit den Kraftstoffverbrauch zu" (ebd., S. 58). Besonders herausfordernd ist hierbei, dass nicht immer dieselben Satzbausteine zur Formulierung des Zusammenhangs genutzt werden, sondern verschiedene Varianten, so auch: „Die Funktion ordnet den Kraftstoffverbrauch der Geschwindigkeit zu." (ebd.). Dadurch muss grammatisch identifiziert werden, was die abhängige und was die unabhängige Größe der Funktion ist (siehe auch Abschnitt 4.2.2). Ähnliches stellte Prediger (2015b) am Beispiel der folgenden bildungssprachlich formulierten Textaufgabe fest: „Nora hat alle ihre Stofftiere auf vier Kisten verteilt, so dass in jeder Kiste gleich viele sind. Ihrer kleinen Schwester Lisa schenkt sie eine von den Kisten. Lisa findet darin sechs Stofftiere. Wie viele Stofftiere hat Nora jetzt noch übrig?" (ebd., S. 10). Hier ist für das Verstehen die korrekte Identifizierung des Kasus bzw. des Subjekt-Objekt-Bezugs entscheidend. Schüler*innen, die sich die Bedeutung anhand der Satzstellung vom

Typ „Subjekt – Verb – Objekt" erschließen, interpretieren „Ihrer kleinen Schwester Lisa" als Subjekt und generieren folglich ein falsches mathematisches Ergebnis für diese Textaufgabe.

Eine weitere potenzielle sprachliche Hürde bei mathematischen Textaufgaben stellen bestimmte Nebensatztypen dar. Hierzu gehören insbesondere Konditionalsätze mit Bedingungskonstruktionen (beispielsweise „je mehr...desto", „wenn – dann" und „Welche Figur entsteht, <u>wenn</u> du Punkt A mit Punkt B verbindest?") und Finalsätze, die einen Zweck oder eine Absicht vermitteln (beispielsweise „Wie musst du die Gerade zeichnen, <u>damit</u> das Bild...") (Abshagen 2015; Beese et al. 2014). In Bezug auf Relativsätze spielen insbesondere die Proformen wie „dieser", „welcher", „dabei", „dadurch", „deswegen" eine zentrale Rolle (Abshagen 2015). Beese und Gürsoy (2012) heben dabei die Schwierigkeiten beim Verstehen von Referenzstrukturen durch Relativpronomen insbesondere für Schüler*innen mit türkischer Herkunftssprache hervor, da im Türkischen kein Genus existiert und Bezüge dieser Art durch die Nähe bei der Wortstellung realisiert werden.

Textebene

Analog zur Satzebene werden auch Referenzstrukturen auf der Textebene als potenzielle sprachliche Hürden gesehen (Beese und Gürsoy 2012; Gürsoy et al. 2013; Beese et al. 2014; Abshagen 2015). Dies können uneindeutige oder schwer verständliche Bezüge zwischen zwei Sätzen bzw. Teilaufgaben oder Bezüge zwischen Texten und Diagrammen bzw. Tabellen sein. Hierbei kann sich auch die Verwendung von Synonymen (beispielsweise „Dieselauto", „Dieselfahrzeug", „Auto mit Dieselmotor", „Fahrzeug mit Dieselmotor") innerhalb eines Aufgabentextes für das Verstehen erschwerend auswirken (Beese et al. 2014; Gürsoy et al. 2013).

3.4 Rollen und Funktionen von Sprache im Mathematikunterricht

Sprache ist nicht nur bei Textaufgaben bedeutend, sondern hat im Mathematikunterricht verschiedene Rollen und Funktionen. Nach Meyer und Tiedemann (2017) und in ähnlicher Weise auch bei Michalak, Lehmke und Goeke (2015) können vier Rollen von Sprache im Mathematikunterricht unterschieden werden:

> *„[Es zeigt sich,] dass die Sprache im Mathematikunterricht selbst auch Lerngegenstand ist und ferner als wichtigstes Lernmedium zur Lernvoraussetzung wird und*

unter ungünstigen Bedingungen auch zum Lernhindernis werden kann." (Meyer und Tiedemann 2017, S. 39, ähnlich Meyer und Prediger 2012)

Da fachliche Lernprozesse stets sprachlich vermittelt werden – schriftlich und/oder mündlich – ist Sprache zunächst das Lernmedium. Indem Sprache zugleich Lernmedium und Mittel zur Leistungsüberprüfung im Mathematikunterricht darstellt, wird eine bestimmte sprachliche Kompetenz in der Unterrichtssprache automatisch zur Lernvoraussetzung bzw. zu einer Voraussetzung für den Lernerfolg. Ist diese Voraussetzung nicht gegeben, kann Sprache zum Lernhindernis werden (Meyer und Tiedemann 2017; Michalak, Lemke und Goeke 2015). Im Kontext des normativen Bildungssystems mit Bildungsstandards und curricularen Kompetenzerwartungen sind auf jeder Lernstufe bestimmte bildungssprachliche und fachsprachliche Kompetenzen gefordert. Da jedoch nicht alle Schüler*innen über die jeweils geforderten bildungssprachlichen bzw. fachsprachlichen Kompetenzen verfügen und da die sprachlichen Kompetenzen kontinuierlich erweitert werden, ist Sprache immer auch Lerngegenstand. Die bisherigen Ausführungen zum Thema können im Zusammenhang mit diesen vier Rollen betrachtet werden. In Abschnitt 3.1 wurde unter Bezug auf empirische Studien darauf hingewiesen, dass sprachliche Kompetenz die Mathematikleistung und den Fähigkeitserwerb von Schüler*innen beeinflusst (Lernvoraussetzung und Lernhindernis). In Abschnitt 3.2 und 3.3 wurde erläutert, wie sich dieser Einfluss begründet, also mit welchen sprachlichen Herausforderungen der verschiedenen Sprachregister die Schüler*innen im Unterricht bzw. in den Prüfungsaufgaben konfrontiert werden (Lernmedium und Lernhindernis).

Der Sprache im Mathematikunterricht werden nicht nur die genannten Rollen als Lernmedium, Lerngegenstand, Lernvoraussetzung und ggf. als Lernhindernis, sondern auch verschiedene Funktionen zugesprochen. Maier und Schweiger (1999) unterschieden grundlegend anhand der kommunikativen und der kognitiven Funktion von Sprache: „Die kommunikative Funktion dient der Verständigung, die kognitive Funktion dient dem Erkenntnisgewinn." (ebd., S. 11). Eine spezifische Kommunikationssituation im Mathematikunterricht kann jedoch oftmals nicht eindeutig der kommunikativen oder der kognitiven Funktion von Sprache zugeordnet werden, häufig steht eine Funktion lediglich mehr im Fokus als die andere. Die beiden Funktionen erscheinen insofern ineinander verwoben, als davon ausgegangen wird, dass Denkstrategien, Techniken und die begriffliche Strukturierung durch Benennung leichter aufrufbar und verfügbar werden: „Die Ergebnisse individuellen Denkens werden durch Benennung mitteilbar und damit vervielfältigt. Die kommunikative Funktion hat somit einen Verstärkungseffekt auf die kognitive Funktion" (ebd., S. 11).

Die Funktionen von Sprache können genauso wie die Rollen von Sprache im Zusammenhang mit den Ausführungen bis hierhin diskutiert werden. Konkret ist evident, dass sprachlich schwache Schüler*innen ihre mathematischen Kompetenzen oft nicht zeigen können, da sie Schwierigkeiten sowohl bei der Sprachproduktion als auch bei der Sprachrezeption haben. Dies bedeutet, dass beispielsweise Probleme darin bestehen, Textaufgaben korrekt zu verstehen oder Gedankengänge korrekt zu verbalisieren. Hier ist die kommunikative Funktion von Sprache massiv beeinträchtigt. Gürsoy et al. (2013), Wilhelm (2016) und Ufer et al. (2013) konnten neben den beschriebenen Lesehürden, rechnerischen und prozessualen Hürden auch konzeptuelle Hürden im Umgang mit Textaufgaben bei sprachlich schwachen Schüler*innen identifizieren. Diese Hürden weisen auf ein Defizit bei den Grundvorstellungen zu mathematischen Objekten und Operationen hin und resultieren folglich unmittelbar aus dem vorangegangenen Lernprozess. Hier steht die kognitive Funktion von Sprache im Vordergrund, die beim Aufbau von konzeptuellem Verständnis im Mathematikunterricht besonders bedeutsam ist (Prediger 2013a; Ufer et al. 2013). Im Folgenden soll dargelegt werden, wie der Lernprozess im Mathematikunterricht mit Sprache zusammenhängt.

In der Mathematikdidaktik wird unter konzeptuellem Verständnis die Entwicklung adäquater und also tragfähiger Grundvorstellungen von Bedeutungen und Beziehungen mathematischer Objekte und Operationen verstanden, welche die Basis für inhaltliches Denken darstellen (Vom Hofe 1996). Laut Vom Hofe (1996) sind drei Aspekte maßgeblich:

> *„Grundvorstellungen beschreiben Beziehungen zwischen mathematischen Inhalten und dem Phänomen der individuellen Begriffsbildung. Sie charakterisieren insbesondere drei Aspekte dieses Phänomens: a) Sinnkonstruierung eines Begriffs durch Anknüpfung an bekannte Sach- oder Handlungszusammenhänge, b) Aufbau psychologischer Repräsentationen [...], die operatives Handeln auf der Vorstellungsebene ermöglichen, c) Fähigkeit zur Anwendung eines Begriffs auf die Wirklichkeit [...].“*
> (Vom Hofe 1996, S. 6)

Die Sinnkonstruktion durch das Anknüpfen an „bekannte Sach- und Handlungszusammenhänge“ steht in engem Zusammenhang mit dem mathematikdidaktischen EIS-Prinzip, wonach es im Mathematikunterricht lernförderlich ist, den Schüler*innen Lerngelegenheiten zum Inhalt auf den folgenden drei Repräsentationsebenen anzubieten: enaktiv, ikonisch und symbolisch (Bruner 1974). Dabei wird die enaktive Repräsentation durch konkrete Handlungen, die ikonische durch Bilder oder Grafiken und die symbolische in Form von Zeichen realisiert. Wichtig ist hierbei, dass die symbolische Repräsentation im Sinne der Semiotik sowohl mathematische Symbole als auch Wörter umfasst. Die verschiedenen Darstellungsweisen sind keine nacheinander zu durchlaufende Stufen im Lernprozess, sondern Repräsentationen, die wechselseitig aufeinander bezogen sind. Die Entwicklung tragfähiger mathematischer Grundvorstellungen erfordert folglich die Vernetzung verschiedener Repräsentationen der mathematischen Objekte bzw. Operationen – auch auf der verbalen Darstellungsebene. Wie Bruner (1974) betont, ist Sprache dabei nicht nur Mittel, um Wissen oder enaktive Erfahrungen sprachlich zu kommunizieren, sondern auch, um subjektiv neues Wissen zu generieren. Für die Entwicklung adäquater Grundvorstellungen werden dabei laut Ufer et al. (2013) auch „relationale Begrifflichkeiten und komplexere Sprachkonstruktionen" (ebd., S. 188) benötigt, die der Bildungssprache zuzuordnen sind. Nach Duval (2006) ist die Vernetzung verschiedener Repräsentationen nicht nur im Lernprozess relevant, sondern auch Indikator für eine adäquate Begriffsbildung hinsichtlich eines mathematischen Objekts wie beispielsweise der Funktion. Die Darstellungsvernetzung ist gekennzeichnet durch die kognitive Fähigkeit, zwischen den verbalen, symbolischen, grafischen und numerischen Darstellungsformen eines mathematischen Objekts hin- und herwechseln zu können. Die Darstellungsvernetzung ist folglich sowohl Weg als auch Ziel in einem verstehensorientierten Mathematikunterricht. In diesem Rahmen kann dann beispielsweise auch ein bildungssprachlicher Zeitungsartikel über eine empirische Studie thematisiert und mithilfe mathematischer Werkzeuge kritisch überprüft werden, ob er die Studienergebnisse mathematisch korrekt und schlüssig präsentiert.

Neben dem Aufbau von Repräsentationen fokussiert Vom Hofe (1996, s. o.) das „operative Handeln auf der Vorstellungsebene" als Ziel. Einen didaktisch-methodischen Ansatz zum Erreichen dieses Ziels stellt das operative Prinzip der Mathematikdidaktik dar, das ebenfalls in Verbindung mit dem EIS-Prinzip steht. Dieses wird von Wittmann (1985) in Anlehnung an die entwicklungspsychologischen Ideen von Piaget und Aebli wie folgt gefasst:

> *„Objekte zu erfassen bedeutet, zu erforschen, wie sie konstruiert sind und wie sie sich verhalten, wenn auf sie Operationen (Transformationen, Handlungen, …) ausgeübt werden. Daher muß man im Lern- oder Erkenntnisprozeß in systematischer Weise*
>
> *(1)untersuchen, welche Operationen ausführbar und wie sie miteinander verknüpft sind,*
>
> *(2)herausfinden, welche Eigenschaften und Beziehungen den Objekten durch Konstruktion aufgeprägt werden,*
>
> *(3)beobachten, welche Wirkungen Operationen auf Eigenschaften und Beziehungen der Objekte haben (Was geschieht mit …, wenn…?)." (Wittmann 1985, S. 9)*

Um die Beobachtungen bei dieser operativen Vorgehensweise verbalisieren zu können, müssen die Schüler*innen über bildungssprachliche Sprachmittel wie beispielsweise „wenn-dann" - und „je-mehr-desto" -Konstruktionen verfügen. Diese müssen sie kognitiv erfassen und kommunizieren können (kognitive und kommunikative Funktion von Sprache).

Die Grundannahme der vorliegenden Arbeit, dass (bildungs-)sprachliche Kompetenz im Mathematikunterricht für eine gute Mathematikleistung benötigt wird, stößt teils auf Ablehnung. Linneweber-Lammerskitten (2013) argumentiert mit der Feststellung, es werde von Eltern, Schüler*innen, Lehrkräften und Bildungspolitiker*innen nicht selten kritisiert, dass der Mathematikunterricht zu sprachlastig geworden und auf diese Weise ein Hindernis für weniger sprachbegabte Schüler*innen geschaffen worden sei. Außerdem zeigte eine von Becker-Mrotzek, Hentschel, Hippmann und Linnemann (2012) durchgeführte Umfrage unter praktizierenden Lehrkräften verschiedener Fächer, dass sie sich häufig weder zuständig noch angemessen vorbereitet fühlen, um in ihrem Fach Sprachförderung zu leisten (ebd.). Die Kritik der Zuständigkeit ignoriert zum einen die empirisch nachgewiesene Relevanz von Sprachkompetenz und die Relevanz der einzelnen Register bei der Vermittlung mathematischen Wissens im Sinne der kognitiven Funktion von Sprache. Die Kritik reproduziert zum anderen die überholte Auffassung, dass Sprachkompetenz „eigentlich [nicht] zum mathematischen Denken, zum Mathematikunterricht oder zur mathematischen Kompetenz gehöre" (ebd., S. 151). Im Folgenden wird daher expliziert, inwiefern Sprachkompetenz Teil der mathematischen Kompetenz ist und somit nicht nur aufgrund seiner Rolle im Lernprozess als berechtigter Lerngegenstand im Mathematikunterricht gelten muss.

Innerhalb der PISA-Studien fand die Konzeption der „mathematical literacy" Anwendung, die zum Ziel hatte, im Mathematikunterricht u. a. durch die Lösung außermathematischer Probleme oder das Fällen wohlbegründeter Urteile mithilfe der Mathematik dazu beizutragen, dass sich Schüler*innen zu intelligenten, reflektierenden und mündigen Bürger*innen entwickeln (OECD 2003). Da für die Bearbeitung dieses Aufgabentyps Sprachkompetenz benötigt wird, ist Sprache impliziter Bestandteil der „mathematical literacy". Aufgrund der schlechten Ergebnisse der deutschen Lernenden in den ersten PISA-Studien wurden in Deutschland von der Kultusministerkonferenz die Bildungsstandards eingeführt, wobei die Formulierung der mathematischen Kompetenzen von dem Konzept der „mathematical literacy" beeinflusst wurde. In den Bildungsstandards für das Fach Mathematik ist sprachliche Kompetenz insbesondere in den beiden mathematischen Kompetenzen „Kommunizieren" und „Argumentieren" verankert. Somit ist es die Aufgabe von Lehrkräften, diese Kompetenzen gezielt zu fördern (Kultusministerkonferenz 2003). Zum Kompetenzbereich „Kommunizieren" gehört es, Überlegungen, Lösungswege bzw. Ergebnisse zu dokumentieren, verständlich darzustellen und zu präsentieren. Des Weiteren sollen Schüler*innen die Fachsprache adressatengerecht verwenden und Äußerungen von anderen sowie Texte zu mathematischen Inhalten, die bildungs- oder fachsprachlich formuliert sind, verstehen und überprüfen können. Der Kompetenzbereich „Argumentieren" beinhaltet, dass Schüler*innen für die Mathematik charakteristische Fragen stellen und Vermutungen äußern können. Außerdem sollen Schüler*innen mathematische Argumentationen wie Erläuterungen, Begründungen und Beweise entwickeln und Lösungswege begründen können (ebd.). Letzteres stellt vor allem eine bildungs- und fachsprachliche Kompetenz auf Diskursebene dar. Aber auch andere allgemeine mathematische Kompetenzen erfordern Sprachkompetenz, wie beispielsweise die Bildung des Situationsmodells zu Textaufgaben beim Modellieren (Duarte et al. 2011) oder die Interpretation von Darstellungen bei der mathematischen Kompetenz „mathematische Darstellungen verwenden" (Kultusministerkonferenz 2003). Insgesamt folgerte Linneweber-Lammerskitten (2013), dass „Sprachkompetenz als integrierter Bestandteil mathematischer Kompetenz im Sinne der<mathematical literacy>anzusehen ist und dass ein kompetenzorientierter Mathematikunterricht das Potenzial besitzt, zur Förderung kognitiv-linguistischer und sozial-kommunikativer Kompetenzen etwas Nennenswertes beizutragen" (ebd., S. 151). Ein guter Mathematikunterricht im Sinne der Bildungsstandards thematisiert also zum Inhalt gehörende bildungs- und fachsprachliche Mittel auf der Wort-, Satz-, Text- und Diskursebene explizit und macht so Sprache zum Lerngegenstand.

Mit Gogolin (2009) soll hier davon ausgegangen werden, dass Bildungssprache im Unterschied zur Fachsprache in der Schule oftmals nicht explizit eingeführt bzw. thematisiert wird, obwohl dies nachgewiesenermaßen für das fachliche Lernen im Mathematikunterricht von essenzieller Bedeutung wäre. Dies zeigte sich beispielsweise bei Schütte (2009) in seiner Analyse von Unterrichtsdiskursen im Mathematikunterricht der Grundschule. Viele Diskurse waren informell und alltagssprachlich geprägt und insbesondere bei der Begriffsbildung wurden „die Bedeutungen der Begriffe sowie inhaltliche Bezüge zwischen den neu zu lernenden mathematischen Begriffen [...] oder zu bereits bekannten alltagssprachlichen Begrifflichkeiten nicht oder nur implizit hergestellt" (Schütte 2009, S. 195). Aus anderen Studien geht hervor, dass manche (angehenden) Fachlehrkräfte die sprachlichen Anforderungen des Unterrichts reduzieren (Lyon 2013; Prediger, Şahin-Gür und Zindel 2018), anstatt die Schüler*innen bei der selbstständigen Bewältigung der sprachlichen Anforderungen zu unterstützen. Dadurch verpassen die Schüler*innen eine Lerngelegenheit im Umgang mit der kommunikativen und kognitiven Funktion von Sprache, um ihre kommunikativen Fähigkeiten und ihr inhaltliches Verständnis zu stärken.

Um einen Beitrag zur Bildungsgleichheit zu leisten und das Mathematiklernen in allen, aber insbesondere in sprachlich heterogenen Klassen zu ermöglichen bzw. zu verbessern, haben bereits 2011 Schütte und Kaiser unter Rekurs auf Gogolin (2009) gefordert, dass der Mathematikunterricht im Hinblick auf eine stärkere Berücksichtigung der Bedeutung von Sprache verändert werden muss. Wie dies gelingen kann, wird im nächsten Kapitel dargestellt.

4 Ansätze für einen sprachbewussten Mathematikunterricht

Da sprachliche Kompetenz zum Aufbau konzeptuellen Verständnisses benötigt wird und da sie gleichzeitig Teil der mathematischen Kompetenz ist, muss Sprache nicht nur als Lernmedium, sondern auch als Lerngegenstand begriffen werden (siehe Abschnitt 3.4). Bis heute wurden zahlreiche Konzepte und Methoden vorgelegt, wie Lehrkräfte der Bedeutung von Sprache bei der Unterrichtsplanung und -durchführung gerecht werden können, auch wenn die Wirksamkeit dieser Konzepte selten empirisch belegt ist. Viele Ansätze kommen dabei ursprünglich aus dem Bereich „Deutsch als Zweitsprache" (DaZ) und werden in dieser Arbeit wie von anderen Mathematikdidaktiker*innen auf die fachspezifischen Herausforderungen für sprachlich schwache Schüler*innen im Mathematikunterricht übertragen. Hierbei wird es größtenteils als nicht relevant betrachtet, ob die eingeschränkten sprachlichen Fähigkeiten mit Migration, niedrigem sozioökonomischen Status oder anderen Faktoren zusammenhängen. Darüber hinaus gibt es erste Hinweise (Prediger und Wessel 2018), dass nicht nur sprachlich schwache, sondern auch sprachlich starke Schüler*innen von einem so genannten sprachbewussten Mathematikunterricht profitieren. Dies kann darin begründet sein, dass alle für das Verständnis benötigten Sprachmittel eines fachlichen Inhalts explizit eingeführt und thematisiert werden und sprachliche Zusammenhänge nicht implizit, also verborgen bleiben. Im Folgenden werden zunächst die Prinzipien eines sprachbewussten Unterrichts erläutert und dieser wird in den einschlägigen Diskurs eingeordnet (Abschnitt 4.1). Anschließend wird Scaffolding als ein didaktisch-methodischer Ansatz zur Umsetzung sprachbewussten Unterrichts dargestellt und anhand theoriegeleiteter und praxisorientierter Ansätze zum Mathematikunterricht konkretisiert (Abschnitt 4.2).

N. Krosanke, *Entwicklung der professionellen Kompetenz von Mathematiklehramtsstudierenden zur Bedeutung von Sprache*, Perspektiven der Mathematikdidaktik, https://doi.org/10.1007/978-3-658-33505-2_4

4.1 Sprachbewusster, sprachsensibler und sprachförderlicher Fachunterricht

In der einschlägigen Diskussion finden sich verschiedene Ansätze zur Förderung (bildungs-)sprachlicher Kompetenzen im Rahmen des Fachunterrichts, darunter sind die Ansätze des bildungssprachförderlichen, sprachsensiblen und sprachbewussten Fachunterrichts zentral. Bei allen Konzepten wird eine Förderung der (bildungs-)sprachlichen Kompetenzen in enger Verbindung zu den jeweiligen fachlichen Zielen angestrebt. Sprachliches und fachliches Lernen wird dabei integrativ behandelt (Riebling 2013). Allerdings unterscheiden sich diese Konzepte in Hinblick auf ihre Ursprünge und Fokussierungen.

Das Konzept des bildungssprachförderlichen Unterrichts entstand im Rahmen der geforderten „durchgängigen Sprachbildung" des FörMig-Projekts („Förderung von Kindern und Jugendlichen mit Migrationshintergrund", für eine Darstellung siehe beispielsweise Gogolin und Lange 2010), das der interkulturellen Bildung zugeordnet werden kann. In dieser Konzeption sind Lehrkräfte in allen Fächern – nicht nur im Deutschunterricht – dafür verantwortlich, bildungssprachliche Kompetenzen zu fördern und somit die Bildungsdisparitäten von Schüler*innen aufgrund von Sprachkompetenz zu überwinden. Neben der Entwicklung didaktischer Konzepte ist hier darüber hinaus ein kritischer Blick auf den „monolingualen Habitus" (Gogolin 1994) der deutschen Schule zentral.

Im Unterschied zum bildungssprachförderlichen Unterricht weist der sprachsensible Fachunterricht (Leisen 2010) eine größere Nähe zur Fachdidaktik auf und betrachtet den sprachlichen Kompetenzerwerb stärker im Zusammenhang mit dem fachlichen Lernen, wodurch u. a. die Fachsprache stärker in den Fokus kommt:

> *„Sprachsensibler Fachunterricht pflegt einen bewussten Umgang mit der Sprache. Er versteht diese als Medium, das dazu dient, fachliches Lernen nicht durch (vermeidbare) sprachliche Schwierigkeiten zu verstellen. In diesem Sinne geht es um sprachbezogenes Fachlernen. […] Sprachsensibler Fachunterricht erkennt, dass Sprache im Fachunterricht ein Thema ist und dass Sprachlernen im Fach untrennbar mit dem Fachlernen verbunden ist. In diesem Sinne geht es um fachbezogenes Sprachlernen."* (Leisen 2011, S. 14)

Der sprachbewusste Fachunterricht vereint gewissermaßen die Ideen des bildungssprachförderlichen und des sprachsensiblen Unterrichts. Zum einen wird hier an das Konzept des bildungssprachförderlichen Unterrichts angeknüpft und zum anderen ein stärkerer fachdidaktischer Blick auf die Umsetzung gelegt (Tajmel 2017). Durch den fachdidaktischen Fokus kommt es in der konkreten Umsetzung der Konzepte des sprachsensiblen und des sprachbewussten Unterrichts oft zu gleichen bzw. ähnlichen Maßnahmen (Demmig 2018). Die Tatsache, dass im aktuellen Diskurs der sprachbewusste Unterricht teils als Synonym für den sprachsensiblen Unterricht verwendet wird (Michalak et al. 2015), könnte eine Folge davon sein. Der Begriff des sprachbewussten Unterrichts umfasst allerdings nicht nur die Integration sprachdidaktischer Methoden zur Erreichung fachlicher Ziele, sondern betont zusätzlich den bildungskritischen Hintergrund (Tajmel 2017), also die in Abschnitt 3.1 erörterten Bildungsdisparitäten. Da sie für mich einen zentralen Ausgangspunkt darstellen, wird in der vorliegenden Studie der Begriff des sprachbewussten Mathematikunterrichts gewählt. Zugleich werden konzeptionelle Ideen, die unter dem Begriff des sprachsensiblen oder des sprachförderlichen Unterrichts veröffentlicht wurden, aufgrund der Gemeinsamkeiten ebenfalls aufgegriffen.

Welche Merkmale einen sprachbewussten Unterricht kennzeichnen, damit er in der realen Unterrichtspraxis als solcher bezeichnet werden kann, wird in der Literatur unterschiedlich gefasst. Im Rahmen der vorliegenden Untersuchung sollen die sieben Prinzipien sprachbewussten Unterrichts nach Tajmel und Hägi-Mead (2017) maßgeblich sein:

1. *„Jeder Lehrer und jede Lehrerin ist zuständig für sprachliche Bildung. […]*
2. *Sprache ist intrinsischer Bestandteil einer jeden fachlichen Unterrichtsplanung. […]*
3. *Bildungssprache ist Ziel und nicht Voraussetzung des Unterrichts. […]*
4. *Die Lehrkraft kennt die sprachlichen Anforderungen ihres Unterrichts. […]*
5. *Die Lehrkraft kennt die sprachlichen Lernziele ihres Unterrichts. […]*
6. *Der Unterricht knüpft sowohl sprachlich als auch fachlich an die Lebenswelt der Schülerinnen und Schüler an. […]*
7. *Im Unterricht werden all jene sprachlichen Mittel zur Verfügung gestellt sowie Maßnahmen ergriffen, damit alle Schülerinnen und Schüler sprachhandlungsfähig sind.“* (Tajmel und Hägi-Mead 2017, S. 72)

Die hier vorgelegten Prinzipien ergeben eine vollständige Merkmalssystematik: Die Prinzipien 1 und 2 beziehen sich auf die Zuständigkeit der Lehrkraft, die Prinzipien 3 bis 5 betreffen die Zielklarheit des Unterrichts und die Prinzipien 6 und 7 gelten der konkreten Umsetzung eines sprachbewussten Unterrichts (ebd.).

4.2 Scaffolding: ein didaktisch-methodischer Ansatz für den sprachbewussten Mathematikunterricht

Für die Planung und Umsetzung eines sprachbewussten Unterrichts erscheint der methodisch-didaktische Scaffolding-Ansatz besonders geeignet. Das Scaffolding wird in Abschnitt 4.2.1 im gegebenen Kontext erläutert. Anschließend werden Teilschritte des Makro-Scaffolding – die Bedarfsanalyse (Abschnitt 4.2.2) und ausgewählte Prinzipien der Unterrichtsplanung (Abschnitt 4.2.3, 4.2.4 und 4.2.5) – anhand theoriewissenschaftlicher und praxisorientierter Literatur zum Mathematikunterricht konkretisiert. Aus der praxisorientierten Literatur werden auch ausgewählte Ansätze vorgestellt, die von Autor*innen nicht konkret innerhalb des Scaffolding-Ansatzes verortet wurden, obwohl dies meines Erachtens inhaltlich sehr gut möglich ist.

4.2.1 Konzept und Bausteine des Scaffolding

Der wohl bekannteste fächerübergreifende methodisch-didaktische Ansatz für einen sprachbewussten Unterricht ist das Scaffolding nach Gibbons (2015)[1], ein Ansatz, der von Kniffka für den deutschsprachigen Raum adaptiert wurde (Kniffka 2012). In Anlehnung an den Ansatz der Zone der nächsten Entwicklung von Wygotski (1978), der ursprünglich aus der Frühpädagogik stammt, wird beim Scaffolding für die Lernenden vorübergehend ein Hilfsgerüst zur Verfügung gestellt, mit dessen Hilfe sie eine Anforderung bewältigen, die sie ohne Hilfe noch nicht hätten bewältigen können:

> *„Scaffolding is [...] a special kind of help that assists learners in moving toward new skills, concepts, or levels of understanding. Scaffolding is thus the temporary assistance by which a teacher helps a learner know how to do something so that the learner will later be able to complete a similar task alone.“* (Gibbons 2015, S. 16)

Der Ansatz wurde erstmals von Wood, Bruner und Gail (1976) verwendet, seinerzeit allerdings im Rahmen individueller Unterstützung von Lernenden bei Problemlöseprozessen. Gibbons (2015) übertrug den Grundgedanken des Ansatzes auf die Unterstützung bei der Bewältigung einer sprachlichen Anforderung im Kontext des Zweitspracherwerbs. Die Lernenden werden dabei vor sprachliche Herausforderungen gestellt, die etwas über ihre bereits entwickelten Fähigkeiten hinausgehen und die sie – von Lehrkräften unterstützt – lösen können.

[1] Erstauflage: 2002

Das Ziel ist die zukünftig selbstständige Bewältigung der gestellten sprachlichen Anforderung. In diesem Sinne ist Scaffolding eine vorübergehende Hilfestellung, die nicht nur den Zweitspracherwerb, sondern auch das fachliche Lernen im Mathematikunterricht unterstützen kann.

Nach Gibbons (2015) setzt sich das Scaffolding aus vier Bausteinen zusammen, die von Kniffka (2012) als Bedarfsanalyse, Lernstandsanalyse, Unterrichtsplanung und Unterrichtsinteraktion übersetzt wurden. Die Unterrichtsinteraktion entspricht dabei dem Mikro-Scaffolding, während die übrigen Bausteine Elemente des Makro-Scaffolding darstellen. Das Mikro-Scaffolding bezieht sich auf die Unterrichtskommunikation und berücksichtigt neben Aspekten einer guten Gesprächsführung, die auch außerhalb der Diskussion um Sprache im Fachunterricht relevant sind, einen stärkeren Fokus auf die sprachlichen Voraussetzungen der Schüler*innen und die Erfordernisse des Lerngegenstandes. Zum Vorgehen des Mikro-Scaffolding gehören eine Verlangsamung der Interaktion, längere Sprechzeiten der Schüler*innen und mehr Zeit für Formulierungsversuche. Außerdem sollen korrektive Feedbackstrategien wie die Re-Kodierung eingesetzt werden (ebd.): Die Lehrkräfte nehmen eine „(alltagssprachliche) Schüleräußerung auf und überführen sie in ein fachsprachliches Register oder sie wiederholen eine fehlerhafte Schüleräußerung in der korrekten Form. Dieses Interaktionsverhalten kann dazu beitragen, dass den Lernenden das korrekte Fachwort/eine korrekte Struktur in jeweiligen Kontext deutlich wird“ (Kniffka und Roelcke 2016, S. 150). Des Weiteren wird die Einbettung von Äußerungen in größere konzeptuelle Zusammenhänge als lernförderlich angesehen (Kniffka 2012).

Der Makro-Scaffolding-Ansatz bezieht sich hingegen auf die notwendigen Überlegungen einer Lehrkraft im Rahmen der Unterrichtsplanung. Der erste Schritt ist dabei nach Gibbons (2015) die Bedarfsanalyse mit dem Ziel, den Sprachbedarf für eine fachliche Lerneinheit zu identifizieren. Hierfür kann die fachliche Einheit etwa anhand eines Lehrbuches im Hinblick auf bildungs- und fachsprachliche Mittel auf der Wort-, Satz-, Text- und Diskursebene analysiert werden, damit die Lehrkraft tatsächlich weiß, mit welchen sprachlichen Anforderungen die Schüler*innen in der Lerneinheit konfrontiert werden. Anschließend erfolgt die Lernstandsanalyse, in der die Lehrkraft die sprachlichen Anforderungen mit den bereits vorhandenen individuellen Fähigkeiten der Schüler*innen vergleicht. Ziel ist hier zu ermitteln, welche Kompetenzen sie bei den einzelnen Schüler*innen voraussetzen kann und welche innerhalb der Einheit erworben werden müssen. Diese Erkenntnisse bilden dann die Basis für die konkrete Unterrichtsplanung im Sinne des Makro-Scaffolding, bei der die folgenden Prinzipien berücksichtigt werden sollen:

a) *„Das Vorwissen, die Vorerfahrung und der aktuelle Sprachstand der Lernenden sollten einbezogen werden. [...]*
b) *Geeignetes (Zusatz-)Material sollte ausgewählt werden – je nach Kenntnis- und Sprachstand der individuellen Lerner. Unter Umständen ist es notwendig konkretes Anschauungsmaterial einzusetzen oder die Lernenden zunächst experimentieren zu lassen. [...]*
c) *Lernaufgaben müssen in geeigneter Weise sequenziert werden. Eine Möglichkeit ist beispielsweise, von der konkreten Anschauung zu einer abstrakteren Ebene hin zu arbeiten, vom alltagssprachlichen, kontextgebundenen Sprachgebrauch hin zu einem kontextreduzierten, expliziteren Sprachgebrauch fortzuschreiten. [...]*
d) *Geeignete Lern- und Arbeitsformen werden festgelegt, etwa Gruppenarbeiten, in denen die Lernenden Gelegenheit erhalten, sprachlich zu handeln. [...]*
e) *Die Darstellungsformen, durch die die (neuen) Inhalte präsentiert werden, müssen ausgewählt werden. Sie sollten dem Sprachstand der Lernenden angemessen sein. Das kann beispielsweise bedeuten, dass Zweitsprachlernenden mehr kontextuelle Hilfen angeboten werden.*
f) *Gegebenenfalls muss der Lehrer sich vermittelnde Texte, also Brückentexte, überlegen, etwa wenn die Texte im Schulbuch für das Sprachniveau der Lernenden oder auch nur einiger Lernender noch zu schwierig sind.*
g) *Es sollten Möglichkeiten gefunden werden, Sprache anzureichern statt zu vereinfachen (<reicher Input>) – nur mit einem Input, der über den sprachlichen Möglichkeiten der Lernenden liegt, ist eine Erweiterung der Sprachkompetenz initiierbar.*
h) *Gelegenheiten für metasprachlichen und metakognitiven Austausch müssen geplant werden [...].“* (Kniffka 2012, S. 216–217)

Der Ansatz des Makro-Scaffolding inklusive der praxisbezogenen Konkretisierungen von a bis h zeigt Parallelitäten zu existierenden mathematikdidaktischen Konzepten, zu Prinzipien des sprachbewussten Fachunterrichts und allgemeinen Kriterien guten Unterrichts. Beispielsweise sind die Transparenz von Anforderungen im Unterricht und die Methodenvielfalt Prinzipien guten Unterrichts, die im Rahmen eines sprachbewussten Unterrichts und unter Einsatz von Scaffolding auf sprachliche Anforderungen gut übertragbar sind. Der Umgang mit konkretem Material vor der abstrakteren Ebene und die Auswahl verschiedener Darstellungsformen kann hingegen im Zusammenhang mit Prinzipien der Mathematikdidaktik wie dem EIS-Prinzip und der Darstellungsvernetzung (siehe Abschnitt 3.4), gesehen werden. Folglich stellen die Bausteine des Makro-Scaffolding keine völlig neuen Prinzipien der Unterrichtsvorbereitung dar, aber – und darin liegt die Leistung des Ansatzes – sie betonen die Bedeutung von Sprache beim fachlichen Lernen. Im Weiteren wird auf ausgewählte Aspekte des Makro-Scaffolding näher eingegangen.

4.2.2 Bedarfsanalyse mathematischer Themengebiete

Um adäquate Unterstützungsmaßnahmen – Scaffolds genannt – für Schüler*innen in einer bestimmten fachlichen Einheit entwickeln zu können, müssen laut Gibbons (2015) die seitens der Schüler*innen benötigten bildungssprachlichen und fachsprachlichen Mittel identifiziert werden. Hilfreich bei der Bedarfsanalyse können der Planungsrahmen und das Konkretisierungsraster für sprachliche Anforderungen sein (beispielsweise Tajmel und Hägi-Mead 2017). Hierbei handelt es sich um vorstrukturierte Tabellen, in denen zu einem bestimmten Thema die geforderten Sprachhandlungen (Hören, Sprechen, Lesen, Schreiben), Sprachstrukturen und das erforderliche Vokabular eingetragen werden. Prediger (2013b) kritisiert dabei, dass die Bedarfsanalyse einer sprach- und fachdidaktischen Expertise bedarf, über die nicht jede Lehrkraft verfügt. Sie vertritt außerdem die Auffassung, dass die Spezifizierung der Sprachmittel für mathematische Verstehensprozesse bestimmter Themengebiete eine Aufgabe ist, die schwer von Lehrkräften allein bewältigt werden kann, sondern der fachdidaktischen Forschung bedarf (ebd.). Angeregt durch diese Forderung entstanden Dissertationsprojekte der fachdidaktischen Entwicklungsforschung, in denen wichtige Sprachmittel zu bestimmten mathematischen Inhalten identifiziert worden sind und die deren Vermittlung an sprachlich schwache Schüler*innen untersucht haben: Wessel (2015) für Brüche, Pöhler (2018) für Prozente und Zindel (2019) für Funktionen.

Wessel (2015) konnte zeigen, welche Sprachmittel für den Aufbau von Anteilsvorstellungen hilfreich sind. Hierzu gehören beispielsweise neben „der Teil von einem Ganzen", „der Anteil an einem Ganzen", „das Ganze", „die Anzahl" auch Satzbausteine wie „1 von 3 Stücken", „1/3 von einem Schokoriegel" und „Wenn-dann"- sowie „Je-desto"-Konstruktionen (siehe Tabelle 4.1). Auffällig ist, dass in der Zusammenstellung keine Fachbegriffe wie „Zähler", „Nenner" und „Bruchstrich" vorkommen. Diese werden laut Wessel nicht zum Aufbau von Grundvorstellungen zu Brüchen benötigt (kognitive Funktion von Sprache), sondern haben eher eine kommunikative Funktion (siehe Abschnitt 3.4).

Zindel (2019), die eine Entwicklungsforschungsstudie zur fach- und sprachintegrierten Förderung zum Aufbau des Funktionsbegriffs durchführte, liefert im Unterschied zu Wessel (2015) keine Auflistung benötigter Sprachmittel, sondern

Tabelle 4.1 Sprachmittel für den Aufbau von Anteilsvorstellungen (Wessel 2015, S. 264–265)

Wortebene	• „der Teil von einem Ganzen • der Anteil an einem Ganzen • das Ganze • alltagssprachliche (kontextbezogene) oder fachsprachliche Synonyme zur Differenzierung zwischen Anteil, Teil und Ganzem o z. B. Stücke/Duplostücke im Gegensatz zu einem ganzen Schokoriegel o z. B. der ganze Bruchstreifen, der ganze Schokoriegel • die Anzahl, insbesondere zur Differenzierung zwischen einer Anzahl an Teilen (Stücken oder Personen) und dem Anteil aufgrund der häufigen Deutung des Begriffs „Anteil" als Zähler • verteilen, einteilen • markieren, anmalen, bekommen, nehmen • kleiner/größer werden – differenziert von mehr/weniger (Anteil)"
Satzebene	„Strukturen zum Herstellen von Beziehungen: • Satzkonstruktionen mit Präpositionen und Präpositionaladverbien: o 1 von 3 Stücken o 1/3 von einem Schokoriegel o Das Ganze in 3 Stücke teilen o …, 1 Stück davon ist der Anteil 1/3 Strukturen zum Herstellen von Präzision: • Relativsätze („der Anteil, den Can bekommt,…") Strukturen zur Beschreibung operativer Veränderungen: • kleiner/größer werden • weniger/mehr bekommen • Wenn-dann-Konstruktionen (z. B. wenn der Nenner größer wird….,dann werden es immer mehr Stücke und der Anteil wird kleiner) • Je-desto-Konstruktionen (je mehr… desto weniger…, je weniger…desto mehr… • alternative Mittel zum Ausdruck von Folgerungen (also, dann, deswegen)"

beschreibt die sprachliche Kernanforderung bei Funktionen. Diese besteht ihres Erachtens darin, aus Texten die beiden Größen einer Funktion und die Richtung der Abhängigkeit (abhängige und unabhängige Größe) zu decodieren. Besonders erschwerend sei hierbei, dass u. a. anhand der Kasusbildung identifiziert werden müsse, was die abhängige und was die unabhängige Größe der Funktion ist (siehe Tabelle 4.2). Folglich genüge es nicht, die Sprachmittel „…in Abhängigkeit von…" und „zuordnen" zu kennen, sondern das Verstehen erfordere Wissen um Aktiv- und Passivkonstruktionen und grammatische Fälle.

Tabelle 4.2 Mögliche verbale Darstellungen eines funktionalen Zusammenhangs (Zindel 2019, S. 58)

Aktiv	Passiv
• „Die Funktion gibt den Kraftstoffverbrauch in Abhängigkeit von der Geschwindigkeit an. • Die Funktion gibt den von der Geschwindigkeit abhängigen Kraftstoffverbrauch an. • Die Funktion gibt den Kraftstoffverbrauch an, der von der Geschwindigkeit abhängig ist. • Die Funktion gibt den Kraftstoffverbrauch an, der von der Geschwindigkeit abhängt."	• „Der Kraftstoffverbrauch wird in Abhängigkeit von der Geschwindigkeit angegeben. • Es wird der von der Geschwindigkeit abhängige Kraftstoff verbrauch angegeben. • Es wird der Kraftstoffverbrauch angegeben, der von der Geschwindigkeit abhängig ist. • Es wird der Kraftstoffverbrauch angegeben, der von der Geschwindigkeit abhängt."
• „Die Funktion ordnet der Geschwindigkeit den Kraftstoffverbrauch zu. • Die Funktion ordnet den Kraftstoffverbrauch der Geschwindigkeit zu."	• „Der Geschwindigkeit wird der Kraftstoffverbrauch zugeordnet. • Der Kraftstoffverbrauch wird der Geschwindigkeit zugeordnet."

4.2.3 Sequenzierung von Lernaufgaben

Ein Prinzip der Unterrichtsplanung innerhalb des Scaffolding-Ansatzes von Gibbons (2015) ist die Sequenzierung von Lernaufgaben in geeigneter Weise (siehe Prinzip c, Abschnitt 4.2.1). „Eine Möglichkeit ist beispielsweise, von der konkreten Anschauung zu einer abstrakteren Ebene hin zu arbeiten, vom alltagssprachlichen, kontextgebundenen Sprachgebrauch hin zu einem kontextreduzierten, expliziteren Sprachgebrauch fortzuschreiten" (Kniffka 2012, S. 216). Die Sequenzierung soll folglich zum einen von der Alltags- zur Bildungs- und dann zur Fachsprache erfolgen und zum anderen von der Mündlichkeit zur Schriftlichkeit. Dies bedeutet für die Unterrichtspraxis, dass neue fachliche Phänomene von den Schüler*innen zunächst mündlich und eher alltagssprachlich beschrieben werden sollten und erst später sowohl mündlich als auch schriftlich eine stärkere Orientierung an einer bildungs- und fachsprachlichen Schriftlichkeit gefordert wird. Dieses Prinzip wurde in ähnlicher Weise bereits 1968 von Wagenschein formuliert. In seiner Konzeptualisierung ist die Alltagssprache beim Lernen die Sprache des Verstehens, indem sie an die Erfahrungswelt der Schüler*innen anknüpft. Die Fachsprache hingegen ist die Sprache des Verstandenen (ebd.) und wird folglich in einer späteren Phase des Lernprozesses verwendet. Während zur Zeit Wagenscheins die Bildungssprache weniger im Fokus stand, besteht heute dahingehend Konsens, dass die Einführung von Fachsprache bildungssprachliche Erklärungen und Aushandlungsprozesse erfordert. Laut Rösch und Paetsch (2011) ist dabei festzustellen: Verstehen Schüler*innen Erklärungen aufgrund unzureichender bildungssprachlicher Kompetenzen nicht bzw. können nicht adäquat an den Aushandlungsprozessen teilnehmen, so werden sie auch Schwierigkeiten in der Fachsprache haben.

Pöhler und Prediger (2015) greifen das Prinzip der Sequenzierung auf und adaptieren es im Rahmen ihres Modells der „vier Stufen eines gestuften Sprachschatzes" für die spezifischen Anforderungen im Mathematikunterricht. Die erste Stufe stellt die eigensprachliche Ressource der Lernenden dar, die dem alltagssprachlichen Register zugeordnet werden kann. Auf der zweiten Stufe soll der „bedeutungsbezogene Denkwortschatz" erarbeitet werden, der dem bildungssprachlichen Register zugehörig ist. Elemente dieses Registers sind nach Pöhler und Prediger (2015) die Sprachmittel, die für den Aufbau von Grundvorstellungen benötigt werden, etwa die Vorstellung „des Anteils an einem Ganzen" bei Brüchen (Wessel 2015, S. 264, siehe Abschnitt 4.2.2). Erst nach dem Erwerb dieser bedeutungsbezogenen Sprachmittel soll auf der dritten Stufe der formalbezogene Wortschatz, welcher der Fachsprache im engeren Sinne zuzuordnen ist, eingeführt werden. Ergänzend kommt hierzu laut Pöhler und Prediger (2015) eine vierte Stufe, die spezifisch für den Mathematikunterricht ist. Sie dient dem Aufbau eines dem bildungssprachlichen Register zugehörigen kontextbezogenen Lesewortschatzes, der die gängigsten Sprachmittel von Textaufgaben zu der Lerneinheit umfasst. Ziel ist es, bei den Schüler*innen sprachliche Hürden beim Leseverstehen (eher kommunikative Funktion von Sprache, siehe Abschnitt 3.4) weitgehend abzubauen. Durch die Sequenzierung der Lernaufgaben nach diesem Vier-Stufen-Modell entsteht laut Pöhler und Prediger (2015) eine sinnvolle Verbindung des konzeptuellen und lexikalischen Lernpfades und folglich eine Sequenzierung der Unterrichtseinheit im Sinne des Makro-Scaffolding.

4.2.4 Darstellungsvernetzung

Entsprechend des Scaffolding-Ansatzes nach Gibbons (2015) sollen bei der Unterrichtsplanung verschiedene Darstellungsformen des Inhalts aufgegriffen werden, um ein umfassendes inhaltliches Verständnis zu ermöglichen (siehe Prinzip b und e, Abschnitt 4.2.1). Auch hier kongruiert der Ansatz mit didaktischen Prinzipien der Mathematikdidaktik wie dem EIS-Prinzip und der Darstellungsvernetzung (siehe Abschnitt 3.4).

Es wird angenommen, dass ein Mathematikunterricht insbesondere dann das Verständnis der Schüler*innen fördert, wenn er ermöglicht, den mathematischen Unterrichtsgegenstand aus verschiedenen Perspektiven und auf verschiedenen Repräsentationsebenen zu begreifen (Bruner 1974). Denn, wie Duval (2006) feststellt, sind die Inhalte der Mathematik Teil einer abstrahierenden Vorstellungswelt und häufig nur über konkretisierende Darstellungen zugänglich. In der Mathematik kann dabei zwischen der verbalen, der symbolischen, der grafischen und der numerischen Darstellung unterschieden werden. Jede dieser Darstellungen eröffnet den Zugang zu anderen Eigenschaften des Gegenstandes und nur durch Vernetzung dieser Darstellungen kann eine inhaltliche Vorstellung entwickelt werden (ebd.). Für den Aufbau des Funktionsbegriffes bedeutet dies beispielsweise, dass die verbale, graphische, numerisch-tabellarische und symbolisch-algebraische Darstellung (Funktionsgleichung) einer Funktion vernetzt werden muss. Dass dies nicht nur einen Weg zum besseren Verständnis, sondern auch einen Teil der mathematischen Kompetenz darstellt, bestätigen die Bildungsstandards mit der Verankerung der mathematischen Kompetenz „mathematische Darstellungen verwenden" (Kultusministerkonferenz 2003). Folglich stellt der Darstellungswechsel nicht nur eine Hilfestellung im Lernprozess entsprechend dem Makro-Scaffolding-Ansatz dar, sondern muss zugleich Lernziel sein. Aufgabe der Mathematiklehrkraft ist es daher, zahlreiche Lerngelegenheiten für Darstellungswechsel zu schaffen. In Bezug auf die sprachliche Darstellung bedeutet dies nicht nur, symbolische, grafische und numerische Darstellungen zu verbalisieren, sondern diese auch umgekehrt aus Texten zu erzeugen, und zwar in allen drei Sprachregistern. Dies erfordert die Bereitstellung und metasprachliche Reflexion von Sprachmitteln, damit Sprache nicht nur implizit thematisiert wird. Denn nur so kann für diejenigen Schüler*innen, die über die geforderten sprachlichen Fähigkeiten noch nicht verfügen, eine ausreichende Lerngelegenheit hergestellt werden.

4.2.5 Explizite Thematisierung sprachlicher Lerngegenstände

Ein sprachbewusster Mathematikunterricht bietet nicht nur zahlreiche Lerngelegenheiten, in denen es zur Sprachproduktion und -rezeption kommt (implizite Thematisierung von Sprache), sondern stellt auch die notwendigen Sprachmittel zur Verfügung (7. Prinzip des sprachbewussten Unterrichts nach Tajmel und Hägi-Mead 2017, siehe Abschnitt 4.1). Voraussetzung ist, dass die bildungs-

und fachsprachlichen Anforderungen im Fachunterricht transparent gemacht und Sprachmittel explizit als Lerngegenstand thematisiert werden. Gemäß dem Makro-Scaffolding-Ansatz nach Gibbons (2015) kann dies zum einen durch metasprachliche Phasen, in denen über Sprache reflektiert wird, und zum anderen durch Hilfsgerüste (Scaffolds) realisiert werden. Aufgrund der kognitiven Funktion von Sprache (siehe Abschnitt 3.4) spielt die explizite Thematisierung von sprachlichen Mitteln auf der Wort-, Satz-, Text- und Diskursebene im Mathematikunterricht nicht nur eine wichtige Rolle für sprachlich schwächere Schüler*innen, sondern trägt unabhängig von den sprachlichen Voraussetzungen zum fachlichen Lernen bei.

Vor allem in der praxisorientierten Literatur werden zahlreiche Methoden vorgestellt, die als Scaffolds genutzt werden können und eine explizite Thematisierung sprachlicher Mittel auf allen Ebenen in allen Registern ermöglichen. Die Scaffolds unterscheiden sich in solche, die nur für die Sprachproduktion, die Sprachrezeption oder für beides geeignet sind. Auf diese Varianten soll nachfolgend eingegangen werden.

Zunächst kann bei der Sprachrezeption und -produktion ein sogenannter Sprachspeicher zum Einsatz kommen (beispielsweise PIK As o. J.; Prediger 2016; Pöhler und Prediger 2017). Dabei werden die zentralen bildungs- und fachsprachlichen Mittel der Lerneinheit, die in der Bedarfsanalyse identifiziert worden sind (siehe Abschnitt 4.2.2), etwa auf einem Plakat für die Schüler*innen festgehalten. Wichtig ist, dass hierbei nicht nur die Fachwörter, sondern auch die sprachlichen Mittel auf der Wort- und Satzebene berücksichtigt werden, die das konzeptuelle Verständnis unterstützen. Des Weiteren sollen die Sprachmittel zusätzlich anhand anderer Darstellungen verdeutlicht werden, so etwa beim Sprachspeicher zur Hundertertafel an einer Hundertertafel (PIK As o. J.), beim Sprachspeicher zur Subtraktion an einem Zahlenstrahl und einer Beispielrechnung (Prediger 2017a), beim Sprachspeicher zu Prozenten an einem Prozentstreifen. Je nach Lernvoraussetzungen der Schüler*innen und Thema kann es sinnvoll sein, den Sprachspeicher bereits am Anfang der Lerneinheit vorzustellen oder gemeinsam mit den Schüler*innen zu entwickeln.

Neben dem Ansatz des Sprachspeichers gibt es zahlreiche weitere Methoden, die als Scaffolds bei der Sprachrezeption fungieren können. Kurzfristig kann die sprachliche Vereinfachung eines mathematikhaltigen Textes (beispielsweise Drüke-Noe 2012, S. 8) oder auch ein Bild bzw. eine Skizze der Situation eine Hilfestellung darstellen. Langfristig wird allerdings ein reichhaltiger sprachlicher Input benötigt, um die sprachlichen Fähigkeiten sukzessive und nachhaltig erweitern zu können (siehe Prinzip g, Abschnitt 4.2.1). Eine weitere Hilfestellung der

Lehrkraft stellt das Hervorheben wichtiger, aber schwieriger Wörter eines Textes durch Unterstreichen dar, das Beese und Gürsoy (2012) beispielsweise für das Üben der Dekodierung von Referenzketten bei Textaufgaben vorschlagen. Daneben hat sich das Entwickeln von Concept-Maps zu einer Textaufgabe als hilfreiche Strategie der Sprachrezeption für Schüler*innen erwiesen, da es die Lernenden auffordert, das Situationsmodell zu explizieren und sich dabei intensiv mit dem Text auseinanderzusetzen (Schukajlow und Leiss 2012; Dröse und Prediger 2018). Eine bekannte Methode, um insbesondere sprachliche Hürden auf der Satzebene explizit zu thematisieren, ist das Prinzip der Formulierungsvariation (Prediger 2015b). Hierbei erhalten die Schüler*innen zwei Textaufgaben, die fast identisch sind, aber zu unterschiedlichen Rechnungen führen. Durch den sehr ähnlichen Aufbau sind die Schüler*innen gefordert, sich auf die Unterschiede in der Formulierung zu konzentrieren. Dieses Prinzip wirkt des Weiteren dem ungewollten „Schlüsselwörter-Lernen" entgegen. So soll etwa das Verb „verschenken" nicht automatisch mit einer Subtraktionsaufgabe assoziiert werden, da es auch in einer Additionsaufgabe verwendet werden kann („Ihrer kleinen Schwester Lisa schenkt Nora eine Kiste mit 6 Stofftieren" vs. „Ihre kleine Schwester Lisa schenkt Nora eine Kiste mit 6 Stofftieren" ähnlich in Prediger 2015b, S. 13).

Im Bereich der Sprachproduktion können neben Sprachspeichern laut Abshagen (2015) die folgenden Scaffolds eine vorübergehende Hilfestellung darstellen: ungeordnete Textteile (ganze Sätze), die in die korrekte Reihenfolge gebracht werden müssen; Lückentexte, Satzbausteine oder Satzanfänge, die zu einem vollständigen Text erweitert werden müssen und das Korrigieren vorgegebener inhaltlich unsinniger Texte. Diese Scaffolds helfen allerdings nicht bei Diskurspraktiken wie dem mathematischen Argumentieren. Hierzu hat beispielsweise Hein (2018) ein Lehr-Lern-Arrangement entwickelt, in dem die logischen Strukturen beim Argumentieren am Beispiel der Winkelsätze durch Ablaufmodelle (ähnlich Concept-Maps) expliziert, reflektiert und eingeübt werden.

Die explizite Thematisierung von bildungs- und fachsprachlichen Mitteln im Mathematikunterricht ist noch nicht in den Lehrplänen aller Bundesländer verankert. Beispielsweise findet sich keine Erwähnung der Bedeutung der Bildungssprache beim Mathematiklernen im Lehrplan der Sekundarstufe I in Schleswig-Holstein (Ministerium für Bildung, Wissenschaft, Forschung und Kultur des Landes Schleswig-Holstein 2014). In den Hamburger Bildungsplänen ist dieser Aspekt bereits fester Bestandteil. Neben den überfachlichen und fachlichen Kompetenzen wird auch den bildungssprachlichen Kompetenzen ein eigenes Kapitel gewidmet, was deren hohe Bedeutung aus bildungspolitischer Sicht verdeutlicht. Insbesondere heißt es hier:

„Um sprachliche Handlungen (wie z. B. <Erklären> oder <Argumentieren>) verständlich und präzise ausführen zu können, erlernen Schülerinnen und Schüler Begriffe, Wortbildungen und syntaktische Strukturen, die zur Bildungssprache gehören. Differenzen zwischen Bildungs- und Alltagssprachgebrauch werden immer wieder thematisiert.“ (Freie und Hansestadt Hamburg, Behörde für Schule und Berufsbildung 2011, S. 13)

5 Professionelle Kompetenz von Lehrkräften im Bereich Sprache im Mathematikunterricht und deren Förderung

Wie bis hierhin deutlich geworden ist, hat Sprache eine zentrale Rolle beim Lernen und Lehren von Mathematik und es existieren bereits zahlreiche Ansätze, um dieser Bedeutung in einer sprachlich heterogenen Lerngruppe gerecht zu werden. Außerdem ist in vielen Bundesländern die Durchführung eines sprachbewussten Fachunterrichts als Aufgabe der Lehrkräfte bereits curricular verankert. Damit alle angehenden und tätigen Mathematiklehrkräfte über Wissen und Fähigkeiten zur Umsetzung verfügen (siehe Abschnitt 3.4), sind in der Lehramtsaus- und -weiterbildung entsprechende Lerngelegenheiten zu etablieren. Im Folgenden wird zunächst erläutert, über welche Kompetenzen eine Lehrkraft in diesem Bereich verfügen sollte (Abschnitt 5.1). Anschließend wird herausgestellt, welche Lerngelegenheiten zur Professionalisierung (angehender) Mathematiklehrkräfte und welche Erkenntnisse aus der Beforschung dieser bereits existieren (Abschnitt 5.2).

5.1 Professionelle Kompetenz im Bereich Sprache im Mathematikunterricht

Aktuell herrscht weitgehend Konsens in der wissenschaftlichen und politischen Diskussion, dass Sprachbildung Aufgabe aller Fächer ist. Sprachförderung soll also auch integrativ und nicht nur additiv stattfinden und Lehrkräfte sollen folglich in der Lage sein, sprachbewussten Fachunterricht zu planen und durchzuführen (beispielsweise Gogolin und Lange 2010; Leisen 2010; Tajmel und Hägi-Mead 2017). Welche Kompetenzen Lehrkräfte hierfür in der Aus- und Weiterbildung erlangen müssen, ist bisher allerdings weitgehend fachunspezifisch und in starker Anbindung an den Bereich „Deutsch als Zweitsprache“ (DaZ) diskutiert worden. So wurden in 2011 fächerübergreifend aus Sicht der Sprachdidaktik und

N. Krosanke, *Entwicklung der professionellen Kompetenz von Mathematiklehramtsstudierenden zur Bedeutung von Sprache*, Perspektiven der Mathematikdidaktik,
https://doi.org/10.1007/978-3-658-33505-2_5

der Mehrsprachigkeitsforschung die erforderlichen Kompetenzen der Lehrkraft im „European core curriculum for inclusive academic language teaching" (kurz: EUCIM-TE) (Brandenburger, Bainski, Hochherz und Roth 2011) beschrieben. Hier werden zum einen linguistische Grundkenntnisse und Wissen über die unterschiedlichen Register genannt, ebenso hinsichtlich der Rolle von Sprache bei der Reproduktion von Benachteiligung sowie Grundkenntnisse und Wissen zu Methoden der Vermittlung von Deutsch als Zweitsprache. Zudem werden die positive Einstellung gegenüber einer Verantwortungsübernahme für die Sprachbildung der Schüler*innen und Fähigkeiten in der Umsetzung des Scaffolding als notwendig herausgestellt (ebd.). Letzteres umfasst die Lernstandsanalyse der Schüler*innen, die sprachliche Bedarfsanalyse des zu vermittelnden Inhalts und die sprachbewusste Unterrichtsplanung sowie -interaktion (siehe Abschnitt 4.2).

Die im EUCIM-TE beschriebenen fachunspezifischen Kompetenzen wurden allerdings von den Verfasser*innen nicht mit der Kompetenzforschung von Lehrkräften (siehe Kapitel 22) in Bezug gesetzt. Dies geschah erstmals im Projekt „DaZKom". Dort wurde auf der Grundlage der Analyse von 60 Curricula deutscher Universitäten und Institutionen (u. a. auch EUCIM-TE) ein Kompetenzmodell entwickelt, das wiederum als Basis für einen Papier-und-Bleistift-Test zur Erhebung der fächerübergreifenden Kompetenzen im Bereich „Deutsch als Zweitsprache" bei Lehramtsstudierenden genutzt werden konnte (Hammer, Carlson, Ehmke, Koch-Priewe, Köker, Ohm, Rosenbrock und Schulze 2015). Das Modell differenziert die DaZ-Kompetenz in drei Dimensionen: Fachregister, Mehrsprachigkeit und Didaktik (siehe Abbildung 5.1). Die Dimension „Mehrsprachigkeit" umfasst dabei Wissen über Theorien des Zweitspracherwerbs und über sprachliche Vielfalt im schulischen Kontext sowie den Umgang mit sprachlicher Diversität im Fachunterricht. Die Dimension „Fachregister" beinhaltet Wissen über grammatische Strukturen, Wortschatz und semiotische Systeme sowie die Fähigkeit, dieses Wissen lernförderlich einzusetzen. Die dritte Dimension „Didaktik" mit Fokus auf den Lehrprozess umfasst Wissen und Fähigkeiten im Hinblick auf die Identifizierung sprachlicher Schwierigkeiten von Aufgaben, die Diagnose sprachlicher Fähigkeiten bei Schüler*innen sowie die Förderung ihrer sprachlichen Kompetenzen. Hammer et al. (2015) beziehen sich dabei ebenfalls (wie EUCIM-TE) auf den methodisch-didaktischen Ansatz des Scaffolding (siehe Abschnitt 4.2).

Das DaZ-Kompetenzmodell von Hammer et al. (2015) beruht auf der Annahme, dass „[t]rotz bislang fehlender empirischer Belege [...] die Verbindung von fachdidaktischer Professionalität mit Kompetenzen im Bereich Deutsch als Zweitsprache als *generische* Kompetenz angesehen werden [kann]" (Hammer et al. 2015, S. 33, Hervorhebung im Original). Folglich wurde ein Test entwickelt, dessen Items sich zwar inhaltlich auf den Mathematikunterricht beziehen, der aber auch bei Lehramtsstudierenden anderer Fächer eingesetzt werden kann. Nach den Ergebnissen der DaZKom-Testung von 252 Lehramtsstudierenden verschiedener Fächer konnte kein Zusammenhang zwischen mathematikdidaktischem Wissen und den einzelnen Dimensionen nachgewiesen werden. Hingegen korrelierte das linguistische Wissen mit den Dimensionen „Fachregister" sowie „Didaktik" und des Weiteren der Aspekt „Umgang mit Heterogenität" des pädagogischen Wissens mit der Dimension „Mehrsprachigkeit" (ebd.).

Dimension	**Subdimension**
Fachregister	Grammatische Strukturen und Wortschatz
	Semiotische Systeme
Mehrsprachigkeit	Zweitspracherwerb
	Migration
Didaktik	Diagnose
	Förderung

Abbildung 5.1 Kompetenzmodell für Deutsch als Zweitsprache nach Hammer et al. (2015, S. 35)

Das Modell von Hammer et al. (2015) ist eine geeignete Basis für ein Kompetenzmodell im Bereich Sprache im Mathematikunterricht, das aber meines Erachtens in Hinblick auf zwei Aspekte modifiziert werden sollte: Erstens steht inzwischen weniger der Aspekt „Deutsch als Zweitsprache" als allgemein sprachliche Heterogenität im Fokus. Wie Lengyel (2016) betont, geht es „nicht nur um Deutsch als Zweitsprache und ihre Förderung, denn unabhängig davon, ob ein- oder mehrsprachig sozialisiert, kommen alle Kinder und Jugendlichen heute mit unterschiedlichen Sprachen, Registern, Dia-, Sozio-, und Ethnolekten in Berührung" (ebd., S. 518). Wie bereits dargestellt (siehe Abschnitt 3.1), ist sprachliche Kompetenz der stärkste Einflussfaktor für die Mathematikleistung und nicht Mehrsprachigkeit oder ein Migrationshintergrund per se. Aus diesen Gründen wird in der vorliegenden Arbeit von professioneller Kompetenz von Lehrkräften im Bereich Sprache im Mathematikunterricht gesprochen statt von DaZ-Kompetenz. Zweitens betrachtet das Modell von Hammer et al. (2016)

die DaZ-Kompetenz von Lehrkräften als generische Kompetenz. Meines Erachtens fordert die Gestaltung eines sprachbewussten Mathematikunterrichts jedoch generische **und** fachspezifische Fähigkeiten. Dies soll im Folgenden anhand der Kompetenzdimensionen von Hammer et al. (2016) erläutert werden. Für die Dimension „Mehrsprachigkeit" wurden bisher kaum fachspezifische Konzepte vorgelegt, weshalb dies sicherlich eine eher generische Kompetenz darstellt. Die Dimension „Fachregister" erfordert hingegen neben generischem Wissen über „Stolpersteine" der deutschen Sprache zugleich fachliches und fachdidaktisches Wissen (siehe Abschnitt 3.2 und 3.3), um die fachliche Bedeutsamkeit bestimmter Sprachmittel verstehen und einschätzen zu können. Innerhalb der Dimension „Didaktik" kann die Einschätzungen der individuellen sprachlichen Kompetenzen der Schüler*innen (Lernstandsanalyse) als generische Kompetenz von Lehrkräften angesehen werden, die sprachliche Bedarfsanalyse eines mathematischen Inhalts meines Erachtens hingegen nicht. Für Letztere ist sprachliches, mathematisches und mathematikdidaktisches Wissen essenziell, um die herausfordernden Sprachmittel zu identifizieren, die für das Verstehen des Inhalts erforderlich sind (siehe Abschnitt 3.4 und 4.2.2). Wissen und Fähigkeiten zur Analyse von Textaufgaben im Hinblick auf ihre sprachliche Komplexität müssen deshalb auch als Teil des mathematikdidaktischen Wissens gelten (siehe Abschnitt 2.3). Für die Unterrichtsplanung im Sinne des Scaffolding ist die Integration sprachdidaktischer Ideen in bereits existierende mathematikdidaktische Unterrichtsprinzipien unabdingbar, um der Forderung nach integrativer Sprachförderung tatsächlich gerecht werden zu können (siehe Abschnitt 3.4, 4.2.3, 4.2.4, 4.2.5). Folglich sind die Dimensionen „Fachregister" und „Didaktik" meines Erachtens stärker fachspezifisch geprägt als von Hammer et al. (2015) angenommen.

Die Annahme der vorliegenden Studie, dass die Kompetenz, einen sprachbewussten Fachunterricht zu gestalten und durchzuführen, teils fachspezifisch ist und folglich nicht nur generisch, wie von Hammer et al. (2015) postuliert, wird auch in anderen Studien vertreten, so durch Prediger, Tschierschky, Wessel und Seipp (2012) für den Mathematikunterricht sowie Budde und Busker (2016) für den Chemieunterricht. Allerdings gibt es zur Gültigkeit der Annahme bislang lediglich erste Hinweise (Stangen 2017), sodass hier insgesamt noch eine große Forschungslücke besteht.

5.2 Förderung der professionellen Kompetenz im Bereich Sprache im Mathematikunterricht

Durch eine Studie des Mercator-Instituts zur universitären Lehrer*innenbildung in Deutschland wurde festgestellt, dass Lehrveranstaltungen im Bereich „Sprachförderung und Deutsch als Zweitsprache“[1] sowohl im Umfang als auch in der inhaltlichen Gestaltung durch große Heterogenität gekennzeichnet sind (Baumann und Becker-Mrotzek 2014). So sind seit 2012 an den Universitäten in Nordrhein-Westfalen für alle Fächer und Schulformen umfangreiche DaZ-Module für Lehramtsstudierende verpflichtend (6 bis 12 Leistungspunkte). Neben Vorlesungen zu fächerübergreifenden Aspekten von Deutsch als Zweitsprache werden hier vielfach Wahlmodule angeboten, die die Thematik fachspezifisch vertiefen und teils auch an schulpraktische Studien gekoppelt sind (Pitton und Scholten-Akoun 2013). An der Universität Hamburg gab es zu Beginn des Projekts „ProfaLe“ im Jahr 2015 verpflichtend für alle angehenden Lehrkräfte nur eine einzige Lehrveranstaltung zum Thema „Mehrsprachigkeit und Deutsch als Zweitsprache (DaZ) im Unterricht“ im Umfang von einem Leistungspunkt. Zu der Lehrveranstaltung gehörte eine 1,5-stündige Präsenzveranstaltung, in der den Studierenden ein Reader und Aufgaben für das Selbststudium ausgehändigt wurden. Unklar ist, inwieweit die Studierenden das Selbststudium tatsächlich absolviert haben, denn zu diesem Anteil der Lehrveranstaltung erfolgte keine gesonderte Leistungsüberprüfung. Inzwischen ist eine verpflichtende fächerübergreifende Lehrveranstaltung zu „Grundlagen zur Sprachbildung im Fachunterricht“ im Umfang von einem Leistungspunkt curricular verankert, die an die schulpraktischen Studien gekoppelt ist. Zusätzlich zu diesem Blended-Learning-Angebot finden sich konkrete Hinweise in der Modulbeschreibung zur fachspezifischen Behandlung der Thematik in den fachdidaktischen Begleitseminaren (Stangen, Schroedler und Lengyel 2020, Krosanke, Orschulik, Vorhölter und Buchholtz 2019).

Zu Beginn des Projekts im Jahr 2015 gab es nur wenige veröffentlichte und kaum empirisch untersuchte Konzepte zur fachspezifischen Sensibilisierung für die Bedeutung von Sprache im Fachunterricht in der (universitären) Lehrer*innenbildung. Tajmel (2013) war eine der Ersten, die Möglichkeiten der sprachlichen Sensibilisierung von Lehrkräften der naturwissenschaftlichen

[1] Hierzu gehören auch Lehrveranstaltungen, die die professionelle Kompetenz im Bereich Sprache im Mathematikunterricht (siehe Abschnitt 5.1) fördern sollten

Fächer beschrieben hat. Auf Basis Erfahrungen formulierte sie fünf Best-Practice-Beispiele: erstens die kontrastive Sprachbetrachtung, bei der ein Satz aus verschiedenen Sprachen eins zu eins ins Deutsche übersetzt wird. Hierdurch soll erkennbar werden, dass bestimmte Phänomene der deutschen Sprache wie beispielsweise die Verwendung von Artikeln und Präpositionen in anderen Sprachen nicht existent sind und dass für das Deutsche typische Phänomene deshalb für Lernende mit Deutsch als Zweitsprache Schwierigkeiten hervorrufen können. Zweitens beschreibt Tajmel das Prinzip des Seitenwechsels, bei dem die (angehenden) Lehrkräfte eine fachliche Aufgabe in einer anderen Sprache als Deutsch bewältigen sollen und somit Sprachnot selbst erleben sowie sprachliche Hilfsmittel (Scaffolds) auf ihre Chancen und Grenzen prüfen sollen. Drittens erläutert sie die gemeinsame Identifizierung von Sprachhandlungen im Fach. Viertens präsentiert sie die Möglichkeit, Schüler*innentexte gemeinsam zu beurteilen und zu reflektieren und ebenso fünftens die Möglichkeit, sprachliche Lernziele einer bestimmten fachlichen Einheit gemeinsam zu formulieren (ebd.). Die letztgenannte Option kann als Übung zur Bedarfsanalyse des Scaffolding betrachtet werden.

Inzwischen gibt es zahlreiche weitere konkrete Materialien und erfahrungsbasierte Erkenntnisse, aber kaum empirische Studien zu Möglichkeiten der sprachlichen Sensibilisierung von (angehenden) Fachlehrkräften. Als praxisbezogene Materialien sind das Handbuch von Leisen (2017) und die Bausteine für das Fachseminar Mathematik im Referendariat zu nennen, die innerhalb des Projekts „Sprachsensibles Unterrichten fördern – Angebote für den Vorbereitungsdienst" entwickelt und erprobt worden sind (Prediger, Eisen, Kietzmann, Wilhelm, Şahin-Gür und Benholz 2017). Bezogen auf die erfahrungsbasierten Erkenntnisse sind die fünf Thesen zur Professionalisierung von Lehrkräften von Prediger (2017b) bedeutsam, die auf umfassenden Erfahrungen in Forschungs-, Fortbildungs- und hochschuldidaktischen Projekten basieren und in der Aus- und Weiterbildung beachtet werden sollten:

- „von Leistungsheterogenität auch zur sprachlichen Heterogenität, denn Sprachkompetenz beeinflusst die Mathematikleistung;
- von der defensiven hin zur offensiven Strategie, denn ohne rezeptive und produktive Lerngelegenheiten im Sprachbad[2] kann sich die Sprachkompetenz nicht gut entwickeln;

[2]Das „Sprachbad" (auch Immersionsmethode genannt) ist eine Methode aus der Zweit- und Fremdspracherwerbsforschung. Die Lernenden befinden sich dabei in einer fremdsprachigen Umgebung, die sprachlich anregend ist. Durch „Eintauchen" in die Sprache wird die Sprache erlernt (Leisen 2010).

- von der Wortebene hin auch zur Satzebene, denn viele Hürden sind nicht durch einzelne Wörter zu überwinden, dies gilt beim Lesen ebenso wie in der eigenen Sprachproduktion;
- von der kommunikativen hin auch zur kognitiven Funktion von Sprache, denn gerade sprachlich Schwache brauchen Unterstützung bei Hürden in Denk- und Verstehensprozessen;
- von rein formalbezogenen hin zu auch bedeutungsbezogenen Sprachmitteln, da diese nötig sind für den sensibelsten Teil mathematischer Verstehensprozesse, für Bedeutungskonstruktion." (Prediger 2017b, S. 38)

Wie Prediger (2017b) feststellt, nehmen Lehrkräfte zu Beginn von Fortbildungsveranstaltungen oft nur Probleme beim Lesen von Textaufgaben und einen geringen Wortschatz als durch die mangelnde Sprachkompetenz bedingte Schwierigkeit ihrer Schüler*innen wahr. Ihrer Diskurskompetenz oder ihrer Fähigkeit, mathematische Zusammenhänge und Bedeutungen zu verbalisieren, wird hingegen oftmals wenig Beachtung geschenkt. Der von Prediger beschriebene Fokus solchermaßen sprachunbewusster Lehrkräfte auf sprachlich bedingte Hürden auf Wortebene und Hürden der Fachsprache zeigte sich auch in anderen Studien. Beispielsweise haben Turner et al. (2019) in ihrer Fallstudie mit Junglehrkräften durch Unterrichtsbeobachtungen und Interviews einen Fokus auf die Fachlexik festgestellt. Folglich sollte es in der Lehrer*innenbildung Lerngelegenheiten zu sprachlichen Hürden außerhalb der Wortebene und zur Bedeutung Sprache in fachlichen Aushandlungsprozessen und nicht nur beim Verstehen von Textaufgaben geben.

Im Rahmen der quantitativen Analyse der Wirksamkeit von Lerngelegenheiten zur sprachlichen Sensibilisierung von (angehenden) Fachlehrkräften ist der Einsatz des DaZKom-Tests von Hammer et al. (2015, siehe Abschnitt 5.1) an zahlreichen deutschen Universitäten zu nennen (für einen Überblick siehe Hammer und Fischer 2018). So kam der DaZKom-Test auch im Projekt „ProfaLe" zur Evaluation einer innovativen Lerngelegenheit zum Einsatz. Hier konnte eine Steigerung der DaZ-Kompetenz bei den teilnehmenden Studierenden im Rahmen der Teilnahme an einem Lehrangebot nachgewiesen werden, das in den schulpraktischen Studien der Masterphase verankert war (Stangen et al. 2020). Der Kompetenzzuwachs korrelierte mit dem Testergebnis zu Beginn der Intervention, der Abiturnote, dem Studium eines Sprachfaches (Deutsch, eine Fremdsprache oder der sonderpädagogische Förderschwerpunkt „Sprache") und mit den DaZ-bezogenen thematischen Lerngelegenheiten („opportunities to learn"). Der Einfluss der Lerngelegenheiten war dabei am größten (ebd.). Folglich darf davon ausgegangen werden, dass Lerngelegenheiten für Lehramtsstudierende positiven Einfluss auf ihre professionelle Kompetenz im Bereich Sprache im Mathematikunterricht haben können.

Zu Beginn des vorliegenden Projekts gab es meines Wissens noch keine empirischen Studien zur professionellen Unterrichtswahrnehmung mit Fokus auf die Bedeutung von Sprache beim fachlichen Lernen und Lehren von (angehenden) Lehrkräften im Mathematikunterricht und folglich auch keine Studien zur Förderung dieser Kompetenz. Die vorliegende Arbeit widmet sich diesem Desiderat.

6 Fragestellung der vorliegenden Arbeit

Wie im vorherigen Kapitel dargestellt, besteht eine Forschungslücke hinsichtlich der fachspezifischen Sensibilisierung für die Bedeutung von Sprache beim fachlichen Lernen und Lehren im Mathematikunterricht in der Lehrer*innenbildung. Die vorliegende Studie setzt an dieser Stelle an und nimmt Bezug auf den aktuellen Diskurs über die Bedeutung der professionellen Unterrichtswahrnehmung innerhalb von Professionalisierungsprozessen bei Lehrkräften. Die Förderung der professionellen Unterrichtswahrnehmung steht im Zentrum, da davon ausgegangen wird, dass diese maßgeblich beeinflusst, ob die Transformation von Wissen in Performanz gelingt. Zu Beginn des Forschungsprojekts gab es noch keine empirischen Erkenntnisse zur professionellen Unterrichtswahrnehmung mit Fokus auf die Bedeutung von Sprache beim fachlichen Lernen und Lehren angehender oder praktizierender Mathematiklehrkräfte und folglich auch keine zur Förderung dieser Kompetenz. Dementsprechend werden in der vorliegenden Arbeit die beiden dargestellten Forschungsstränge der professionellen Unterrichtswahrnehmung und der Bedeutung von Sprache im Mathematikunterricht erstmals zusammengeführt. Zusätzlich zur professionellen Unterrichtswahrnehmung wird auch die Kompetenz von Studierenden zur Analyse von sprachlichen Hürden bei Textaufgaben erhoben, da diese Art von Aufgaben eine große Rolle im Mathematikunterricht spielt und die Fähigkeit für die Planung eines sprachbewussten Fachunterrichts äußerst wichtig ist. Damit ergeben sich als zentrale Forschungsfragen dieser Arbeit:

F1: Inwiefern lassen sich bei den Studierenden Zuwächse in der Kompetenz zur Analyse von potenziellen sprachlichen Hürden in Textaufgaben nach der Teilnahme an dem Seminar identifizieren?

N. Krosanke, *Entwicklung der professionellen Kompetenz von Mathematiklehramtsstudierenden zur Bedeutung von Sprache*, Perspektiven der Mathematikdidaktik,
https://doi.org/10.1007/978-3-658-33505-2_6

F2: Inwiefern lassen sich bei den Studierenden nach der Teilnahme an dem Seminar Kompetenzzuwächse in der professionellen Unterrichtswahrnehmung identifizieren, insbesondere hinsichtlich der Bedeutung von Sprache beim Lernen und Lehren von Mathematik?

Auf Basis der in Kapitel 2 bis 5 dargestellten theoretischen Konstrukte und empirischen Erkenntnisse kann das Forschungsinteresse nun weiter konkretisiert werden. Für die übergreifende Fragestellung F1 bedeutet dies folgende Ausdifferenzierung:

- Welche Perspektiven lassen sich in den Äußerungen der Studierenden zur Textaufgabe rekonstruieren? Wie häufig werden dabei potenzielle sprachliche Hürden angesprochen?
- Wie thematisieren die Studierenden potenzielle sprachliche Hürden und wie häufig entwickeln sie zu diesen Handlungsoptionen?
- Welche Sprachmittel werden von den Studierenden thematisiert? Gibt es Sprachmittel bestimmter Register oder auf bestimmten Ebenen, die häufig oder nie thematisiert werden?

Die Konkretisierung der Forschungsfrage F2 führt zu folgenden Forschungsinteressen:

- Inwiefern lassen sich die Kompetenzfacetten „Perception", „Interpretation" und „Decision-Making" in den Äußerungen der Studierenden über eine eingesetzte Videovignette identifizieren?
- Inwiefern greifen die Studierenden Sprache innerhalb ihrer Äußerungen auf?
- Gibt es Sprachmittel bestimmter Register oder auf bestimmten Ebenen, die häufig oder nie thematisiert werden?
- Lassen sich bestimmte Typen von Lehramtsstudierenden im Hinblick auf die drei Kompetenzfacetten rekonstruieren?

Teil II
Konstruktiver Teil

7 Konzeption der universitären Lehrveranstaltung

Die vorliegende Arbeit enthält neben einem empirischen Teil auch einen konstruktiven Teil, der aus einer entwickelten universitären Lehrveranstaltung (Seminar) zur Sensibilisierung von Mathematiklehramtsstudierenden für die Bedeutung von Sprache beim fachlichen Lernen und Lehren besteht. Zunächst wird die Modulauswahl erläutert und begründet (Abschnitt 7.1). Anschließend werden die konzeptuellen Grundlagen der Lehrveranstaltung vorgestellt (Abschnitt 7.2). Aufgrund des großen Umfangs des Seminars scheint es nicht sinnvoll, alle 14 Sitzungen detailliert darzustellen. Folglich wird zunächst nur ein Überblick über die einzelnen Lerngelegenheiten gegeben (Abschnitt 7.3). Den Abschluss bildet eine genaue Darstellung und Begründung der didaktischen Umsetzung einer exemplarisch ausgewählten Seminarsitzung (Abschnitt 7.4).

7.1 Begründung der Modulauswahl

Die in der vorliegenden Studie untersuchte Lehrveranstaltung war eines von mehreren wählbaren Seminaren im Modul „Erziehungswissenschaft unter Berücksichtigung der prioritären Themen <Umgang mit Heterogenität>, <Neue Medien>, <Schulentwicklung>“ der Lehramtsstudiengänge der Universität Hamburg. Die Wahl dieses Moduls erschien aufgrund der Verortung im Schwerpunkt „Umgang mit Heterogenität“ geeignet und hier konnten alle 14 Seminarsitzungen mit Fokus auf die Bedeutung von Sprache im Mathematikunterricht gestaltet werden. Das Seminar stellte keine verpflichtende Veranstaltung innerhalb der Mathematikdidaktik dar, sondern eine wählbare Option innerhalb der erziehungswissenschaftlichen Studien. Durch den Titel und die zugehörige Beschreibung der Lehrveranstaltung wurde sichergestellt, dass nur Mathematiklehramtsstudierende teilnehmen würden.

N. Krosanke, *Entwicklung der professionellen Kompetenz von Mathematiklehramtsstudierenden zur Bedeutung von Sprache*, Perspektiven der Mathematikdidaktik,
https://doi.org/10.1007/978-3-658-33505-2_7

Folglich konnte hier trotz der fächerübergreifenden Lozierung eine fachspezifische Lehrveranstaltung zur Sensibilisierung angehender Mathematiklehrkräfte für die Bedeutung von Sprache beim fachlichen Lernen und Lehren durchgeführt werden. Des Weiteren erschien das Modul geeignet, weil an der Lehrveranstaltung sowohl Studierende des Lehramts an Gymnasien als auch des Lehramts der Primar- und Sekundarstufe I teilnehmen konnten. Der Vergleich der beiden Gruppen war erkenntnisversprechend, da Unterschiede im mathematischen, mathematikdidaktischen und pädagogischen Wissen sowie in den Beliefs vermutet werden konnten (Blömeke, Kaiser und Lehmann 2008; eigene Analyse des Curriculums der Universität Hamburg). Außerdem findet das Modul immer im ersten Mastersemester statt, sodass an mathematikdidaktisches Wissen aus dem Bachelorstudium angeknüpft werden konnte. Aufgrund der im Theoriekapitel geforderten Verknüpfungen von fach- und sprachdidaktischen Ansätzen (siehe Abschnitt 3.4 und Kapitel 4) war dies für die angestrebte Sensibilisierung der Studierenden eine wichtige Voraussetzung. Die Tatsache, dass die Teilnahme an den Seminaren des Moduls lediglich mit „bestanden“ bewertet wird, erschien als vorteilhaft, da so der Konflikt der Doppelfunktion als Dozentin und Forschende entschärft war.

7.2 Konzept des Seminars

Das Seminar sollte einen Beitrag dazu leisten, dass zukünftige Mathematiklehrkräfte Kompetenzen im Bereich Sprache im Mathematikunterricht erwerben und fachliche sowie sprachliche Lehr-Lernprozesse zugleich ermöglichen können. Neben der Vermittlung von Wissen um die Sprachregister und deren Rollen und Funktionen im Mathematikunterricht (siehe Kapitel 3) sowie Theorien und didaktische Konzepte zum sprachbewussten Fachunterricht (siehe Kapitel 4), wurde dieses Wissen gemeinsam auf Unterrichtsbeispiele des Mathematikunterrichts der Sekundarstufe I angewendet. Die Förderung der professionellen Kompetenz im Bereich Sprache im Mathematikunterricht sollte mithin insbesondere in den Dimensionen „Fachregister“ und „Didaktik“ (siehe Abschnitt 5.1) erfolgen. Zur Dimension „Mehrsprachigkeit“ waren hingegen weniger Lerngelegenheiten eingeplant. Bei der Entwicklung der Lerngelegenheiten wurde auf die konsequente Verbindung von Sprache und fachlichen Lehr-Lernprozessen geachtet. Dieses Vorgehen sollte dazu beitragen, dass sich die Studierenden für die Förderung der sprachlichen Kompetenzen ihrer zukünftigen Schüler*innen verantwortlich fühlen, weil sie diesen Kompetenzbereich nicht etwa als eine optionale Zusatzqualifikation einer Mathematiklehrkraft wahrnehmen, sondern sie vielmehr mit dem Verstehen mathematischer Konzepte und dem Erwerb mathematischer Kompetenzen der Schüler*innen in Verbindung bringen (siehe Abschnitt 3.4). Ebenso wurden besonders häufig Sprachmittel thematisiert, die für das Verstehen mathematischer Konzepte essenziell sind und nicht zur Wortebene und Fachsprache gehören. Diesem Vorgehen lag die Überlegung zugrunde, dass diese Sprachmittel angehenden und praktizierenden Lehrkräften häufig nicht bewusst sind (Turner et al. 2019; Prediger 2017b, siehe Abschnitt 5.2).

Da davon ausgegangen wird, dass die Verfügbarkeit professioneller Unterrichtswahrnehmung bei Lehrkräften maßgeblich bestimmt, ob eine Transformation von Wissen in Performanz gelingt, schien die Förderung dieser Kompetenz zentral, damit der Sensibilisierungsversuch für die Bedeutung von Sprache im Mathematikunterricht und sprachbewusste Unterrichtsgestaltung möglichst die zukünftige Praxis der teilnehmenden Studierenden konstruktiv beeinflusst. Die professionelle Unterrichtswahrnehmung sollte durch den Einsatz von Video- und Textvignetten und Schüler*innenlösungen sowie durch selbstorganisierte Unterrichtshospitationen gefördert werden. Eine Aufgabe im Seminar bestand darin, anhand von Unterrichtssituationen in Form von Video- oder Textvignetten und/oder Unterrichtsmaterialien zu überlegen, welche sprachlichen Anforderungen bzw. Hürden sich im Mathematikunterricht für Schüler*innen ergeben bzw. ergeben könnten. Hier stand die Förderung der Kompetenzfacetten „Perception" und „Interpretation" im Fokus. In einem Folgeschritt stand die Aufgabe im Vordergrund, zu diesen Unterrichtssituationen passende Handlungsoptionen zu entwickeln, die auf sprachbewussten didaktischen Prinzipien bzw. Konzepten sowie Unterrichtsmethoden basieren sollten. Hier wurde speziell die Kompetenzfacette „Decision-Making" angesprochen. In diesem Zusammenhang waren sowohl **situative** Handlungsoptionen als Interventionen der Lehrkraft in der Unterrichtssituation zu entfalten als auch **planungsbezogene** Optionen alternativer Planungen der Lernsequenz bzw. zukünftiger Lerngelegenheiten. Da sowohl Text- als auch Videovignetten die professionelle Unterrichtswahrnehmung fördern können (Kramer et al. 2017, siehe Abschnitt 2.2.4) kamen beide Formen zum Einsatz. Zwar schätzen Studierende videogestützte gegenüber transkriptgestützten Lerngelegenheiten als kognitiv aktivierender ein (ebd.), jedoch kann vermutet werden, dass es insbesondere bei dem Fokus auf Sprache für Studierende sehr lernförderlich sein würde, wenn ein Transkript der Unterrichtssituation vorliegt, sodass sie in der Analyse auf sprachliche Einzelheiten in den Äußerungen der Schüler*innen und Lehrkraft Bezug nehmen können. Die Auswahl und Entwicklung der Videos und Transkripte erfolgte anhand der Kriterien von Sherin et al. (2009) für die zur Förderung professioneller Unterrichtswahrnehmung geeigneten Vignetten für den Einsatz in der Lehrer*innenbildung (siehe Abschnitt 2.2.4). Bei den eingesetzten Videovignetten handelte es sich um Videoaufnahmen von fremdem Unterricht. Dies erschien angemessen, da fremde und eigene Videos gleichermaßen Potenzial aufweisen, die professionelle Unterrichtswahrnehmung zu fördern (Krammer et al. 2016). Der Einsatz fremder, bereits existierender Videos war deutlich weniger zeitaufwendig und ebenso mit der Intention verbunden, dass die hier konzipierte Lehrveranstaltung auf diese Weise leicht auch von anderen Personen zu Ausbildungszwecken verwendet werden kann. Zusätzlich diente der Einsatz von Lerntagebüchern den Studierenden als Instrument zur Reflexion und Vertiefung ihrer Lernprozesse. Die Lerntagebücher wurden der Dozentin als Diagnoseinstrument für den Lernprozess der Studierenden zur Verfügung gestellt.

7.3 Überblick über die Lerngelegenheiten

Das Seminar wurde in den drei Wintersemestern 2015/2016, 2016/2017 und 2017/2018 durchgeführt. Auf Basis der Reflexion aller Seminarsitzungen und der Rückmeldungen der Studierenden im Rahmen von Lerntagebüchern wurde von Jahr zu Jahr zwar nicht das Konzept (siehe Abschnitt 7.2) verändert, aber die einzelnen Lerngelegenheiten weiterentwickelt. Modifikationen vom ersten zum zweiten Durchgang beruhten insbesondere auf einem vermehrten Einsatz von Text- und Videovignetten, einer intensiveren fachspezifischen Thematisierung von Sprache und einem stärkeren Fokus auf sprachliche Mittel auf der Satzebene. Die im Folgenden präsentierten Lerngelegenheiten beziehen sich auf die Konzeption und Durchführung des Seminars im Wintersemester 2016/2017, da an diesem Seminar die Hauptstudie des vorliegenden Projekts angebunden ist.

Es wurden drei verschiedene Arten von Lerngelegenheiten geschaffen: neben den Lerngelegenheiten im Rahmen der 14 Seminarsitzungen gehörte hierzu auch die Auswertung selbstorganisierter Hospitationen und die Anfertigung eines Lerntagebuches. Diese verschiedenen Lerngelegenheiten werden im Folgenden genauer dargestellt.

Die Studierenden sollten mindestens sechs Unterrichtsstunden à 45 min im Mathematikunterricht einer beliebigen Schule hospitieren und dabei ihre Beobachtungen auf ein selbstgewähltes Thema zur Sprache im Mathematikunterricht richten. Im Ergebnis haben die Studierenden zunächst auf Basis des jeweiligen Beobachtungsfokus ausgewählte Unterrichtssituationen, die sie selbst in der Schule beobachtet haben, beschrieben und interpretiert. In einem zweiten Schritt waren sie gefordert, mit Blick auf die beobachteten Unterrichtssituationen adaptive situative und planungsbezogene Handlungsoptionen zu entwickeln. In der dritten Phase präsentierten und diskutierten die Studierenden die Ergebnisse aus den Hospitationen (inklusive dokumentierter Schülerlösungen, Unterrichtsgespräche, Arbeitsblätter etc.) im Seminar entweder zu Beginn einer Seminarsitzung oder in der letzten Sitzung im Rahmen eines „Museumsrundgangs“: Sie präsentierten und erklärten einander die auf Plakaten festgehaltenen Arbeitsergebnisse. Auf diese Weise sollte die professionelle Unterrichtswahrnehmung gefördert werden.

Neben den selbstorganisierten Hospitationen und Seminarsitzungen sollte ein Lerntagebuch das tiefere Verständnis der Inhalte des Seminars bewirken und zur Dokumentation und Reflexion des eigenen Lernprozesses dienen (Lissmann 2010). Zudem hatten die Lerntagebücher für die Dozentin eine Rückmeldefunktion hinsichtlich der individuellen Verstehensprozesse der Studierenden und waren daher als eine Art Diagnoseinstrument implementiert, um ggf. die Seminarplanung entsprechend anzupassen (ebd.). Um die Einträge zeitökonomisch auswerten zu können, kam ein halbstrukturiertes Online-Lerntagebuch (www.oltb.de) zum Einsatz, das den Reflexionsprozess der Studierenden einheitlich strukturierte. Die Studierenden sollten nach jeder Seminarsitzung in Orientierung an Venn (2011) folgende Fragen beantworten:

1. Welche Inhalte/Konzepte/Erfahrungen der heutigen Sitzung erscheinen Ihnen so wichtig/nützlich, dass Sie sie gerne behalten möchten? Fassen Sie diese in eigenen Worten zusammen.
2. Fallen Ihnen Beispiele aus Ihrer eigenen (biografischen) Erfahrung ein, die das Gelernte illustrieren, bestätigen oder ihm widersprechen?
3. Welche Aspekte des Seminarinhaltes fanden Sie nicht interessant/ nicht nützlich/ nicht überzeugend? Begründen Sie!
4. Welche Fragen zum Inhalt der heutigen Sitzung sind für Sie offen geblieben und/oder neu entstanden?
5. Wie hat Ihnen die Sitzung gefallen? Haben Sie Anregungen, z. B. im Hinblick auf die didaktisch-methodische Gestaltung? Hat Ihnen etwas gefehlt?
6. Was Sie darüber hinaus noch sagen wollen.

In Tabelle 7.1 sind die 14 Seminarsitzungen mit dem zugehörigen thematischen Fokus und einer Kurzbeschreibung der didaktischen Umsetzung dargestellt. Nicht enthalten sind die Phasen zu Beginn jeder Sitzung, in denen ggf. interessante Einträge aus den Lerntagebüchern der Studierenden thematisiert oder Ergebnisse der Hospitationen von Studierenden präsentiert und diskutiert wurden. Im Folgenden wird auf die einzelnen Sitzungen eingegangen.

Tabelle 7.1 Überblick über die Seminarsitzungen

Sitzung	Inhalt der Sitzung
1	*Organisation und thematischer Einstieg* • Organisatorisches • Austausch über Erwartungen an das Seminar und Vorwissen sowie Haltungen zum Seminarthema im Rahmen eines World-Cafés
2	*Basiswissen* • Erstellung und Diskussion einer Mind-Map zum Übersichtsartikel von Meyer und Prediger (2012) • Vertiefung ausgewählter Aspekte
3	*Vertiefung des Themas „Sprachliche und konzeptuelle Hürden in Textaufgaben"* • Analyse sprachlicher und konzeptueller Hürden in einer Textaufgabe • Analyse eines Videos, in dem zwei Schülerinnen die vorher analysierte Textaufgabe bearbeiten, und Entwicklung von adaptiven sprachbewussten Handlungsoptionen
4	*Vertiefung des Themas „Sprachliche und konzeptuelle Hürden in Textaufgaben"* • Analyse sprachlicher und konzeptueller Hürden in zwei Textaufgaben • Vergleich mit Theorie zu potenziellen sprachlichen Hürden (Kapitel 3.3) • Analyse von Schüler*innenlösungen zu den Textaufgaben und Entwicklung von sprachbewussten Handlungsoptionen
5	*Vertiefung des Themas „Sprachregister"* • Formulierung einer Textaufgabe in verschiedenen Sprachregistern und Reflexion des Prozesses • Diskussion über Potenziale und Grenzen bestimmter Sprachregister für das Lernen und Betreiben von Mathematik
6	*Vertiefung des Themas „Mehrsprachigkeit"* • Diskussion über den Übersichtsartikel von Boysen (2012) • Kontrastive Sprachbetrachtung (Tajmel 2013, siehe Kapitel 5.2) • Kritische Reflexion des Begriffs „DaZ"
7	*Vertiefung des Themas „Rollen und Funktionen der Sprache"* • Selbstversuch: Mathematisch kommunizieren und argumentieren in einer anderen Sprache als Deutsch (Tajmel 2013, siehe Kapitel 5.2) • Reflexion über das Experiment und Entwicklung von sprachbewussten Handlungsoptionen („Was hätte Ihnen geholfen?")
8	*Vertiefung des Themas „Rollen und Funktionen der Sprache"* • Analyse einer Textvignette (Prediger 2015a) und Entwicklung von adaptiven sprachbewussten Handlungsoptionen
9	*Vertiefung des Themas „Scaffolding"* • Gemeinsame Bedarfsanalyse zum Thema „Brüche" (Mathewerkstatt 7) und Vergleich mit Theorie (Wessel 2015) • Entwicklung von sprachbewussten Unterrichtsideen zu Brüchen
10	*Vertiefung des Themas „Scaffolding"* • Stationsarbeit zu folgenden sprachbewussten Methoden: Sprachspeicher; Prinzip der Formulierungsvariation; Concept-Maps; sprachliche Vereinfachung von Texten; Hervorhebung schwieriger Sprachmittel in Texten; Lückentexte, Satzanfänge, Wortlisten
11	*Vertiefung des Themas „Scaffolding"* • Analyse der Schüler*innenlösung zu einer Textaufgabe (Prediger 2017a) und Entwicklung sprachbewusster Lerngelegenheiten, deren Ziel die Darstellungsvernetzung mit dem verbalen Register ist

(Fortsetzung)

Tabelle 7.1 (Fortsetzung)

12	*Vertiefung des Themas „Scaffolding“* • Analyse einer Unterrichtsstunde (Video aus Brandt und Gogolin 2016) und Entwicklung adaptiver sprachbewusster Handlungsoptionen
13	*Vertiefung des Themas „Scaffolding“* • Analyse einer Textvignette und Entwicklung adaptiver sprachbewusster Handlungsoptionen (siehe Kapitel 7.4)
14	*Vertiefung des Themas „Scaffolding“* • Museumsrundgang zu den Analysen der Hospitationen

In der ersten Sitzung folgte nach der Klärung organisatorischer Fragen ein offener Einstieg über ein World-Café, in dem Erwartungen an das Seminar, Gründe für die Wahl des Seminars und Vorwissen sowie Beliefs zu dem Thema „Sprache im Mathematikunterricht“ diskutiert wurden. Durch den Austausch über einschlägige Äußerungen von Lernenden konnten die Seminarteilnehmer*innen erste Erkenntnisse über die Bedeutung von Sprache im Mathematikunterricht gewinnen. In der zweiten Sitzung erfolgte die Vermittlung von Basiswissen zum Thema „Sprache im Mathematikunterricht“: Zusammenhang von sprachlicher Kompetenz und Mathematikleistung, Sprachregister, sprachliche Hürden in Textaufgaben, Rollen und Funktionen der Sprache, Mehrsprachigkeit, Scaffolding, sprachbewusste Methoden. In diesem Zusammenhang sollten sich die Studierenden mit dem Übersichtsartikel von Meyer und Prediger (2012) auseinandersetzen und eine Mind-Map zu den wichtigsten Inhalten erstellen (siehe Abbildung 7.1). Die Zusammenführung ergab eine gemeinsame Mind-Map, die in den kommenden Sitzungen jederzeit an der Tafel präsent war und stetig erweitert wurde. Dies sollte den Studierenden ermöglichen, den Überblick über das sehr breit gefächerte Thema zu behalten und neu Gelerntes schnell einzuordnen.

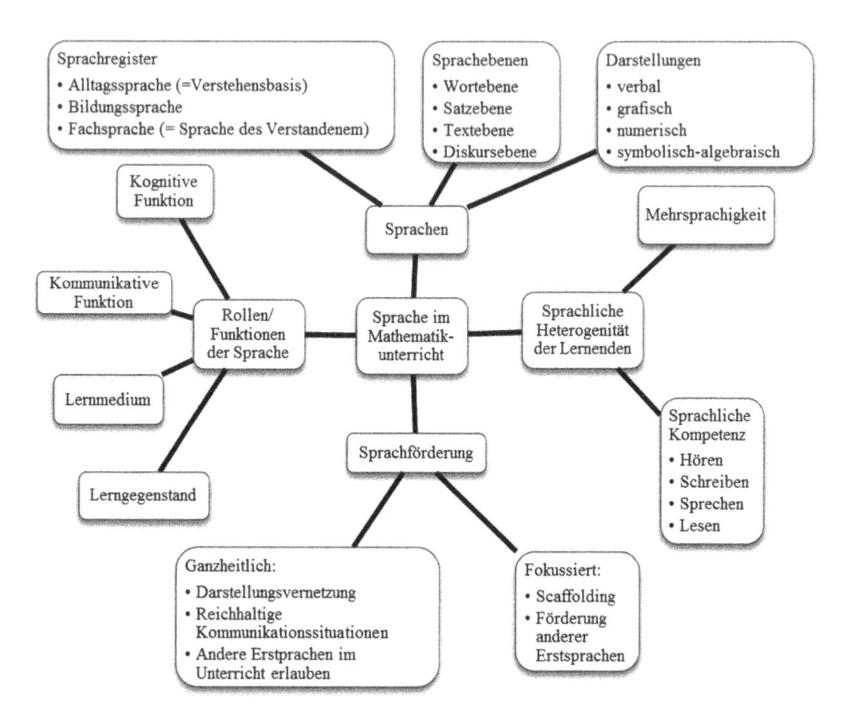

Abbildung 7.1 Beispiel einer Mind-Map aus der zweiten Sitzung

In den folgenden zwölf Seminarsitzungen erfolgte eine Vertiefung des Basiswissens aus der zweiten Sitzung insbesondere durch ein Wechselspiel zwischen theoretischem Input und Anwendung des Wissens an Praxisbeispielen. Die praxisbezogene Anwendung umfasste die Analyse von Videovignetten (Sitzung 3 und 12), Textvignetten (Sitzung 8 und 13), Schüler*innenlösungen (Sitzung 4 und 11), Schulbüchern (Sitzung 9), Textaufgaben (Sitzung 3, 4 und 5), sprachbewussten Unterrichtsideen (Sitzung 10) und die Entwicklung von sprachbewussten Handlungsoptionen zu bestimmten Unterrichtseinheiten oder -situationen (Sitzung 3 bis 5 und 7 bis 13). Die Analyse der Video- und Textvignetten erfolgte dabei in Anlehnung an die Kompetenzfacetten der professionellen Unterrichtswahrnehmung: Die Studierenden sollten beschreiben, was sie in einer Vignette beobachtet haben („Perception"), wie sie das Beobachtete interpretieren würden („Interpretation") und im Anschluss situative und planungsbezogene Handlungsoptionen entwickeln sowie diskutieren („Decision-Making"). In den ausgewählten Praxisbeispielen waren häufig sprachliche Mittel auf der Satzebene im Fokus, die eng mit einem wichtigen mathematischen Konzept verbunden sind. Der Fokus auf die Satzebene war zentral, da (angehende) Lehrkräfte erfahrungsbasiert leicht für Probleme auf der Wortebene, aber schwer für Probleme auf der Satzebene zu sensibilisieren sind (siehe Abschnitt 5.2). Die Verbindung zum zugrunde liegenden mathematischen Konzept war bedeutsam, da die kognitive Funktion von Sprache häufig unterschätzt und eher oder gar nur die kommunikative Funktion von Sprache gesehen wird (ebd.).

In den Sitzungen 3, 4 und 5 wurde vor allem das Wissen um die verschiedenen Sprachregister (siehe Abschnitt 3.2) und hinsichtlich potenzieller sprachlicher Hürden in Textaufgaben (siehe Abschnitt 3.3) vertieft und angewendet. In der sechsten Sitzung ging es fachunspezifisch um das Thema „Mehrsprachigkeit". Obwohl diese Kompetenzdimension nicht im Fokus der angestrebten Sensibilisierung stand, ist sie eine bedeutsame generische Kompetenz von Lehrkräften, die zumindest ansatzweise gefördert werden sollte. Außerdem forderten die Studierenden die Behandlung dieser Thematik explizit ein und verwendeten in den vorherigen Seminarsitzungen häufig Begriffe wie „DaZ" nicht immer adäquat und teils als Synonym für „leistungsschwach" oder „sprachlich schwach", sodass eine Thematisierung und kritische Reflexion dieses Begriffs im Kontext des Themas „Mehrsprachigkeit" notwendig erschien.

Im Mittelpunkt der Sitzungen 7 und 8 stand die Vertiefung und Anwendung des Wissens um die Rollen und Funktionen von Sprache im Mathematikunterricht (siehe Abschnitt 3.4) anhand eines Selbstversuchs (siehe auch Abschnitt 5.2) und einer Textvignette. Das Scaffolding (siehe Abschnitt 4.2) war Querschnittsthema aller Seminarsitzungen und zusätzlich zentrales Thema der Sitzungen 9 bis 14. Neben dem Baustein „Unterrichtsplanung" des Makro-Scaffolding-Ansatzes und dem Mikro-Scaffolding-Ansatz, die in fast jeder Sitzung durch die Entwicklung und Diskussion von planungsbezogenen und situativen Handlungsoptionen angesprochen wurden, galt Sitzung 9 explizit dem ersten Schritt des Makro-Scaffolding-Ansatzes, der Bedarfsanalyse (siehe Abschnitt 4.2.2). Die Studierenden analysierten hier das Kapitel eines Schulbuches im Hinblick auf Sprachmittel über die Schüler*innen verfügen müssen, damit fachliches Lernen möglich wird. Hierbei sollten Prioritäten auf bedeutungsbezogene Sprachmittel gesetzt werden.

7.4 Exemplarische Lerngelegenheit: Einsatz einer Textvignette zum Thema „Bedingte Wahrscheinlichkeit"

Im Folgenden wird eine ausgewählte Lerngelegenheit detailliert dargestellt, um exemplarisch zu verdeutlichen, wie das in Abschnitt 7.2 beschriebene Konzept der Lehrveranstaltung konkret umgesetzt wurde. Es handelt sich um die 13. Seminarsitzung, in der eine Textvignette zum Thema „Bedingte Wahrscheinlichkeit" eingesetzt wurde. Zunächst wird die didaktische Umsetzung der Lerngelegenheit beschrieben sowie begründet und im Anschluss erfolgt die inhaltliche Analyse der Textvignette.

Die in dieser Lerngelegenheit eingesetzte Textvignette wurde in Anlehnung an eine von mir erlebte, reale Unterrichtssituation erstellt. Der Einsatz der Textvignette basierte auf der Annahme, dass dadurch die professionelle Unterrichtswahrnehmung gefördert werden kann (siehe Abschnitt 2.2.4) und so die Transformation des neu erworbenen Wissens in Performanz positiv beeinflusst wird (siehe Abschnitt 2.1). Die Textvignette „Bedingte Wahrscheinlichkeit" erschien besonders geeignet, um zu thematisieren, dass sprachliche Handlungen zur mathematischen Kompetenz gehören. Anhand der Vignette konnte verdeutlicht werden, dass für die Förderung des konzeptuellen Verständnisses und der mathematischen Kompetenz „Kommunizieren" nicht nur die Wortebene und die Fachsprache im Mathematikunterricht explizit zu thematisieren sind, sondern auch die Satzebene und die bildungssprachliche Kompetenz eine wichtige Rolle spielen. Sprachbewusste Unterrichtsgestaltung war hier erforderlich, damit alle Schüler*innen das mathematische Konzept der bedingten Wahrscheinlichkeiten verstehen und erläutern konnten. Die Ziele dieser Lerngelegenheit lauteten wie folgt:

Die Studierenden können besser als zuvor…

- … anhand einer konkreten Unterrichtssituation (Textvignette) zum Thema „Bedingte Wahrscheinlichkeit" analysieren, welche Sprachmittel – insbesondere auf der Satzebene – beim Verstehen dieses Themas benötigt werden und beschreiben, welche Rolle diese Sprachmittel im Lernprozess spielen.
- … situative und planungsbezogene Handlungsoptionen zu der konkreten Unterrichtssituation (Textvignette) zum Thema „Bedingte Wahrscheinlichkeit" begründet entwickeln, welche die identifizierten Sprachmittel explizit thematisieren bzw. einüben.

Um diese Ziele erreichen zu können, benötigten die Studierenden Basiswissen über die verschiedenen Sprachregister und das Scaffolding, denn in der Lerngelegenheit mussten die Studierenden im Ansatz eine Bedarfsanalyse durchführen und Prinzipien der sprachbewussten Unterrichtsgestaltung anwenden. Folglich stellte diese Lerngelegenheit eine fachspezifische Vertiefung dieses Basiswissens dar, das bereits in den vorherigen Seminarsitzungen vermittelt worden war. Der Ablauf der Lerngelegenheit ist in Tabelle 7.2 dargestellt. Die Studierenden erhielten bereits vor der Seminarsitzung den Auftrag, das vorbereitende Arbeitsblatt zu der Textvignette „Bedingte Wahrscheinlichkeit" (siehe Abbildung 7.2) zu bearbeiten. Diese fachliche Vorbereitung erfolgte, um zu verhindern, dass in der Seminarsitzung mathematische Probleme den konzentrierten Blick auf die Bedeutung der Sprachmittel versperren. Außerdem hätte die Klärung eventueller Fragen zum fachlichen Inhalt (hier: „Bedingte Wahrscheinlichkeit") die zeitliche Planung negativ beeinflusst. In der Seminarsitzung erfolgte dann orientiert an den Kompetenzfacetten der professionellen Unterrichtswahrnehmung („Perception", „Interpretation", „Decision-Making") die Analyse der in der Textvignette dargestellten Unterrichtssituation und die Entwicklung von situativen sowie planungsbezogenen Handlungsoptionen, die entsprechend bei der erneuten Planung und Durchführung dieser Lerneinheit umgesetzt werden könnten. Die Textvignette sowie der zugehörige Arbeitsauftrag für die Studierenden ist in Abbildung 7.3 und 7.4 dargestellt.

Tabelle 7.2 Tabellarische Verlaufsplanung der Lerngelegenheit

Phase / Zeit	Ablauf / Arbeitsaufträge	Sozialform und Medien
Vorbereitender Arbeitsauftrag für die Studierenden	„Lösen Sie das vorbereitende Arbeitsblatt zu der Textvignette <Bedingte Wahrscheinlichkeit>, um Ihr fachliches Wissen zum Thema <Bedingte Wahrscheinlichkeit> für die nächste Sitzung zu aktivieren."	Vorbereitendes Arbeitsblatt zu der Textvignette „Bedingte Wahrscheinlichkeit"
Einstieg (ca. 5 Min.)	Die Textvignette „Bedingte Wahrscheinlichkeit" wird ausgeteilt. Die Studierenden lesen die Textvignette mit verteilten Rollen vor.	Plenum Textvignette „Bedingte Wahrscheinlichkeit"
Arbeitsphase I (ca. 20 Min.)	Die Studierenden bearbeiten Aufgabe 1 und 2 des Arbeitsauftrags zur Textvignette „Bedingte Wahrscheinlichkeit" in Gruppenarbeit.	Gruppenarbeit
Auswertung und Sicherung Arbeitsphase I (ca. 15 Min.)	Die Studierenden stellen ihre Ergebnisse der Arbeitsphase I mündlich vor und diskutieren diese. Die Dozentin moderiert und interveniert bei Bedarf, z.B. falls fachliche Inhalte nicht geklärt werden können.	Plenum
Input (5 Min.)	Die Dozentin hält einen kurzen wiederholenden Vortrag über mögliche Methoden zur Einübung von Sprachmitteln bzw. allgemeine Methoden des sprachbewussten Unterrichts, die für die nächste Phase genutzt werden können, aber nicht müssen.	Plenum
Arbeitsphase II (ca. 20 Min.)	Die Studierenden bearbeiten Aufgabe 3 in Gruppenarbeit. Jede Gruppe hält ihr Ergebnis auf einer OHP-Folie fest.	Gruppenarbeit OHP-Folien, OHP-Stifte
Auswertung und Sicherung Arbeitsphase II (ca. 20 Min.)	Die Gruppen stellen ihre Ergebnisse zu Aufgabe 3 mithilfe der OHP-Folien vor. Alle Studierenden diskutieren anschließend, inwiefern die vorgestellten Lerngelegenheiten lernförderlich sind und was eventuell ergänzt/ verändert werden könnte, um diese noch lernförderlicher zu gestalten. Die Dozentin verschafft sich vor dieser Phase einen Überblick über die Ergebnisse der Gruppen, um möglichst unterschiedliche gegenüberstellen zu können.	Plenum OHP

Im Folgenden soll das Potenzial der Lerngelegenheit erläutert werden, indem auf die einzelnen Arbeitsaufträge zu der Textvignette „Bedingte Wahrscheinlichkeit" (siehe Abbildung 7.3 und 7.4) eingegangen wird.

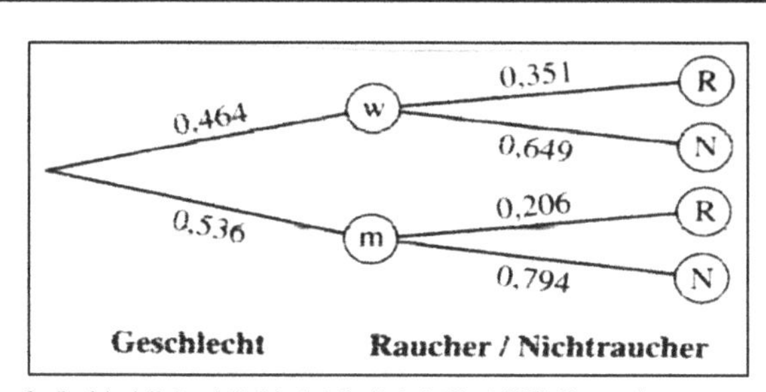

Quelle: Griesel, H., Postel, H., Suhr, F. & Gundlach, A. (Hrsg.) (2006). Elemente der Mathematik. Leistungskurs Stochastik. Hannover: Schroedel. S. 64

In dem dargestellten Baumdiagramm sind Informationen einer Umfrage der DAK zum Thema „Rauchen" enthalten.

a) **Ermitteln Sie** die Wahrscheinlichkeiten für die Vierfeldertafel und das umgedrehte Baumdiagramm. Geben Sie die Wahrscheinlichkeiten als Dezimalzahlen an.
b) **Formulieren Sie** jeweils einen Zeitungsartikel zu den beiden Baumdiagrammen.

	Männlich	Weiblich	Gesamt
Raucher			
Nichtraucher			
Gesamt			1

Abbildung 7.2 Vorbereitendes Arbeitsblatt zu der Textvignette „Bedingte Wahrscheinlichkeit"

In Aufgabe 1 geht es zum einen um die Analyse der Unterrichtssituation und zum anderen um die Interpretation der Schüleräußerungen. In Bezug auf die Analyse der Unterrichtssituation ist zunächst die didaktische Gestaltung des Arbeitsblattes für die Schüler*innen (siehe Abbildung 7.2) zu betrachten. Hinsichtlich der hier infrage stehenden sprachbewussten Unterrichtsgestaltung fällt positiv auf, dass ein Schreibanlass gegeben wird. Dabei soll die grafische Darstellung der Studie zum Thema „Rauchen" in Form eines Baumdiagrammes mit der verbalen Darstellung in Form eines Zeitungsartikels vernetzt werden. Hier zeigt sich ein Bezug zum mathematikdidaktischen Konzept der Darstellungsvernetzung (Duval 2006), das auch im Kontext der sprachbewussten Unterrichtsgestaltung häufig aufgegriffen wird (siehe Abschnitt 3.4). Durch die Initiierung des Darstellungswechsels wird hier ein Beitrag zur Sprachförderung und zum Verstehen des fachlichen Inhalts geleistet. Des Weiteren ist dieser Aufgabenteil so angelegt, dass die mathematische Kompetenz „Kommunizieren" gefördert werden kann.

Textvignette „Bedingte Wahrscheinlichkeit"

*Die Schüler*innen haben sich bereits in den vorherigen Stunden mit der bedingten Wahrscheinlichkeit beschäftigt. Dabei lag der Fokus darauf, aus Zeitungsartikeln Baumdiagramme zu erstellen. In der Stunde, die hier betrachtet wird, sollen die Schüler*innen nun u.a. aus einem gegebenen Baumdiagramm einen Zeitungsartikel verfassen.*
*Nach der Bearbeitung des Arbeitsblattes in Gruppen erfolgt die Auswertungsphase im Plenum. Die Lehrkraft bespricht zunächst die Ergebnisse zum Aufgabenteil a). Hierfür erfragt sie die einzelnen Wahrscheinlichkeiten der beiden Baumdiagramme und fordert von den Schüler*innen eine Begründung für die Lösung ein. Im Anschluss ereignet sich folgende Situation zu Aufgabenteil b):*

1	Lehrkraft	Okay, wer kann mal vorlesen, was er oder sie zu dem ersten Baumdiagramm geschrieben hat? Sinem!
2	Sinem	Die DAK hat bei ihren Kunden eine Umfrage gemacht zum Thema Rauchen. Von den Männern, die 53,6 Prozent ausmachen, rauchen 79,4 Prozent. Von den Frauen allerdings nur 35,1 Prozent.
3	Lehrkraft	Super, wer noch? Am besten nochmal einen Text mit anderen Wahrscheinlichkeiten aus dem Baumdiagramm. Meret!
4	Meret	Es gibt 46,4 Prozent Frauen. Die Wahrscheinlichkeit, dass eine Frau nicht raucht, liegt bei 30,11 Prozent. Bei den Männern sind das 42,56 Prozent.
5		*Rengin meldet sich.*
6	Lehrkraft	Ja, Rengin!
7	Rengin	Das ist falsch! Entweder nimmst du das dahinten und dann musst du aber halt auch sagen, dass es ALLE sind oder lässt es so und nimmst diese geteilten Zahlen.
8	Meret	Hä? Das ist doch völlig egal!

Abbildung 7.3 Textvignette „Bedingte Wahrscheinlichkeit"

Im Rahmen der Analyse der Unterrichtssituation kann auch die Beschreibung des Unterrichtsverlaufs thematisiert werden, die in der Textvignette vor dem Transkript steht (siehe Abbildung 7.3). Demnach fordert die Lehrkraft bei der Besprechung von Aufgabenteil a) – also der Darstellung der Wahrscheinlichkeiten im Baumdiagramm – von den Schüler*innen eine Begründung für die Lösung ein. Hinsichtlich einer sprachbewussten Unterrichtsgestaltung wird also ein Anlass zur mündlichen Sprachproduktion gegeben. Im Unterschied dazu fordert die Lehrkraft bei der Besprechung von Aufgabenteil b) keine Begründung für die Formulierungen im Zeitungsartikel ein. Die Einforderung der Begründung hätte an dieser Stelle jedoch hilfreich sein können, um die geforderten Sprachmittel noch expliziter zum Lerngegenstand zu machen. In diesem Kontext können mit den Studierenden auch Vermutungen diskutiert werden, warum die Lehrkraft wohl in der einen Situation Begründungen von den Schüler*innen einfordert, in der anderen jedoch nicht.

Bei der Interpretation der Schüleräußerungen der Textvignette kann festgestellt werden, dass Sinems Äußerung fachlich nur zum Teil korrekt ist. Sie verwendet zwar eine angemessene Formulierung zur Beschreibung des mathematischen Sachverhalts, ihr unterläuft allerdings ein Fehler: Sie wählt die bedingte Wahrscheinlichkeit P_{Mann}(Nicht-Raucher) aus, spricht aber von den Männern, die rauchen, statt von denen, die nicht rauchen. Dies könnte ein Flüchtigkeitsfehler beim Lesen des Baumdiagrammes sein. Eine solche Interpretation liegt nahe, da sie die anderen Angaben korrekt in die Äußerung einbaut (Anteil der Männer und Anteil der Frauen, die rauchen). Wie aus der Textvignette deutlich wird, geht die Lehrkraft nicht auf den Fehler von Sinem ein. Es kann nur vermutet werden, dass der Fehler entweder nicht erkannt wird oder aus den oben genannten Gründen nicht als so wichtig erachtet wird, dass er mit der ganzen Klasse thematisiert werden müsste.

Die Textvignette „Bedingte Wahrscheinlichkeit" beschreibt eine Unterrichtssituation, in der Schüler*innen einer 10. Klasse über ihre Lösungen zu dem Arbeitsblatt zum Thema „Bedingte Wahrscheinlichkeiten" diskutieren. Es handelt sich hier um das Arbeitsblatt, welches Sie als Vorbereitung zu der heutigen Seminarsitzung lösen sollten. Die Lösung zu Aufgabenteil a) ist unten abgebildet.

Bearbeiten Sie die folgenden Aufgaben zu dieser Textvignette:

1. **Interpretieren Sie** die Beschreibung und die Schüleräußerungen der Unterrichtssituation, die in der Textvignette „Bedingte Wahrscheinlichkeit" dargestellt ist.

2. Stellen Sie sich vor, dass Sie die Lehrkraft in dem Beispiel der Unterrichtssituation wären. **Entwickeln Sie** eine Handlungsoption für die Lehrkraft für die beschriebene Situation.

3. Stellen Sie sich vor, dass Sie die Lehrkraft sind und die Unterrichtseinheit zu bedingten Wahrscheinlichkeiten neu planen würden. **Entwickeln Sie** eine konkrete Lerngelegenheit für die Einübung / Thematisierung der relevanten Sprachmittel beim Thema „Bedingte Wahrscheinlichkeit".

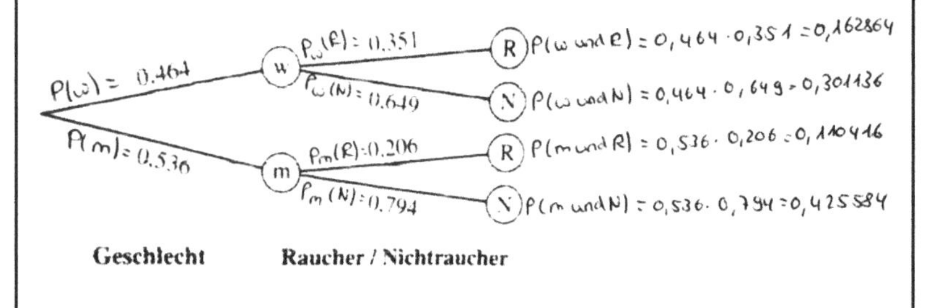

Abbildung 7.4 Arbeitsauftrag zur Textvignette „Bedingte Wahrscheinlichkeit"

Merets Lösungsversuch ist inhaltlich – bis auf den ersten Teil: „*Es gibt 46,4 % Frauen*" – nicht korrekt. Die in ihrer Äußerung enthaltenden Prozentangaben werden falsch interpretiert: als bedingte Wahrscheinlichkeiten statt als Pfadwahrscheinlichkeiten mit Bezug zu der gesamten Gruppe der Befragten. Fachlich korrekt wäre beispielsweise gewesen: „*Die Wahrscheinlichkeit, dass eine zufällig ausgewählte Person der Befragung eine Frau ist und nicht raucht, liegt bei 30,11 %. Die Wahrscheinlichkeit dafür, dass eine zufällig ausgewählte Person der Befragung ein Mann ist und nicht raucht, liegt bei 42,56 %.*" Oder „*Die Wahrscheinlichkeit, dass eine Frau nicht raucht, liegt bei 64,9 %. Bei den Männern sind das 79,4 %.*". Die Äußerung von Meret kann ein Hinweis darauf sein, dass sie noch nicht über das konzeptuelle Verständnis der bedingten Wahrscheinlichkeit verfügt, also bedingte Wahrscheinlichkeiten nicht von Pfadwahrscheinlichkeiten unterscheiden kann. Der bedeutungsbezogene Sprachschatz (siehe Abschnitt 4.2.3) scheint zwar in dem Sinne vorhanden zu sein, als dass sie Satzbausteine für die Interpretation eines solchen Baumdiagramms nennen, diese aber nicht fachlich korrekt verwenden kann. Auch ihre Aussage in Zeile 8 deutet daraufhin, dass ihr die Verbindung der Sprachmittel zum Baumdiagramm bzw. das mathematische Konzept „Bedingte Wahrscheinlichkeit" nicht klar ist. Die Verbindung gestaltet sich hier auf der Satzebene, indem sprachlich entweder ein Bezug zur gesamten Gruppe der Befragten oder zur Teilgruppe „Frauen" hergestellt wird. Anhand von Merets Äußerung kann der Artikel von Gürsoy et al. (2013) erkenntnisleitend aufgegriffen werden. Der Beitrag thematisiert sprachliche und konzeptuelle Hürden in Prüfungsaufgaben zur Mathematik und war in dem durchgeführten Seminar der vorliegenden Studie bereits in den Sitzungen 2 bis 4 thematisiert worden.

In der Textvignette ist außerdem ersichtlich, dass Rengin den Fehler von Meret erkannt hat. Rengin hat folglich vermutlich das fachliche Konzept der bedingten Wahrscheinlichkeiten gut verstanden. Allerdings ist ihre Aussage konzeptuell mündlich, sodass es vermutlich den anderen Schüler*innen schwer fällt, ihrer Aussage zu folgen und nachzuvollziehen, worauf sie mit *„das dahinten"* – einem deiktischen Mittel – verweist. Offen bleibt, ob Rengin in der Lage wäre, ihre Aussage konzeptuell schriftlich zu formulieren.

Im zweiten Arbeitsauftrag zu der Textvignette „Bedingte Wahrscheinlichkeit" (siehe Abbildung 7.3) geht es um die Entwicklung von Handlungsoptionen in der geschilderten Unterrichtssituation. In einer Auswahl aus der Vielzahl von Handlungsmöglichkeiten sollten solche Handlungsoptionen entwickelt werden, die klären, woran sprachlich erkennbar ist, ob die bedingte Wahrscheinlichkeit oder die Pfadwahrscheinlichkeit formuliert wird und worin der inhaltliche Unterschied besteht. Die von Sinem und Meret mündlich vorgetragenen Zeitungsartikel (Arbeitsergebnis zu Aufgabenteil b, siehe Abbildung 7.2) sollten von der Lehrkraft an der Tafel notiert werden, damit die Aussagen bewusst und fokussiert mit der ganzen Klasse diskutiert werden können und so eine Förderung der mathematischen Kompetenz „Kommunizieren" initiiert wird. Es ist davon auszugehen, dass die Schüler*innen die Unterschiede in den Formulierungen von Sinem und Meret nicht wahrnehmen bzw. nicht genauer untersuchen sowie begründet bewerten können, wenn diese nur mündlich vorliegen. Vor der Durchführung der hier beschriebenen Lerngelegenheit wurde vermutet, dass viele Studierende diese Handlungsoption in der Seminarsitzung vorschlagen würden. Tatsächlich wurde diese Art der expliziten Thematisierung der genutzten Sprachmittel kaum entwickelt und die Option musste von der Dozentin ergänzt werden. Wenn die formulierten Zeitungsartikel von Sinem und Meret an der Tafel schriftlich festgehalten werden, kann Merets Formulierung von anderen Schüler*innen begründet korrigiert werden. Auch dies sollte schriftlich an der Tafel festgehalten werden. Merets Satz könnte zusätzlich als Satz für die bedingte Wahrscheinlichkeit übernommen werden („*Die Wahrscheinlichkeit, dass eine Frau nicht raucht, liegt bei 64,9 %. Bei den Männern sind das 79,4 %.*“), sodass Meret sieht, dass dieser sprachlich angemessen war, aber nicht zu den gewählten Wahrscheinlichkeiten passte. Mit Schüler*innen wie Meret müsste auf der Ebene des bedeutungsbezogenen Sprachschatzes gearbeitet werden, damit diese das Konzept „Bedingte Wahrscheinlichkeiten“ verstehen. Dabei könnte eine Darstellungsvernetzung zwischen dem Baumdiagramm, der verbalen Darstellung und der bildlichen Darstellung helfen, zum Beispiel mit Mengen. Statt die bildliche Darstellung zu nutzen, könnte auch die Schulklasse selbst mit angepassten Wahrscheinlichkeiten, gemäß den Faktoren „Geschlecht“ und „Raucher/Nicht-Raucher“ passend zum Baumdiagramm eingeteilt werden, um so den Unterschied zwischen den bedingten Wahrscheinlichkeiten und den Pfadwahrscheinlichkeiten enaktiv zu verdeutlichen. Des Weiteren könnte speziell in Bezug auf Rengins Äußerung in der Textvignette eine Handlungsoption entwickelt werden. Rengin könnte etwa aufgefordert werden, ihre Erklärung so sprachlich zu präzisieren, dass alle Schüler*innen ihrem guten Beitrag inhaltlich besser folgen können. Eine andere Option wäre sie aufzufordern, ihre Begründung am Baumdiagramm zu verdeutlichen, sodass sie die Visualisierung als Hilfsmittel für ihre sprachliche Äußerung nutzen kann. Zudem könnte so überprüft werden, ob Rengin noch Unterstützung braucht, um konzeptuell schriftlich argumentieren und kommunizieren zu können.

Neben den situativen Handlungsoptionen in der Unterrichtssituation sollten im dritten Arbeitsauftrag zu der Textvignette „Bedingte Wahrscheinlichkeit“ (siehe Abbildung 7.3) auch planungsbezogene Handlungsoptionen entwickelt werden. Im Folgenden werden mögliche planungsbezogene Handlungsoptionen für die Einübung bzw. Thematisierung der relevanten Sprachmittel beim Thema „Bedingte Wahrscheinlichkeiten“ erläutert. So könnte die Lehrkraft ein Arbeitsblatt zu bedingten Wahrscheinlichkeiten entwickeln, das nach dem Prinzip der Formulierungsvariation (siehe Abschnitt 4.2.5) gestaltet ist. Dabei könnte sich zum Beispiel die Äußerung von Meret („*Die Wahrscheinlichkeit, dass eine Frau nicht raucht*“) eignen, um sie der Aussage „*Die Wahrscheinlichkeit, dass eine zufällig ausgewählte Person der Befragung eine Frau ist und nicht raucht*“ gegenüberzustellen. Eine andere Handlungsoption wäre die Erstellung eines Sprachspeichers (siehe Abschnitt 4.2.5) zur Unterrichtseinheit. Dabei erscheint die visuelle Verortung der Sprachmittel an einem Baumdiagramm als geeignetes Vorgehen. Im Zusammenhang mit dem Sprachspeicher oder auch unabhängig davon könnte eine Sammlung von verschiedenen Formulierungen zu bedingten Wahrscheinlichkeiten und Pfadwahrscheinlichkeiten mithilfe des Schulbuches und/oder bereits ausgegebener Arbeitsblätter (siehe beispielsweise Meyer und Prediger 2012) eine geeignete Lerngelegenheit für Schüler*innen darstellen. Insgesamt betrachtet können alle Handlungsmöglichkeiten lernförderlich in Bezug auf die Einübung der bei dem Thema „Bedingte Wahrscheinlichkeit" benötigten Sprachmittel sein, die Kommunikations- und Argumentationsanlässe und Darstellungsvernetzungen unter Einbezug der verbalen Darstellung initiieren. In der Konzeption und Durchführung dieser 13. Seminarsitzung war ein wichtiger Aspekt, dass die entwickelten Handlungsoptionen im Anschluss an die Sammlungsphase im Hinblick auf Chancen und Grenzen mit den Studierenden diskutiert wurden. Ziel war es zu verdeutlichen, dass Lehrkräfte in der Umsetzung darauf achten müssen, dass Satzbausteine nicht von den Schüler*innen „auswendig gelernt werden". Vielmehr sollen mit den Schüler*innen die Sprachmittel, die für den speziellen fachlichen Inhalt benötigt werden, gemeinsam erarbeitet und reflektiert werden. Außerdem sollte stets eine Vernetzung mit anderen Darstellungen des fachlichen Inhalts erfolgen: bildlich (hier: Baumdiagramm), tabellarisch (hier: Vierfeldertafel) und symbolisch-algebraisch, sodass Sprache und Mathematik nie getrennt gedacht werden. Nur so kann ermöglicht werden, dass die mathematische Kompetenz „Kommunizieren" gefördert und mathematische Inhalte – hier „Bedingte Wahrscheinlichkeit" – verstanden werden.

Teil III
Methodologischer und methodischer Ansatz

Methodologie und Methodisches Vorgehen

8

Im Folgenden werden die methodologischen und methodischen Entscheidungen der Studie dargestellt und unter Bezug auf die in Kapitel 6 formulierten Forschungsfragen begründet. Zunächst erfolgt die qualitative Verortung der vorliegenden Studie (Abschnitt 8.1). Im Anschluss wird das Prä-Post-Design der Studie erläutert (Abschnitt 8.2). Sodann folgt die Beschreibung und die Analyse der Stichprobe (Abschnitt 8.3) und der Erhebungsinstrumente (Abschnitt 8.4). Abschließend wird das Vorgehen der Datenauswertung anhand der qualitativen Inhaltsanalyse theoretisch und anhand der entwickelten Kategoriensysteme begründet dargestellt (Abschnitt 8.5). Eine Diskussion zur Angemessenheit der Methoden sowie zur Qualität der Studie ist integrativer Bestandteil der einzelnen Kapitel.

8.1 Methodologische Verortung der Studie

Die vorliegende Studie wird in der qualitativen Forschung verortet. Im Weiteren wird diese Verortung begründet, indem die Charakteristika qualitativer und quantitativer Forschung dargestellt und die Forschungsfragen damit in Bezug gesetzt werden. Dabei gehe ich davon aus, dass sowohl quantitative als auch qualitative Forschungsmethoden und Analyseverfahren Potenziale und Grenzen aufweisen. Daher ist allein die Passung zum Forschungsvorhaben ausschlaggebend für eine sinnvolle methodologische Verortung.

Elektronisches Zusatzmaterial Die elektronische Version dieses Kapitels enthält Zusatzmaterial, das berechtigten Benutzern zur Verfügung steht https://doi.org/10.1007/978-3-658-33505-2_8.

N. Krosanke, *Entwicklung der professionellen Kompetenz von Mathematiklehramtsstudierenden zur Bedeutung von Sprache*, Perspektiven der Mathematikdidaktik, https://doi.org/10.1007/978-3-658-33505-2_8

In der quantitativen Forschung werden „Fragestellungen und Hypothesen aus theoretischen Modellen [abgeleitet] und an der Empirie [überprüft]“ (Flick 2011, S. 23). Die Standardisierung der Datenerhebung bei einer großen, repräsentativen Stichprobe sowie die Auswertung der Daten mit statistischen Verfahren sollen dabei Objektivität und Reliabilität gewährleisten. Das Ziel ist es, Aussagen über Ursache-Wirkungs-Zusammenhänge zu generieren, die möglichst generalisierbar sind. Die quantitative Forschung geht hierbei allerdings von einer Objektivität und Isolierbarkeit einzelner Variablen aus, die so nicht immer gegeben ist. Sie hat dadurch einen eingeschränkten Blick auf den Forschungsgegenstand, sodass andere Sichtweisen möglicherweise unberücksichtigt bleiben (Flick 2011). Die Forschungsfragen der vorliegenden Studie beziehen sich auf Gebiete, die noch nicht hinreichend untersucht worden sind. Insbesondere die professionelle Unterrichtswahrnehmung von Lehrkräften mit einem spezifischen Fokus auf der Bedeutung von Sprache beim fachlichen Lernen und Lehren im Mathematikunterricht ist ein noch wenig erforschtes Feld. Vor der Datenerhebung war es daher nicht möglich, Hypothesen darüber aufzustellen, welche Aspekte die Studierenden in der Videovignette wahrnehmen, wie sie Ereignisse thematisieren und wie sich dies nach der Teilnahme an dem speziell konzipierten Seminar ändern wird. Daher erschien die Anwendung standardisierter quantitativer Verfahren dem Untersuchungsgegenstand nicht angemessen. Folglich wurde für das Vorhaben der vorliegenden Studie eine offene, explorative Forschungsstrategie der qualitativen Forschung gewählt. Nachstehend werden die Kriterien und das Potenzial qualitativer Forschung erläutert.

Im Unterschied zur quantitativen Forschung zeichnet sich die qualitative Forschung durch „die Gegenstandsangemessenheit von Methoden und Theorien, die Berücksichtigung und Analyse unterschiedlicher Perspektiven sowie [die] Reflexion des Forschers über die Forschung als Teil der Erkenntnis“ (Flick 2011, S. 26) aus. Während die quantitative Forschung bei kleinen Stichproben und komplexen Forschungsgegenständen, bei denen es schwierig ist, ursächliche Merkmale zu identifizieren und isolieren, an ihre Grenzen stößt, tritt hier die Stärke qualitativer Verfahren zutage. Letztere zeichnen sich insbesondere durch die Offenheit sowie Flexibilität im methodischen Vorgehen und gegenüber dem Forschungsgegenstand aus, sodass dessen Komplexität angemessen erfasst werden kann (Lamnek 2005). Das Ziel qualitativer Sozialforschung besteht darin, die Welt aus der Sicht der Betroffenen wahrzunehmen und somit die geltenden Sinn- und Bedeutungszusammenhänge des zu analysierenden Feldes zu betrachten (Heinze 2001). In der vorliegenden Studie spiegelt sich diese Zielsetzung darin, dass die Sichtweisen der Studierenden auf die im Interview eingesetzte Videovignette und Textaufgabe erfasst werden sollten. Dabei wurde die Auswertung durch das Wissen zu bestehenden Konzepten und durch Erkenntnisse zur professionellen Unterrichtswahrnehmung beeinflusst. Dieser Einfluss von theoretischem Wissen der Forschenden ist bei qualitativer Forschung ungeachtet des Kriteriums der Offenheit und des Verzichts auf Hypothesenbildung legitim (Flick 2011). In Bezug auf die Aufgabenbereiche qualitativer Forschung nach Mayring (2015, S. 22–25) kann die vorliegende Studie vorrangig als Vertiefungsstudie betrachtet werden. Sie stellt eine Vertiefung bisheriger Studien dar, weil sie an Arbeiten zur professionellen Unterrichtswahrnehmung (siehe Abschnitt 2.2) anknüpft, aber der Fokus auf die in diesem Kontext bisher unberücksichtigte Bedeutung von Sprache im Mathematikunterricht gelegt wird.

In Bezug auf die Aussagekraft qualitativer Studien bedeutet die Wahl eines qualitativen Ansatzes auf der Grundlage einer vergleichsweise kleinen Stichprobe nicht per se den Verzicht auf die Möglichkeit der Generalisierung (Reichertz 2014). Allerdings ist die Verallgemeinerbarkeit sicherlich eingeschränkt, was gerade im vorliegenden Fall aber auch schon in der Komplexität des Forschungsgegenstandes begründet ist. Ähnlich sind auch quantifizierende Aussagen in der qualitativen Analyse keineswegs ausgeschlossen, insbesondere dann nicht, wenn es sich um Verfahren wie das der Typenbildung oder die Angabe simpler Maßzahlen, wie beispielsweise Prozentangaben, handelt (Lamnek 1995 zit. n. Schwarz 2011). In der vorliegenden Studie waren die Typenbildung und neben qualitativen auch einfache quantifizierende Vergleiche zwischen den Studierenden der Prä- und Post-Erhebung explizites Ziel der Datenanalyse. Unter Rekurs auf Lamnek erscheint folglich eine Verortung im Bereich der qualitativen Empirie schlüssig, auch wenn einzelne Charakteristika quantitativer Studien zum Tragen kommen.

8.2 Design der Studie

Das primäre Ziel der vorliegenden Studie war es, eventuelle Kompetenzzuwächse in der Analyse von Textaufgaben und in der professionellen Unterrichtswahrnehmung – insbesondere in Bezug auf die Bedeutung von Sprache beim fachlichen Lernen und Lehren – nach der Seminarteilnahme (siehe Kapitel 7) in den Äußerungen der Studierenden zu identifizieren. Folglich war ein fallanalytisch orientiertes Prä-Post-Design erforderlich, um mögliche Veränderungen erfassen zu können. Die Studie kann daher als eine vorwiegend explorativ-deskriptive Längsschnittstudie und zugleich auch als Interventionsstudie ohne Kontrollgruppe bezeichnet werden.

Abbildung 8.1 veranschaulicht das Design der Studie im zeitlichen Verlauf. Im Rahmen einer Vorstudie wurde das neu konzipierte Seminar im Wintersemester

2015/16 erstmals durchgeführt und auf Basis der gesammelten Erfahrungen sowie der Rückmeldungen der Studierenden per Lerntagebuch (siehe Abschnitt 7.3) weiterentwickelt. Im Anschluss erfolgte die Konzeption, Erprobung und Überarbeitung der Methoden zur Erhebung der Daten. Aufgrund des jährlichen Turnus der Lehrveranstaltung konnte das Seminar erst im Wintersemester 2016/17 erneut angeboten werden. Diese Intervention war Teil der Hauptstudie, die durch die Prä- und Post-Erhebung zeitlich gerahmt war.

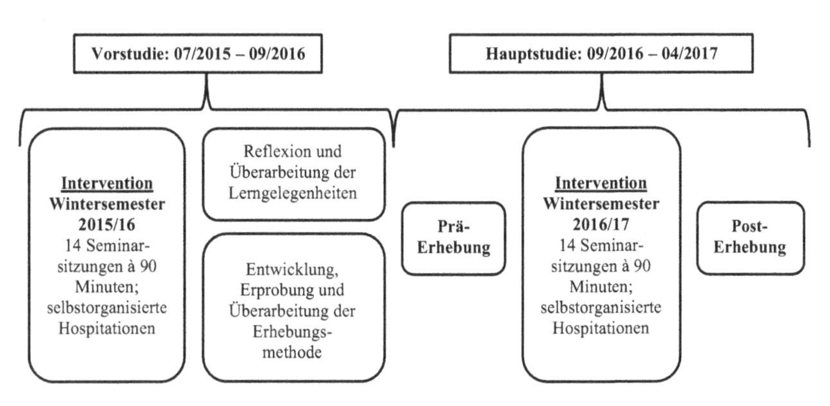

Abbildung 8.1 Design der Studie

8.3 Beschreibung der Stichprobe

Die Stichprobe der Studie umfasste 20 Studierende, die an der Lehrveranstaltung (siehe Kapitel 7) im Wintersemester 2016/17 teilgenommen haben. Hierbei handelte es sich um Studierende des Lehramts für Gymnasien und um Studierende des Lehramts der Primar- und Sekundarstufe I mit dem Fach Mathematik, die sich im ersten Semester des Masterstudiengangs befanden. Diese Merkmale der Teilnehmenden wurden, wie bereits in Abschnitt 7.1 begründet, gezielt durch die Modulauswahl und Seminarbezeichnung gesteuert. Im Folgenden werden weitere Besonderheiten der Stichprobe beschrieben, die in der Auswertung als mögliche Einflussfaktoren auf die Realisation der Zielsetzung des Seminars („Sensibilisierung von angehenden Mathematiklehrkräften für die Bedeutung von Sprache beim fachlichen Lernen und Lehren im Mathematikunterricht") untersucht worden sind.

Von den 20 Befragten waren 14 weiblich und sechs männlich, davon studierten sieben im Masterstudiengang „Lehramt an Gymnasien“ und 13 im Masterstudiengang „Lehramt für Primar- und Sekundarstufe I“. Die untersuchte Studierendengruppe entspricht damit etwa den Anteilen der Studiengänge im Rahmen der Lehrer*innenausbildung an der Universität Hamburg. Jeweils etwa ein Viertel der Teilnehmenden studierte neben dem Erstfach Mathematik im Zweitfach ein sprachliches Fach, ein gesellschaftswissenschaftliches bzw. philosophisches Fach oder eine Naturwissenschaft. Drei Teilnehmer*innen studierten im Zweitfach Musik, bei einer Studierenden war Sport das zweite Fach. Das gewählte zweite Fach wurde erhoben, um den etwaigen Einfluss eines sprachlich fokussierten Faches mit zu berücksichtigen. Ebenso wurden biografische Angaben erhoben, um diesbezügliche Einflüsse auf die Interviewaussagen in die Auswertung einbeziehen zu können. So hatten zwei der befragten Studierende einen familiären Migrationshintergrund, waren in Deutschland geboren und mehrsprachig aufgewachsen.

Neben persönlichen Hintergrundinformationen wurden Aussagen zu erinnerten Lerngelegenheiten im Kontext der Fragestellung der Arbeit bzw. im Kontext der Zielsetzung der Untersuchung erhoben. Intention war es hier, Lerngelegenheiten zu berücksichtigen die die Prä- und Post-Erhebung beeinflussen könnten. 15 der befragten Studierenden gaben an, bis dato keine Lerngelegenheiten zum Thema „DaZ“ oder „sprachbewusster Fachunterricht“ gehabt zu haben. Drei der Befragten hatten zuvor freiwillig ein Seminar zum Thema „Deutsch als Zweitsprache“ besucht und eine Studierende ein Seminar zum Umgang mit sprachlicher Heterogenität im Sachunterricht. Nach Aussagen der Studierenden wurden in beiden Lehrveranstaltungen die Sprachregister (Abschnitt 3.2) und das Scaffolding (Abschnitt 4.2.1) thematisiert. Interessant ist, dass nur eine/r der 13 Studierenden des Lehramts der Primar- und Sekundarstufe I das fachdidaktische Grundlagenstudium Sprache (12 LP) als Lerngelegenheit benannte, obwohl alle Studierenden in diesem Studiengang dieses Modul absolviert hatten.

Im ersten Mastersemester war für die Studierenden parallel zu dem beforschten Seminar das Modul „Weiterführung der Fachdidaktik“ verpflichtend. Obwohl hier keine/r der Befragten eine Lerngelegenheit zum Thema „Sprache im Mathematikunterricht“ konstatierte, wurde das besuchte Seminar erhoben, um einem möglichen Einfluss auf die Interviewaussagen nachgehen zu können. Fünf Studierende gaben an, parallel ein Seminar besucht zu haben, das Fehler im Mathematikunterricht thematisierte, vier der Befragten hatten sich in ihrem Seminar mit dem mathematischen Modellieren befasst und neun Studierende besuchten ein inhaltlich breit gefächertes Seminar zur Vertiefung ihres fachdidaktischen Wissens. Zwei der Proband*innen absolvierten dieses Modul erst ein Semester nach der Datenerhebung.

Da es sich bei dem untersuchten Seminar um ein Wahlseminar innerhalb eines pädagogischen Moduls handelt, könnte vermutet werden, dass die Stichprobe in Bezug auf das Interesse der Studierenden an dem Thema „Sprache im Mathematikunterricht“ positiv verzerrt war. Eine Befragung der Studierenden in der ersten Sitzung ergab allerdings, dass nur für acht der 20 Studierenden das inhaltliche Interesse ausschlaggebend war. Für die anderen waren der Zeitslot, der Bezug zum Fach Mathematik oder die Peergroup die entscheidenden Kriterien für die Seminarwahl.

8.4 Darstellung und Diskussion der Erhebungsinstrumente

In der vorliegenden Studie kamen folgende Erhebungsinstrumente zum Einsatz: leitfadengestützte Interviews, eine Videovignette und eine Textaufgabe, die in der Vignette von zwei Schülerinnen bearbeitet wird. Diese Instrumente werden nun im Kontext der Forschungsfragen näher erläutert. Zunächst wird die Entwicklung der eingesetzten Videovignette beschrieben, um anhand der Erstellungs-Kriterien die Qualität der Vignette zu verdeutlichen (Abschnitt 8.4.1). Es folgen die Analysen des Videos und der Textaufgabe (Abschnitt 8.4.2 und 8.4.3). Hierdurch wird ein erster Überblick darüber gegeben, was in der Textaufgabe und der Videovignette potenziell wahrgenommen werden konnte. Im Anschluss werden der Einsatz der Vignette sowie der Aufbau des Interviewleitfadens beschrieben und begründet (Abschnitt 8.4.4), da in der videobasierten Forschung Videovignetten auf sehr unterschiedliche Weise eingesetzt werden (siehe Abschnitt 2.2.2).

8.4.1 Entwicklung der Videovignette

Für die Erhebung der professionellen Unterrichtswahrnehmung ist der Einsatz von Videovignetten ein etabliertes Instrument (siehe Abschnitt 2.2.2). In der vorliegenden Studie wurde für die Datenerhebung eine authentische Videovignette entwickelt und eingesetzt. Der Vorteil von authentischen gegenüber gestellten Videovignetten besteht darin, dass diese vermutlich als realistischer wahrgenommen werden. Ein Nachteil authentischer Videoaufnahmen kann darin gesehen werden, dass je nach Planung und Durchführung eine große Anzahl an Unterrichtsstunden gefilmt werden muss, um Sequenzen auswählen zu können, die sich als Ausgangspunkt für interessante Interpretationen und für die Entwicklung situativer und planungsbezogener Handlungsoptionen eignen. Bei geskripteten Videos kann hier leichter auf die aus der Theorie des Untersuchungsgegenstands abgeleiteten Aspekte in der Videovignette fokussiert werden. Im Folgenden soll anhand der Entwicklungsschritte der in dieser Studie verwendeten Videovignette (siehe Abbildung 8.2) verdeutlicht werden, wie durch die kriterienbasierte Auswahl dessen, was und wie gefilmt werden sollte, der angestrebte Fokus beim Dreh der authentischen Videovignette verwirklicht wurde.

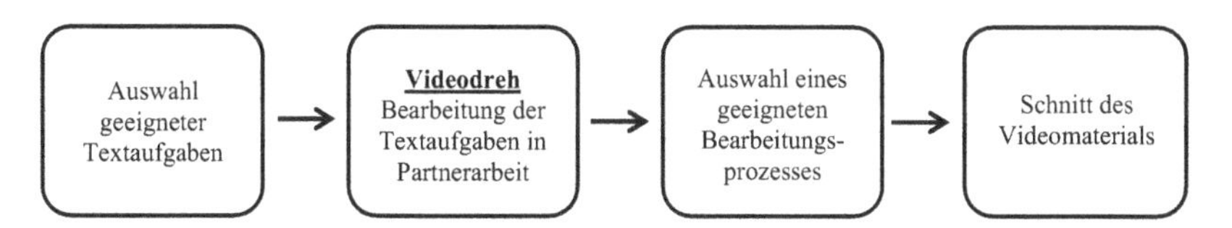

Abbildung 8.2 Entwicklungsschritte der Videovignette

Die Auswahl einer geeigneten Textaufgabe erfolgte anhand verschiedener Kriterien. Sie sollte erstens aus einem Schulbuch oder einer standardisierten Kompetenzmessung stammen, um authentisch zu sein. Zweitens sollte sie potenzielle sprachliche Hürden aufweisen, die mit konzeptuellem Verständnis in Verbindung stehen. Ein drittes wichtiges Kriterium für die Aufgabenauswahl war, dass sprachliche Hürden dominieren sollten, die eher der Bildungssprache zuzuordnen sind und über die Wortebene hinausgehen, da insbesondere hier Schwierigkeiten in Bezug auf die Sensibilisierung der Mathematiklehramtsstudierenden für die Bedeutung von Sprache im Mathematikunterricht erwartet wurden (siehe Abschnitt 3.4 und 5.2). Viertens lag der inhaltliche Fokus auf Textaufgaben zum funktionalen Zusammenhang und zur Prozentrechnung (7. bis 9. Klassenstufe), da davon ausgegangen werden konnte, dass die Studierenden über fachliches und fachdidaktisches Basiswissen zu diesen Themen verfügen. Diese Annahme basierte auf dem hohen Stellenwert dieser Themen in der Schulmathematik und auf ihrer Behandlung in der von den Studierenden bereits absolvierten Lehrveranstaltung „Einführung in die Mathematikdidaktik“.

Beim Videodreh bearbeiteten Schülerinnen, die die 9. Klasse besuchten und freiwillig im privaten Rahmen an der Erstellung der Vignette teilnahmen, die ausgewählten Textaufgaben in Partnerarbeit. Gegenüber einem Dreh in einer

Schule bestand hier der Vorteil, dass die Einwilligung der Erziehungsberechtigten genügte. Durch die Bearbeitung vorher ausgewählter Textaufgaben entstanden auch ohne Skript viele Sequenzen, anhand derer die Bedeutung von Sprache beim fachlichen Lernen und Lehren beobachtet werden kann. Anzumerken ist, dass in dem Video bewusst keine Lehrkraft gezeigt wird. Hier war es das Ziel, dass sich die Studierenden bei der Datenerhebung so vermutlich besser in die Rolle der Lehrkraft versetzen könnten, da sie weder das Verhalten einer anderen Lehrkraft analysieren noch davon beeinflusst werden sollten. Das Vorgehen folgt hier der Annahme, dass dies eine performanznahe Erhebung der professionellen Unterrichtswahrnehmung begünstigen würde (siehe Abschnitt 2.2.2).

Die anschließende Auswahl eines geeigneten Bearbeitungsprozesses basierte zum einen auf der Relevanz der beobachtbaren sprachlichen Hürden und deren Verbindung sowohl zum konzeptuellen Verständnis als auch zu den Sprachebenen, die im Fokus stehen sollten, also die Satz-, Text- oder Diskursebene. Zum anderen lagen die Kriterien geeigneter Videovignetten von Sherin et al. (2009) der Auswahl und dem Schnitt des Videomaterials zugrunde (siehe Abschnitt 2.2.4). So wurden Sequenzen bevorzugt, die tieferen Einblick in das mathematische Denken der Schülerinnen gewähren.

8.4.2 Analyse der Textaufgabe „Sanduhr"

In der entwickelten Videovignette bearbeiten zwei Schülerinnen die Textaufgabe „Sanduhr" (siehe Abbildung 8.3). Um das Potenzial der Aufgabe für das Forschungsinteresse zu verdeutlichen, wird diese im Folgenden analysiert. Es handelt sich hierbei um eine Beispielaufgabe aus VERA 8, die Duarte (2012) als Beispiel für eine Textaufgabe mit vielen potenziellen sprachlichen Hürden bereits aufgegriffen hat. Allerdings analysiert sie die Aufgabe nicht aus fachdidaktischer, sondern nur aus sprachwissenschaftlicher Sicht. Im Folgenden wird ihre Analyse aufgegriffen, vertieft und um die fachdidaktische Perspektive ergänzt.

Aus sprachwissenschaftlicher Sicht können in der Textaufgabe „Sanduhr" (siehe Abbildung 8.3) einige potenzielle sprachliche Hürden auf Wort-, Satz- und Textebene identifiziert werden. Diese werden nun – nach den Sprachebenen geordnet – erläutert. Auf Wortebene sind u. a. bildungssprachliche Komposita („Sanduhr", „Funktionsgleichung", „Sandvolumen") und Nominalisierungen („Verengung") zu identifizieren, die das Textverständnis erschweren können. Insbesondere das Kompositum „Sanduhr" kann zur sprachlichen Hürde auf der Wortebene werden, da das Verstehen der Bestandteile „Sand" und „Uhr" nicht ausreicht, um das Kompositum „Sanduhr" lexikalisch zu verstehen und um die visuelle Vorstellung einer Sanduhr generieren zu können, was für das Verstehen der Aufgabe erforderlich ist. Präfixverben („hindurchrieseln", „enthalten", „befinden", „zuordnen", „aufstellen") können zum einen dadurch zur Hürde werden, dass die Wörter unbekannt sind und sich die neue Bedeutung des Verbs durch die Vorsilbe nicht ohne weitere Erklärung erschließen lässt. Dies ist beispielsweise bei „enthalten" der Fall, denn die Vorsilbe „ent-" gibt keinen Hinweis darauf, wie sich die Bedeutung des Verbes „halten" verändert. Zum anderen kann erschwerend sein, dass manche dieser Verben trennbar sind und durch die Position im Satz schwerer zu erkennen ist, dass die einzelnen Wörter („Stelle" und „auf") im Infinitiv auf das Präfixverb („aufstellen") zurückgehen. In Bezug auf den Strukturwortschatz ist in der Textaufgabe vermutlich nur „pro" im Kontext von „Sand pro Sekunde" eine für das Textverständnis ausschlaggebende Präposition. Die „verstrichene Zeit" ist eine bildungssprachliche Kollokation, die auch wieder eine Schwierigkeit dadurch mitbringt, dass eine Herleitung ohne Wissen um die Bedeutung dieser Wortgruppe schwer möglich ist. Im Vergleich wäre die „vergangene Zeit" geläufiger und damit leichter verständlich. Offen bleibt aber hinsichtlich beider sprachlicher Varianten, welcher Ausgangspunkt der Textaufgabe zugrunde liegt, denn der Beginn der Zeitmessung ist in der Aufgabe nicht explizit beschrieben. Implizit wird davon ausgegangen, dass die Zeitmessung genau dann beginnt, wenn die Sanduhr umgedreht wird und dass sich zu diesem Zeitpunkt der gesamte Sand in der oberen Hälfte der Sanduhr befindet.

In einer Sanduhr sind 75 mm^3 Sand enthalten. Die Verengung in der Mitte ist so groß, dass sie 0,25 mm^3 Sand pro Sekunde hindurchrieseln lässt.

a) Stelle eine Funktionsgleichung auf, die der verstrichenen Zeit das in der oberen Hälfte verbliebene Sandvolumen zuordnet und zeichne den Graphen.

b) Nach welcher Zeit befindet sich der gesamte Sand in der unteren Hälfte?

c) Nach welcher Zeit befinden sich in der oberen Hälfte noch 20 mm^3 Sand?

Abbildung 8.3 Textaufgabe „Sanduhr" aus VERA 8

In Bezug auf die Fachsprache können auf Wortebene relativ wenige Sprachmittel identifiziert werden. Hierzu gehören die Fachbegriffe „Funktionsgleichung", „Graph", „mm^3" und „Volumen". Des Weiteren stellt die fachsprachliche Kollokation „eine Funktion aufstellen" ein Funktionsverbgefüge dar. Anzumerken ist, dass nach empirischen Erkenntnissen davon ausgegangen wird, dass die Fachbegriffe oftmals nicht das größte Problem der Schüler*innen darstellen (siehe Abschnitt 3.3). Aus fachdidaktischer Sicht mit Fokus auf die Sprache fällt außerdem das Fehlen der fachspezifischen Operatoren bei den Aufgabenteilen b) und c) negativ auf. Dies hat zur Folge, dass für die Schüler*innen beispielsweise unklar bleibt, ob ein Lösungsweg oder nur die Lösung angegeben werden soll.

Auf Satzebene ist die Realisierung von Unpersönlichkeit durch Passivkonstruktionen eine potenzielle sprachliche Hürde (siehe Abschnitt 3.2). Eine solche Konstruktion besteht in der vorliegenden Textaufgabe nur in „sind ... enthalten". Ebenso können Probleme durch Nebensatzkonstruktionen auftreten, hier durch den Konsekutivsatz („...so groß, dass...") und den Relativsatz („Stelle eine Funktionsgleichung auf, die der..."). Das Verstehen dieses Relativsatzes wird allerdings vielmehr durch komplexe Attribute erschwert („verstrichene Zeit", „das in der oberen Hälfte verbliebene Sandvolumen"). Weitere Attribute finden sich im Einleitungstext und in Aufgabenteil b) („die Verengung in der Mitte", „der gesamte Sand"). Der Satz „Stelle eine Funktionsgleichung auf, die der verstrichenen Zeit das in der oberen Hälfte verbliebene Sandvolumen zuordnet" ist jedoch nicht nur durch die Nebensatzkonstruktion und die umfänglichen Attribute anspruchsvoll formuliert, denn hier werden sprachlich sowohl die Größen der Funktion als auch die Richtung der Zuordnung eindeutig festgelegt. Wie Abbildung 8.4 veranschaulicht, beschreiben die umfänglichen Attribute die Größen der Funktion und der Kasus zeigt die Richtung der Funktionszuordnung an. Dabei steht die unabhängige Größe („die verstrichene Zeit") im Dativ und die abhängige Größe („das in der oberen Hälfte verbliebene Sandvolumen") im Akkusativ. Damit weist der analysierte Satz sowohl bildungssprachliche als auch fachsprachliche Elemente auf. Zindel (2019) beschreibt ausführlich Sprachmittel dieser Art für die Darstellung eines funktionalen Zusammenhangs und hebt deren kognitive Funktion für die Ausbildung adäquater Grundvorstellungen zu Funktionen hervor (siehe Abschnitt 4.2.2 und 3.4).

Bildungssprachliche Elemente auf der Textebene sind insofern in der Aufgabe „Sanduhr" zu finden, als in den Aufgabenteilen a) und b) nur von „der oberen Hälfte" und „der unteren Hälfte" gesprochen wird, das Wort „Sanduhr" wird nicht mehr verwendet. Folglich müssen die Schüler*innen sich diesen Bezug selbst erschließen, was nur möglich ist, wenn sie auch über die visuelle Vorstellung einer Sanduhr verfügen. Außerdem kann erschwerend wirken, dass sich die Funktionsgleichung, die in Aufgabenteil a) aufgestellt werden soll, auf die „obere Hälfte" bezieht. Dies muss in den Aufgabenteilen b) und c) berücksichtigt werden, da einmal die obere und einmal die untere Hälfte der Sanduhr betrachtet wird.

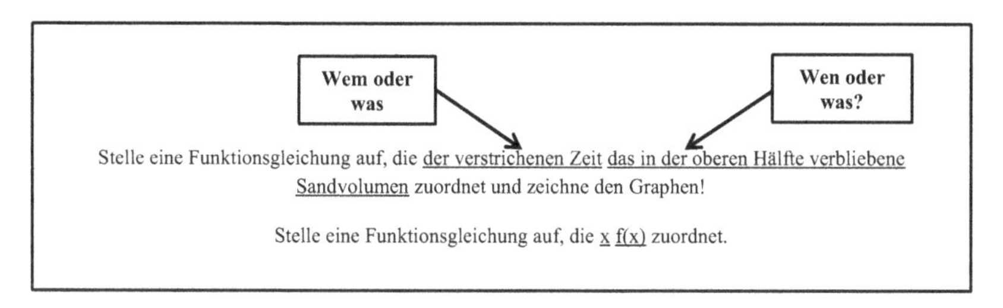

Abbildung 8.4 Sprachliche Repräsentation der Größen und der Richtung der Zuordnung

8.4.3 Analyse der Videovignette zur Textaufgabe „Sanduhr"

Die Videovignette zeigt die Partnerarbeit der Schülerinnen namens Lilli und Noemi, die die Textaufgabe „Sanduhr" (siehe Abschnitt 8.4.2) bearbeiten. Dabei werden drei verschiedene Kameraperspektiven eingenommen: einmal frontal auf die beiden Schülerinnen und jeweils einmal von oben auf die Arbeitsblätter von Lilli und Noemi, sodass erkennbar ist, was sie zeichnen und schreiben.

In der Videovignette ist nicht der gesamte Bearbeitungsprozess von Lilli und Noemi dokumentiert, sondern ein Zusammenschnitt auf sechs Minuten, der die Bearbeitung von Aufgabenteil a) und die Nennung des Lösungsansatzes für b) zeigt. Im Folgenden werden die Videosequenzen chronologisch beschrieben. Zu Beginn der Videovignette kann beobachtet werden, dass Noemi den Aufgabenteil a) mehrfach laut vorliest und anschließend sagt *„Ich bin zu doof dafür!"*. Lilli geht hierauf nicht direkt ein, sondern schlägt vor, zuerst den Graphen zu zeichnen, anstatt die Funktionsgleichung aufzustellen. Sie identifizieren anschließend die Größen der Funktion korrekt, indem sie die Zeit in Sekunden und das Sandvolumen in Kubikmillimetern benennen. Im weiteren Verlauf zeigt die Aufnahme, dass es ihnen nicht gelingt, die Richtung der Zuordnung aus der Aufgabenstellung a) korrekt zu bestimmen: Sie beschriften die Achsen so, dass der Graph die Zeit in Abhängigkeit von der Sandmenge darstellt (siehe Abbildung 8.5).

Als Lilli und Noemi beginnen wollen, einzelne Punkte in den Graphen einzuzeichnen, stolpern sie über die fehlende Zeitangabe in der Textaufgabe:

Lilli: *„Ja, aber welche Zeit? (4) Da ist ja keine Zeitangabe sonst. (..) Beziehungsweise (.) doch: Fünf/ 0,25 Kubikmillimeter in der Sekunde."*
Noemi: *„Ja, aber wie/ wie viel Zeit ist denn verstrichen?"*
Lilli: *„Ja, da ist/"*
Noemi: *(Lachen) „Eine Sekunde, oder was?" (Räuspern)*

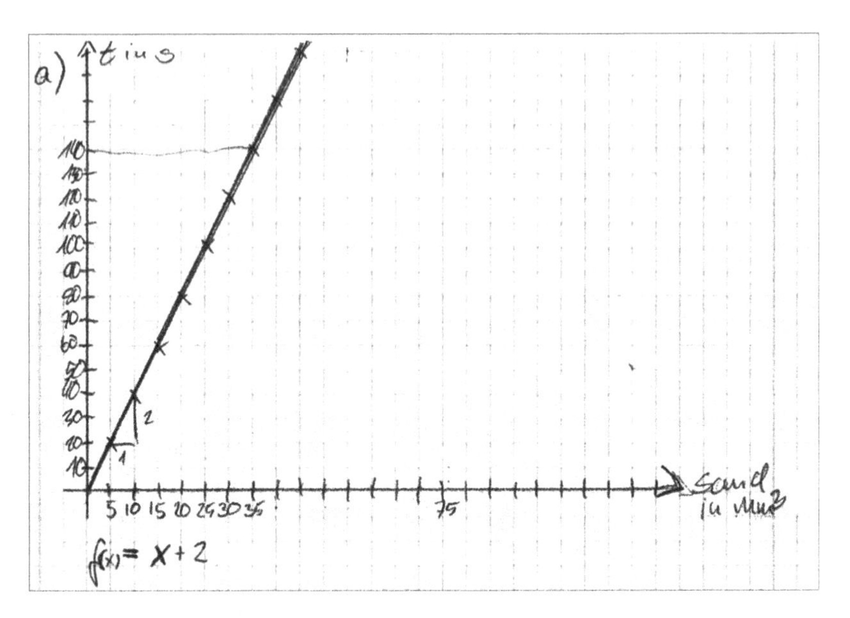

Abbildung 8.5 Aufschrieb von Lilli zu Aufgabenteil a)

Im Weiteren wird die Zeit-Achse zu kurz skaliert, sodass die Lösung für Aufgabenteil b) anhand der graphischen Darstellung nicht abgelesen werden kann. Die Punkte, die Lilli und Noemi einzeichnen, entsprechen zwar nicht den Anforderungen aus Aufgabenteil a), sind aber entsprechend ihrem eigenen Ansatz folgerichtig: Statt einer Funktion, die der verstrichenen Zeit das in der oberen Hälfte verbliebene Sandvolumen zuordnet, zeichnen sie eine Funktion, die dem in der unteren Hälfte vorhandenen Sandvolumen die verstrichene Zeit zuordnet. Zusammenfassend ist festzustellen, dass die Schülerinnen nicht nur die Richtung der Funktion vertauschen, sondern zusätzlich die untere Hälfte statt der oberen Hälfte der Sanduhr in der Funktion betrachten.

Wichtig ist auch festzustellen, dass sich beide Schülerinnen bei der Bestimmung der Funktionsgleichung nicht auf den Aufgabentext beziehen, sondern versuchen, aus ihrem Graphen mithilfe eines Steigungsdreiecks die Funktionsgleichung aufzustellen. Hierbei beachten sie nicht die Skalierung der Achsen. Sie setzen die ermittelte Differenz der x-Werte als Steigung und die Differenz der y-Werte als y-Achsenabschnitt in die Funktionsgleichung ein. Am Ende schaut

Noemi auf die Lösung und fragt nach: *„Haben wir jetzt das in der oberen Hälfte verbliebene Sandvolumen zugeordnet?“*. Lilli bejaht die Aussage.

Zu Aufgabenteil b) wird im Video nur ein kurzer Ausschnitt gezeigt. Sowohl Lilli als auch Noemi äußern einen korrekten Lösungsansatz. Lilli versucht, die Lösung graphisch zu ermitteln, bemerkt aber sofort, dass die von ihr gezeichnete y-Achse hierfür zu kurz ist. Noemi hingegen nennt den korrekten Ansatz *„0,25 mal was ist (...) 75?“*.

Die Videovignette präsentiert also verschiedene Ereignisse des mathematischen Bearbeitungsprozesses der beiden Schülerinnen. In zahlreichen Ereignissen kann die Bedeutung von Sprache beobachtet werden, Interpretationen bieten sich an und situative sowie planungsbezogene Handlungsoptionen können thematisiert werden. Dazu gehört insbesondere die Sequenz, in der die beiden Schülerinnen die Achsen des Graphen falsch beschriften, aber auch ihre Diskussion über die fehlende Zeitangabe in der Textaufgabe „Sanduhr“. Daher kann konstatiert werden, dass sich die Vignette eignete, um die Forschungsfrage zu bearbeiten. Die Vignette bietet vielfältige sprachrelevante Ereignisse, deren Beobachtung Studierende zu Interpretation und weiterführenden Überlegungen anregen kann. Diese Vielfalt der Ereignisse entsprach der Intention, das Risiko sozialer Erwünschtheit in den Äußerungen der Studierenden zu reduzieren. Bei der Präsentation eines einzigen Ereignisses hätte das Risiko bestanden, dass die Studierenden allein aufgrund ihrer Teilnahme an dem Seminar die hohe Bedeutung von Sprache konstatieren.

8.4.4 Aufbau des Interviewleitfadens

In diesem Kapitel wird zunächst der Einsatz von Leitfadeninterviews begründet. Im Anschluss erfolgt die Darstellung und Begründung der Ausgestaltung des Leitfadens, der sich grob in zwei Teile gliedert: „Lautes Denken“ zur Textaufgabe „Sanduhr“ (siehe Abschnitt 8.4.2) und Erzählaufforderungen zur Videovignette (siehe Abschnitt 8.4.3).

Innerhalb des Methodenspektrums der qualitativen Forschung (siehe beispielsweise Flick 2011, S. 193–368) wurde die mündliche Befragung im Einzel-Interview gewählt. Das Einzelinterview korrespondiert ideal mit dem Forschungsziel, das darauf ausgerichtet ist, die subjektiven Einschätzungen der Studierenden mit Blick auf die Textaufgabe und die Videovignette zu erfassen. Eine schriftliche Erhebung der Sichtweisen erschien auch deshalb ungeeignet, weil anzunehmen war, dass die Befragten nur ausgewählte Sichtweisen und diese außerdem in verkürzter Version geäußert hätten. Andererseits waren in der direkten Befragung

Nachfragen sowohl vonseiten der Befragten als auch seitens der Interviewerin möglich. Die Datenerhebung der vorliegenden Studie erfolgte mittels leitfadengestützter Interviews, die sich durch „eine vorab vereinbarte und systematisch angewandte Vorgabe zur Gestaltung des Interviewablaufs" auszeichnen (Helfferich 2014, S. 560). Die Notwendigkeit der Strukturierung des Interviews durch einen Leitfaden resultiert laut Helfferich aus dem Forschungsinteresse oder der Forschungspragmatik (ebd.). Im vorliegenden Fall war die Balance zwischen Offenheit und Einschränkung gefordert, da die Sichtweisen auf die Textaufgabe und die Videovignette und die darin beobachtbaren sprachlichen Barrieren erfasst werden sollten. Zum anderen sollte auch eine Vergleichbarkeit der Interviews für das Prä-Post-Design gewährleistet werden, die durch Leitfadeninterviews ermöglicht werden kann (Friebertshäuser und Langer 2010). An der Durchführung der Interviews war aufgrund des kleinen Zeitfensters für die Prä-Erhebung neben mir auch eine studentische Hilfskraft beteiligt. Um die Ergebnisse der Datenerhebung durch zwei verschiedene Interviewerinnen nicht zu beeinflussen, erfolgte eine ausführliche Einweisung und enge Abstimmung hinsichtlich des genauen Vorgehens im Umgang mit dem Leitfaden.

Der Aufbau des Leitfadens (siehe Übersicht in Abbildung 8.6 und ausführlich im elektronischen Zusatzmaterial) wird im Folgenden erläutert und begründet. Vor Beginn des eigentlichen Interviews wurden die Befragten u. a. über rechtliche Aspekte der Datenverarbeitung aufgeklärt und es wurde erläutert, dass das Interview keine Bewertungssituation darstellte. Dies schien aufgrund der Doppelfunktion der Dozentin als Forscherin und Seminarleitung in besonderer Weise geboten. Es folgte eine Übung zur Methode des „Lauten Denkens" (beispielsweise Konrad 2010), die im Weiteren zur Anwendung kommen sollte. Damit die Interviewsituation weitestmöglich als Praxissituation wahrgenommen werden konnte, folgte eine Einbettung der Aufgabenanalyse und des Videos in die Praxis von Lehrkräften. Für die anschließende Aufgabenanalyse erschien die Methode des „Lauten Denkens" geeignet, da sie ermöglicht, „Einblicke in die Gedanken, Gefühle und Absichten einer Schüler*innen und/oder denkenden Person zu erhalten. Durch Lautes Denken soll der (Verarbeitungs-) Prozess untersucht werden, der zu mentalen Repräsentationen führt" (ebd., S. 476). In diesem Fall sollte mittels dieser Methode sichtbar und erhoben werden, welche Gedanken die befragten Studierenden zu einer mathematischen Textaufgabe im Rahmen eines Unterrichtssettings hatten. Als Teil der Forschungsfragen wurde u. a. die Frage formuliert, ob, wie und in welchem Umfang die Studierenden potenzielle sprachliche Hürden ohne explizite Aufforderung zur Beobachtung dieser Phänomene ansprechen. Die Aufgabenanalyse sollte den Studierenden zusätzlich eine fachliche Durchdringung der Aufgabe ermöglichen. Dies sollte sicherstellen, dass sie – wie im besten

Fall auch eine Lehrkraft – auf die in der Videovignette präsentierte Unterrichtssituation inhaltlich vorbereitet waren. Aus diesem Grund erhielten die Befragten in der Prä- und der Post-Erhebung mit der Textaufgabe „Sanduhr" auch deren Musterlösung (siehe elektronisches Zusatzmaterial).

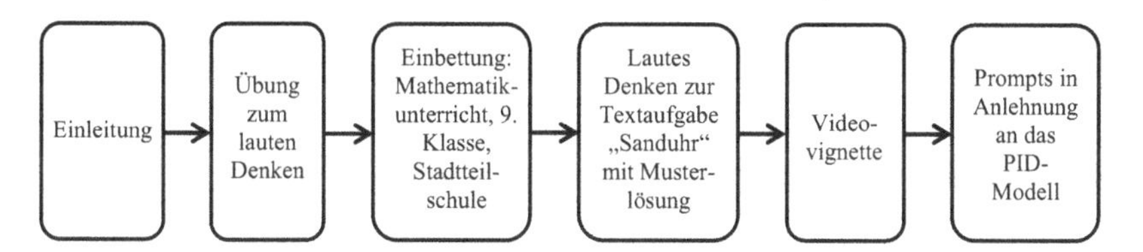

Abbildung 8.6 Aufbau des Interviewleitfadens

Bevor den Studierenden die Videovignette gezeigt wurde, erhielten sie einen Überblick über das weitere Vorgehen, damit sie wussten, was sie erwartete. Außerdem erhielten sie ein mit Namen gekennzeichnetes Foto der beiden Schülerinnen, damit sie ihre personenbezogenen Äußerungen einfacher zuordnen konnten. Das Video wurde den Befragten nur ein einziges Mal gezeigt. Dies ist in der videobasierten Forschung ein gängiges Vorgehen (siehe Abschnitt 2.2.2) und erscheint angemessen, weil auch in realen Unterrichtssituationen ein Stoppen oder Zurückspulen nicht möglich ist. Überdies hätte das Stoppen oder Zurückspulen die Komplexität der Wahrnehmung der Geschehnisse reduziert, was wiederum mit dem Konzept der professionellen Unterrichtswahrnehmung nicht vereinbar ist. In der Erprobung des Interviews mit vier Studierenden zeigte sich außerdem, dass die Befragten sehr viel genauer und ausführlicher Ereignisse des Videos thematisieren, wenn dies erst nach der Rezeption des gesamten Videos gefordert ist. Genau diese Ausführlichkeit war gewünscht, um so tiefere Einblicke in die subjektiven Sichtweisen der Studierenden zu erhalten.

Nachdem die beforschten Studierenden die Videovignette gesehen hatten, folgten zwei Prompts, die an die Kompetenzfacetten der professionellen Unterrichtswahrnehmung („Perception", „Interpretation", „Decision-Making") anknüpfen:

1. Was haben Sie beobachtet und wie würden Sie das Beobachtete interpretieren?
2. In welcher Situation oder in welchen Situationen der Partnerarbeit hätten Sie gehandelt? Beschreiben und begründen Sie Ihre Handlung.

Der erste Prompt forcierte somit Beschreibungen und Interpretationen, während der zweite Prompt auf Handlungsoptionen gerichtet war. Die Prompts waren so offen wie möglich formuliert, um die Befragten dazu anzuregen, möglichst alles zu äußern, was ihnen relevant erschien. Wie bei der Kompetenz zur Analyse von sprachlichen Hürden bei Textaufgaben wurde auch bei der Erhebung der professionellen Unterrichtswahrnehmung auf ein explizites Ansprechen des Themas „Sprache im Mathematikunterricht" in den Prompts verzichtet. Denn auch hier war es das Ziel, festzustellen, ob der Fokus auch ohne explizite Aufforderung auf die Bedeutung von Sprache gerichtet wird.

8.5 Datenauswertung anhand der qualitativen Inhaltsanalyse

Nachstehend wird die Auswertung der erhobenen Daten theoriebasiert erläutert. Hierfür wird zunächst die Wahl der qualitativen Inhaltsanalyse nach Kuckartz (2016) begründet (Abschnitt 8.5.1). Anschließend wird das Vorgehen der Auswertung dargestellt, das sich im ersten Schritt an der inhaltlich strukturierenden qualitativen Inhaltsanalyse (ebd.) orientiert (Abschnitt 8.5.2) und im zweiten Schritt eine Typenbildung umfasst (Abschnitt 8.5.5). Da der Merkmalsraum der Typenbildung auf Kategorien der inhaltlich strukturierenden qualitativen Inhaltsanalyse basiert, folgt vor der Darlegung des Verfahrens zur Typenbildung die Beschreibung und Begründung der Kategoriensysteme (Abschnitt 8.5.3 und 8.5.4). Abschließend wird die Einhaltung der Gütekriterien qualitativer Forschung bei der Datenauswertung dargelegt (Abschnitt 8.5.6).

8.5.1 Begründung der Auswertungsmethode

Qualitative Interviews, zu denen Leitfadeninterviews gehören, verfolgen als Instrumente empirischer Datenerhebung das Ziel, subjektive Sichtweisen und Bedeutungszuweisungen herauszuarbeiten. Unter den verschiedenen Auswertungsmethoden sind als weit verbreitete Verfahren die qualitative Inhaltsanalyse (Mayring 2015; Kuckartz 2016), die Grounded Theory (Strauss und Corbin 1996) und die dokumentarische Methode (Bohnsack 2014) zu nennen. Für die Auswertung der erhobenen Daten in der vorliegenden Studie schien die qualitative Inhaltsanalyse am ehesten geeignet, da mit diesem regelgeleiteten Verfahren umfängliches Datenmaterial in Gänze strukturiert werden kann und gleichzeitig durch qualitativ-interpretative Schritte Sichtweisen und Bedeutungszuweisungen systematisch erfasst werden können:

> *„Mit der qualitativen Inhaltsanalyse steht ein Verfahren qualitativ orientierter Textanalyse zur Verfügung, das mit dem technischen Know-how der quantitativen Inhaltsanalyse (Quantitative Content Analysis) große Materialmengen bewältigen kann, dabei aber im ersten Schritt qualitativ- interpretativ bleibt und so auch latente Sinngehalte erfassen kann. Das Vorgehen ist dabei streng regelgeleitet und damit stark intersubjektiv überprüfbar, wobei die inhaltsanalytischen Regeln auf psychologischer und linguistischer Theorie alltäglichen Textverständnisses basieren."* (Mayring und Fenzl 2014, S. 543)

Das streng regelgeleitete Vorgehen der qualitativen Inhaltsanalyse mit der Bildung eines Kategoriensystems als zentrales Instrument der Datenanalyse (ebd.) gewährleistet die Vergleichbarkeit der Erkenntnisse zu den einzelnen Interviews, die für die Reliabilität des Prä-Post-Designs von essenzieller Bedeutung ist.

Die Entscheidung für die qualitative Inhaltsanalyse beruht konkret auf dem Ziel der vorliegenden Studie, zu erfassen, inwiefern angehende Mathematiklehrkräfte die Bedeutung von Sprache in der Analyse und bei der Entwicklung von Handlungsoptionen zu einer mathematischen Textaufgabe und einer Videovignette beachten und inwiefern sich ihre diesbezügliche Kompetenz nach der Teilnahme an spezifischen Lerngelegenheiten möglicherweise verändert hat. Die Anwendung der dokumentarischen Methode erschien hier nicht geeignet, da mit dieser Methode vorwiegend Orientierungsrahmen, innerhalb derer die Beforschten handeln, rekonstruiert werden (Bohnsack 2014). Unter diesem Ansatz wären folglich eher die Beliefs der Studierenden, die einen Einfluss auf die professionelle Unterrichtswahrnehmung haben, und nicht die professionelle Unterrichtswahrnehmung an sich beforscht worden. Die Untersuchung der Beliefs hätte sicherlich einen spannenden, vertiefenden Blick auf einzelne Fälle der Studie erlaubt, muss aber aufgrund des zeitlichen Aufwands der Methode einer weiteren Studie vorbehalten bleiben. Auch die Grounded Theory kam für das vorliegende Forschungsprojekt als Methode nicht infrage, da sie sich für sehr offene Fragestellungen eignet und verstanden wird als „eine qualitative Forschungsmethode bzw. Methodologie, die eine systematische Reihe von Verfahren benutzt, um eine induktiv abgeleitete, gegenstandsverankerte Theorie über ein Phänomen zu entwickeln" (Strauss und Corbin 1996, S. 8). Ein rein induktives Vorgehen hätte sich nicht geeignet, da hier an die Arbeiten zur Erfassung der professionellen Unterrichtswahrnehmung und die Inhalte des durchgeführten Seminars beim Codieren angeknüpft werden sollte.

Über die gewählte Auswertungsmethode stellt Schreier (2014, Abs. 4) fest: „<Die> qualitative Inhaltsanalyse gibt es nicht, und es besteht kein Konsens darüber, was qualitative Inhaltsanalyse ausmacht." Allerdings gibt es Merkmale, die den beiden meist verwendeten Varianten der qualitativen Inhaltsanalyse in

Deutschland – nach Mayring (2015) und nach Kuckartz (2016) – gemeinsam sind. Schreier (2014, Abs. 4) benennt hier die „Kategorienorientierung, [das] interpretative Vorgehen, [die] Einbeziehung latenter Bedeutungen, [die] Entwicklung eines Teils der Kategorien am Material [und das] systematische, regelgeleitete Verfahren". Außerdem orientieren sich beide Vertreter der Methode in gleichem Maße (ebd.) an den Gütekriterien der Validität und Reliabilität (siehe Abschnitt 8.5.6), sodass insgesamt eine deutliche Ähnlichkeit der qualitativen Inhaltsanalyse nach Mayring (2015) und nach Kuckartz (2016) festzustellen ist. In der vorliegenden Studie schien die Methode nach Kuckartz (2016) angemessener, weil erstens eine zu dieser Methode passende, wirkmächtige Software zur Auswertung großer Datenmengen genutzt werden kann (MAXQDA) und weil zweitens eine Typenbildung angestrebt wurde. Die typisierende Strukturierung spielt bei Mayring (2015, S. 103–106) eine weniger bedeutsame Rolle als bei Kuckartz (2016, S. 143–162), der die typenbildende qualitative Inhaltsanalyse theoriegeleitet begründet und anhand von Beispielmaterial erläutert.

8.5.2 Darstellung der Auswertungsmethode

In diesem Kapitel wird das methodische Vorgehen der qualitativen Inhaltsanalyse nach Kuckartz (2016) zunächst allgemein und dann mit Fokus auf die in der vorliegenden Studie durchgeführte inhaltlich strukturierende Variante erläutert. Die qualitative Inhaltsanalyse ist eine kategorienbasierte Vorgehensweise und stellt eine interpretative Form der Auswertung dar, denn „hier werden Codierungen aufgrund von Interpretation, Klassifikation und Bewertung vorgenommen" (ebd., S. 27). Die Kategorienbildung kann deduktiv durch Ableitung aus der Theorie oder der Forschungsfrage, induktiv am Material oder deduktiv-induktiv erfolgen. In der vorliegenden Studie schien aus den bereits in Abschnitt 8.5.1 genannten Gründen eine deduktiv-induktive Kategorienbildung angemessen. Um ein methodisch sauberes Vorgehen sicherzustellen, wurden die gebildeten Kategorien definiert. Diese Kategoriendefinitionen bilden zusammen mit Handlungsanweisungen und Ankerbeispielen den Codierleitfaden (siehe elektronisches Zusatzmaterial). Die Qualität des Codierleitfadens bestimmt laut Kuckartz (ebd.) maßgeblich die Qualität der Ergebnisse. Daher erfolgte seine Ausarbeitung im Rahmen des Forschungsprojekts in mehreren Phasen der Reflexion und Revision im Austausch mit anderen Expertinnen (siehe auch Abschnitt 8.5.6).

Für die Kategorienbildung stehen verschiedene Arten von Kategorien zur Verfügung. In der vorliegenden Studie wurden unter Bezug auf die in Kapitel 6 formulierten Forschungsfragen thematische, analytische und evaluative Kategorien codiert, die sich laut Kuckartz (2016) wie folgt unterscheiden: Thematische Kategorien beziehen sich auf ein bestimmtes Thema, ein bestimmtes Argument oder eine bestimmte Denkfigur. Analytische Kategorien sind hingegen „das Resultat der intensiven Auseinandersetzung der Forscherin oder des Forschers mit den Daten, d. h. die Kategorien entfernen sich von der Beschreibung, wie sie etwa mittels thematischer Kategorien erfolgt“ (ebd., S. 34). Auf Basis von Erkenntnissen anderer Studien (siehe Abschnitt 2.2) wurden außerdem einige wenige evaluative, also bewertende Kategorien gebildet.

Die Nutzung der genannten Arten von Kategorien kongruiert eng mit der Wahl einer der drei Varianten der qualitativen Inhaltsanalyse nach Kuckartz (2016): der inhaltlich strukturierenden, der evaluativen und der typenbildenden qualitative Inhaltsanalyse. In der vorliegenden Studie wurde zunächst eine inhaltlich strukturierende und dann eine typenbildende qualitative Inhaltsanalyse durchgeführt. Auf diese Weise konnten im ersten Schritt die Aussagen der Studierenden zur Textaufgabe „Sanduhr“ und zur Videovignette vor und nach der Teilnahme an dem Seminar analytisch ausgewertet werden. Dies erfolgte hier bereits fallbasiert, aber die Typenbildung erlaubte im zweiten Schritt eine Strukturierung der Fälle nach ausgewählten Merkmalen auf einer höheren Ebene. Durch die Typenbildung wird laut Kelle und Kluge (2010, S. 11) „ein Untersuchungsbereich überschaubarer und komplexe Zusammenhänge werden verständlich und darstellbar“. In Abschnitt 8.5.5 wird auf die Typenbildung näher eingegangen.

Bevor die per Interview erhobenen Daten mithilfe der Software MAXQDA unter Verwendung der qualitativen Inhaltsanalyse nach Kuckartz (2016) ausgewertet werden konnten, wurden diese nach dem erweiterten Transkriptionssystem nach Dresing und Pehl (2015, S. 20–25, siehe elektronisches Zusatzmaterial) transkribiert. Ergänzt wurde das System um eine Regel, wenn die Befragten Passagen aus der Textaufgabe „Sanduhr“ oder Redebeiträge aus der Kommunikation der Schülerinnen in der Videovignette zitierten. Ein tiefergehendes System, wie beispielsweise das gesprächsanalytische Transkriptionssystem (Dittmar 2004, S. 150–164), war im gegebenen Zielkontext nicht notwendig.

In Abbildung 8.7 ist das Vorgehen der inhaltlich strukturierenden Inhaltsanalyse nach Kuckartz (2016), das in der vorliegenden Studie zum Einsatz kam, dargestellt. Im ersten Schritt des Auswertungsprozesses wurden Textstellen markiert, die besonders wichtig erschienen und Auswertungsideen in Form von Memos festgehalten. Im Anschluss folgte die Entwicklung thematischer Hauptkategorien, die sich aus den Forschungsfragen ableiten ließen (siehe Abschnitt 8.5.3 und 8.5.4).

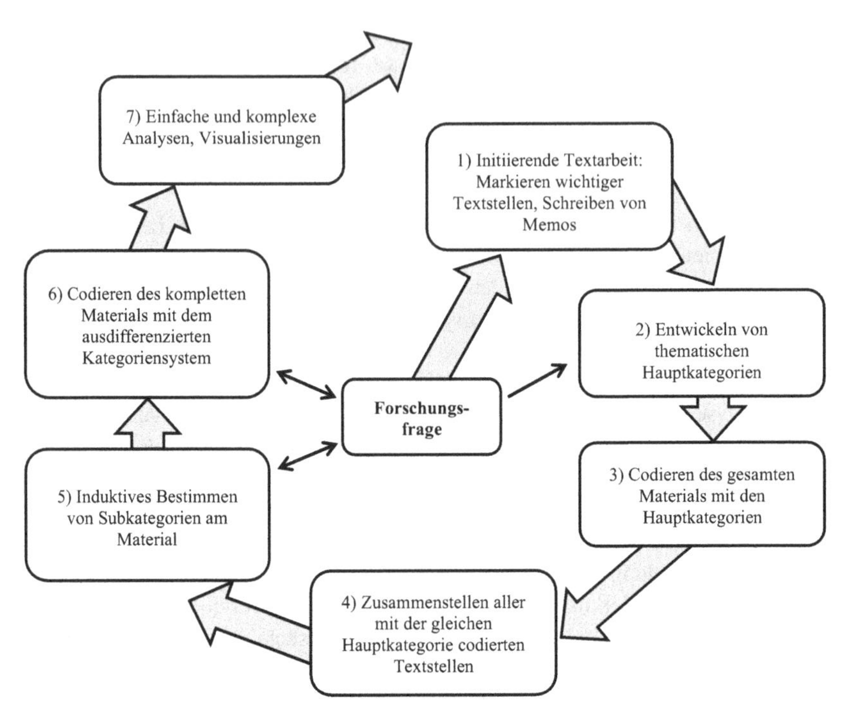

Abbildung 8.7 Ablaufschema einer inhaltlich strukturierenden Inhaltsanalyse (adaptiert von Kuckartz 2016, S. 100)

Im dritten Schritt wurde das gesamte Material mit den gebildeten Hauptkategorien codiert. Die Länge einer Codiereinheit entsprach einer Sinneseinheit. Anzumerken ist, dass einer Textstelle mehrere Kategorien zugeordnet werden konnten. Dieses Vorgehen orientierte sich an der Konzeption von Kuckartz (2016, S. 102): „Bei der inhaltlich strukturierenden Inhaltsanalyse können innerhalb einer Textstelle mehrere Hauptthemen und Subthemen angesprochen sein. Folglich können einer Textstelle auch mehrere Kategorien zugeordnet werden.“ Hierbei wurde auf die Einhaltung der Regel geachtet, dass die Kategoriensysteme bewusst so zu konstruieren sind, dass die Subkategorien entweder disjunkt sind oder eben nicht (ebd.). Im Anschluss an den ersten Codierprozess folgten die Schritte vier, fünf und sechs der inhaltlich strukturierenden Inhaltsanalyse mit dem Ziel der Ausdifferenzierung des Kategoriensystems. Eine Strategie zur Bildung der Subkategorien bestand hier darin, alle Textstellen einer Kategorie zu betrachten und diese entsprechend der für die Forschungsfrage relevanten Dimensionen zu ordnen. Dieser Prozess bis zur Entwicklung der Subkategorien und des Codierleitfadens war durch mehrere Phasen der Reflexion und durch den Austausch mit anderen Expertinnen (siehe Abschnitt 8.5.6) gekennzeichnet.

Nachdem das gesamte Datenmaterial mithilfe des Codierleitfadens codiert worden war, folgten einfache und komplexe Analysen nach Kuckartz (2016), die in Abbildung 8.8 spezifiziert werden. Den Anfang bildete eine kategorienbasierte Auswertung entlang der Hauptkategorien, die zum einen Häufigkeiten dieser Kategorien und zum anderen „inhaltliche Ergebnisse in qualitativer Weise" generierte (ebd., S. 118–119).

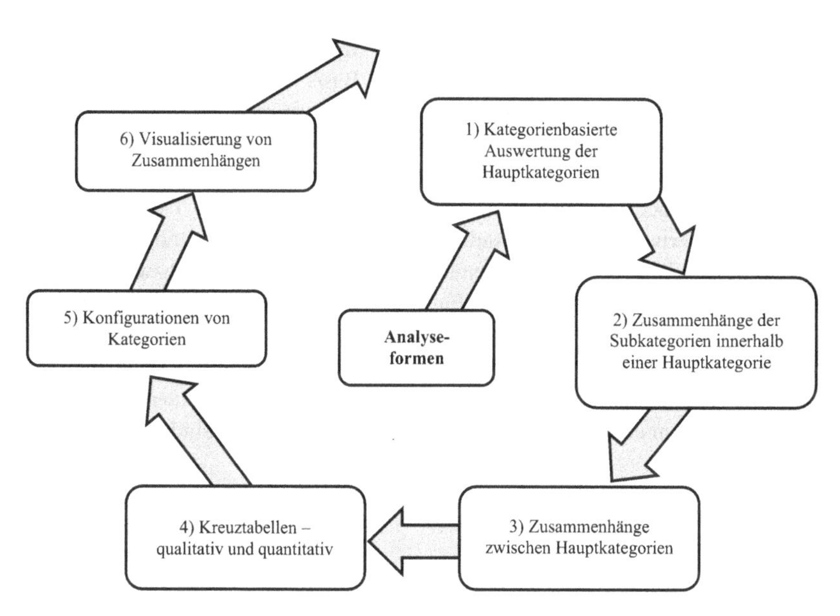

Abbildung 8.8 Sechs Formen einfacher und komplexer Auswertung bei einer inhaltlich strukturierenden Inhaltsanalyse (adaptiert von Kuckartz 2016, S. 118)

Es folgte die Analyse der Zusammenhänge zwischen den Subkategorien einer Hauptkategorie (Phase 2), zwischen zwei Hauptkategorien (Phase 3) und zwischen allen Kategorien (Phase 5). Der Analyseschritt der Phase 5 war für das Erkenntnisinteresse besonders relevant, da hier auf der Basis mehrerer Kategoriensysteme mehrdimensionale Zusammenhänge untersucht wurden. Phase 4 nach

Kuckartz (ebd.), in der die Codierungen des Materials mit Hintergrundinformationen über die beforschten Personen in Bezug gesetzt werden, wurde nur selten im Rahmen der inhaltlich strukturierenden Inhaltsanalyse, sondern v. a. im Zuge der Typenbildung durchgeführt.

8.5.3 Darstellung der Kategoriensysteme: Aufgabenanalyse

Im Folgenden wird ein Überblick über die entwickelten Kategoriensysteme zur Aufgabenanalyse gegeben. Der ausführliche Codierleitfaden befindet sich aufgrund des Umfangs im elektronischen Zusatzmaterial. Insgesamt konnten die Äußerungen der Studierenden zu der Textaufgabe „Sanduhr“ bezüglich zweier Aspekte ausgewertet werden: bezüglich der inhaltlichen Tiefe und der thematischen Breite. Beide Aspekte bilden die Basis der beiden gleichnamigen Kategoriensysteme, die nachstehend kurz vorgestellt werden.

In Bezug auf die inhaltliche Tiefe konnte induktiv unterschieden werden, ob die Befragten die Textaufgabe nur deskriptiv wiedergaben oder ob sie die Textaufgabe näher thematisierten (siehe Abbildung 8.9). Im Fall der näheren Thematisierung kann festgestellt werden, dass die Studierenden entweder Potenziale für den Lernprozess herausgestellt oder sprachliche bzw. fachliche Herausforderungen als potenzielle Hürde bzw. „machbare“ Aufgabe für Schüler*innen bewertet haben. Erfolgte eine Einschätzung des Schwierigkeitsgrads, ergänzten die Studierenden teilweise eine Begründung und/oder Handlungsoption. Alle Äußerungen der Studierenden zur Aufgabenanalyse wurden mit diesem Kategoriensystem codiert, wobei die Unterkategorien disjunkt sind.

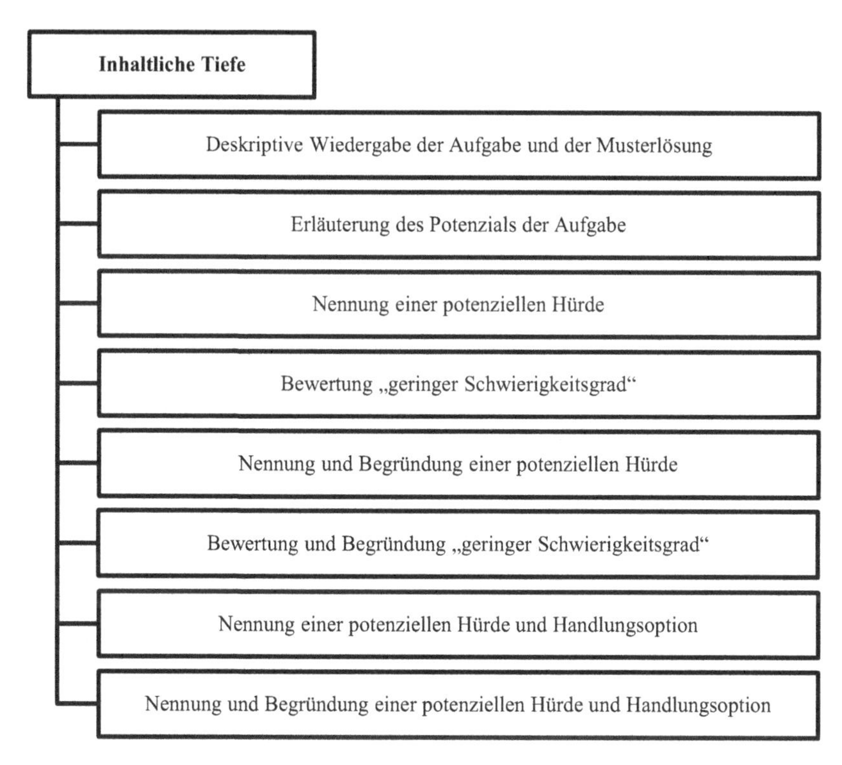

Abbildung 8.9 Kategoriensystem „Inhaltliche Tiefe" zur Aufgabenanalyse

Die Bildung der Kategorien zur thematischen Breite erfolgte deduktiv-induktiv in Anlehnung an die Facetten professionellen Wissens von Lehrkräften (siehe Abschnitt 2.1) und unter Bezug auf die professionelle Kompetenz im Bereich Sprache im Mathematikunterricht (siehe Abschnitt 5.1). Es konnte festgestellt werden, dass sich die Studierenden aus drei verschiedenen Perspektiven zur Textaufgabe äußerten, bei denen verschiedene Wissensfacetten aktiviert waren: aus der sprachlichen Perspektive, der fachdidaktischen Perspektive (ohne Bezug zur Sprache) oder aus der fachlichen Perspektive (ohne Bezug zur Sprache). Während in der sprachlichen Perspektive folglich auch fachdidaktische und fachliche Aspekte zum Thema Sprache im Mathematikunterricht artikuliert werden, ist dies umgekehrt nicht der Fall (siehe Abbildung 8.10). Alle Äußerungen zur Aufgabenanalyse wurden mit diesem disjunkten Kategoriensystem (siehe

Abbildung 8.11) codiert. War eine Zuordnung nicht möglich, wurden die betroffenen Textabschnitte mit der Kategorie „Perspektive nicht eindeutig zuzuordnen“ codiert.

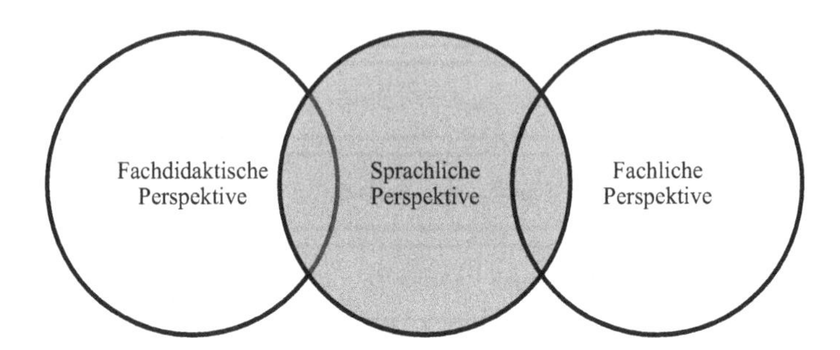

Abbildung 8.10 Zusammenhang der sprachlichen, fachdidaktischen und fachlichen Perspektive

Aufgrund des Forschungsinteresses war eine weitere Ausdifferenzierung der Kategorie „Sprachliche Perspektive“ angemessen. Da sich die Befragten größtenteils über konkrete Sprachmittel der Textaufgabe „Sanduhr“ äußerten, war eine Codierung der aus der Theorie bekannten Sprachebenen und Sprachregister (siehe Abschnitt 3.2 und 3.3) sinnvoll. Die Fachsprache umfasste hierbei formalbezogene Sprachmittel, alle übrigen Sprachmittel konnten der Bildungssprache zugeordnet werden, da die Studierenden die Alltagssprache nicht thematisiert hatten. Die explizit thematisierten Sprachmittel konnten zusätzlich im Hinblick auf die Sprachebene (Wort-, Satz- und Textebene) codiert werden. Eine induktive Ausdifferenzierung der Wortebene in einzelne Wörter (Kategorie „Wortebene“) und Wortgruppen, wie beispielswiese Kollokationen, war angemessen, da sich hier im Datenmaterial große Unterschiede zeigten. Thematisierten die Studierenden kein bestimmtes Sprachmittel, so wurden die Kategorien „Sprachregister nicht eindeutig zuzuordnen“ und „Sprachebene nicht eindeutig zuzuordnen“ codiert. Die Anzahl an Handlungsoptionen bei der Aufgabenanalyse war so gering, dass auf eine thematische Untergliederung verzichtet wurde. Anders war dies bei Begründungen aus sprachlicher Perspektive. Hier zeigten sich induktiv Begründungen mit explizitem Bezug zur Mathematik, zur Sprachwissenschaft und zur Sprachkompetenz der potenziellen Lerngruppe. Diese Kategorien waren allerdings nicht disjunkt, da eine Begründung sowohl einen Bezug zur Mathematik als auch zur Sprachwissenschaft aufweisen konnte. Die Doppelcodierung einer Textstelle war hier demnach möglich.

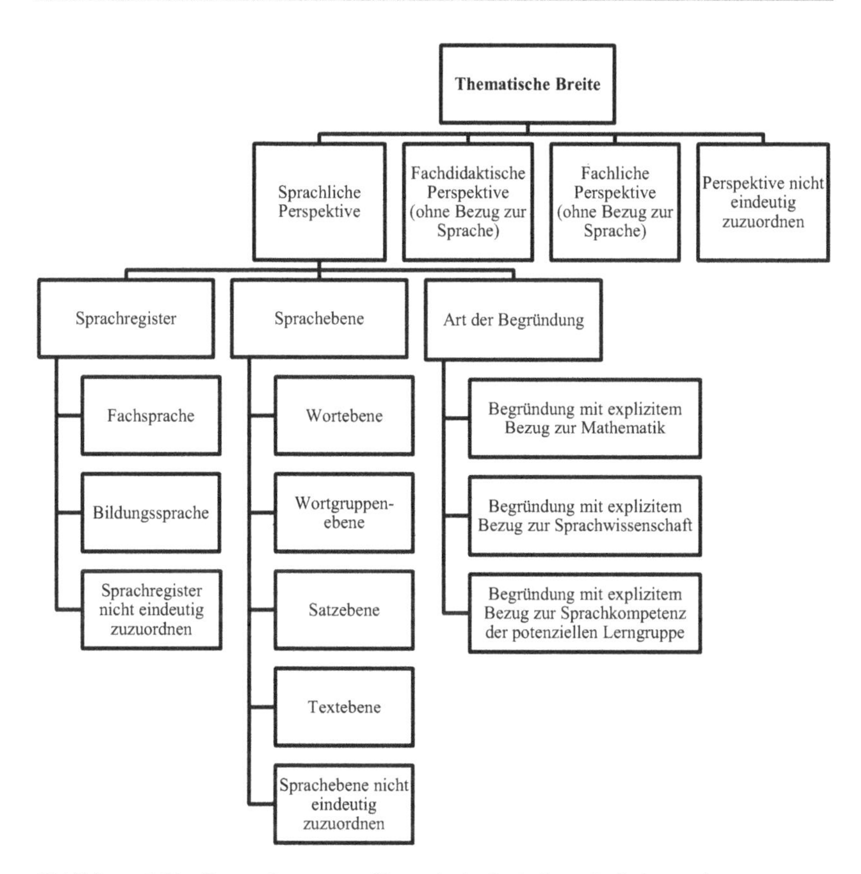

Abbildung 8.11 Kategoriensystem „Thematische Breite" zur Aufgabenanalyse

8.5.4 Darstellung der Kategoriensysteme: Videovignette

In diesem Kapitel werden die entwickelten Kategoriensysteme zur professionellen Wahrnehmung der Videovignette dargestellt und erläutert. Aufgrund des großen Umfangs befindet sich der Codierleitfaden im elektronischen Zusatzmaterial. Wie bei den Kategoriensystemen zur Aufgabenanalyse (siehe Abschnitt 8.5.3) war auch hier die Unterscheidung zwischen der inhaltlichen Tiefe und der thematischen Breite angemessen. Allerdings waren die Äußerungen der Befragten zur Videovignette komplexer, sodass die Analyse der thematischen Breite unter zwei

Aspekten differenziert wurde: in Bezug auf das jeweils angesprochene Ereignis des Videos und in Bezug auf die Perspektive, aus der die Studierenden sich über das Ereignis äußerten. Hieraus resultierten die drei Kategoriensysteme „Thematische Breite 1: Ereignisse", „Thematische Breite 2: Perspektiven" und „Inhaltliche Tiefe". Alle Äußerungen der Studierenden wurden mit diesen drei Kategoriensystemen codiert.

Die Bildung der Codes zur Hauptkategorie „Thematische Breite 1: Ereignisse" erfolgte hauptsächlich deduktiv, da die Äußerungen überwiegend auf Ereignisse des Videos Bezug nehmen, die schon im Vorhinein bemerkenswert schienen (siehe Abschnitt 8.4.3). Ein Ereignis ist beispielsweise, dass die Schülerinnen die Achsen ihres Funktionsgraphen nicht korrekt beschriften, sondern die in der Textaufgabe gegebene Richtung der Abhängigkeit vertauschen (Ereignis D, siehe Abbildung 8.12). Die einzelnen Ereignisse des Videos zeigen fachliche Fehler (Ereignisse F, H, D und J) und fachlich Gelungenes von Lilli und Noemi (Ereignisse C, G, I, L und M) sowie eine spannende Diskussion (Ereignis E). Ergänzend kamen induktive Kategorien hinzu, die auf Basis der Äußerungen der Studierenden gebildet wurden (Ereignisse A, B und K), beispielsweise, dass Noemi zu Beginn der Vignette den Aufgabenteil a) der Textaufgabe mehrfach vorliest (Ereignis A). Die Kategorie „N: Sonstiges" gilt für Ereignisse, die nur wenige Studierenden ansprachen, oder Äußerungen, die sich nicht auf ein bestimmtes Ereignis, sondern den gesamten Lösungsprozess bezogen. Eine Doppelcodierung war innerhalb dieses Kategoriensystems möglich, wenn die Studierenden zwei Ereignisse in Beziehung miteinander setzten. Die Hauptkategorie „Thematische Breite 1: Ereignisse" ist bedeutsam für die Beantwortung der Forschungsfragen, da die zugehörigen Codes im Zusammenhang mit der Kompetenzfacette „Perception" stehen. Anders als in TEDS-FU (Blömeke et al. 2014), wo durch Beantwortung von Items darauf geschlossen wurde, was die Lehrkräfte wahrgenommen haben („perceived"), konnte in der vorliegenden Studie jede Äußerung der Studierenden einem bestimmten Ereignis der Videovignette zugeordnet werden. Demnach galt die Thematisierung eines Ereignisses als erster Hinweis darauf, dass das Ereignis von der Versuchsperson tatsächlich wahrgenommen („perceived") wurde, unabhängig davon, ob es sich bei der Äußerung um eine Beschreibung, Interpretation oder Handlungsentscheidung bezogen auf das Ereignis handelte.

Die Bildung des Kategoriensystems „Inhaltliche Tiefe" (siehe Abbildung 8.13) erfolgte deduktiv-induktiv in Anlehnung an die in Abschnitt 2.2.2 dargestellten Kategoriensysteme zur Erfassung der professionellen Unterrichtswahrnehmung von Sherin und Van Es (2009, S. 24), Van Es (2011, S. 139) und Kersting (2016). Sherin und Van Es (2009) unterschieden in der Hauptkategorie „stances" zwischen

„describe", „evaluate" und „interpret". Die Anpassung dieser Hauptkategorien an die Daten sowie an die Konzeptualisierung professioneller Unterrichtswahrnehmung im Rahmen der vorliegenden Studie führte zunächst zu folgenden Kategorien:

- Beschreibungen,
- fachliche Bewertungen,
- Interpretationen
- und Handlungsoptionen.

Die Befragten äußerten häufig objektive fachliche Bewertungen, weshalb diese eine eigene Kategorie bildeten (siehe Abbildung 8.13). Für subjektive Einschätzungen des Unterrichtsgeschehens, die bei Sherin und Van Es (2009) zu „evaluate" gehörten, erschien hingegen die Kategorie „Interpretationen" geeigneter. Eine Ergänzung um Handlungsoptionen war angemessen, da diese entgegen der Auffassung von Sherin und Van Es (ebd.) in der vorliegenden Studie zur professionellen Unterrichtswahrnehmung gehören (siehe Abschnitt 2.2.1). Hier werden Handlungsoptionen als situative Interventionen in die Partnerarbeit von Lilli und Noemi und als alternative Planungen der Lernsequenz bezeichnet. Dieses vierteilige System der Hauptkategorien (Beschreibungen, fachliche Bewertungen, Interpretationen und Handlungsoptionen) konnte der Komplexität der Daten nicht gerecht werden, weshalb eine weitere Ausdifferenzierung der Kategorien folgte. Bei der Hauptkategorie „Inhaltliche Tiefe" traten Doppelcodierungen nur bei Beschreibungen und fachlichen Bewertungen auf, da die Befragten sich hier teils sprachlich verschachtelt äußerten.

In vielen Äußerungen der Studierenden konnten Beschreibungen und fachliche Bewertungen identifiziert werden, die objektiv gesehen nicht korrekt waren und folglich auch Auswirkungen auf die entwickelten Interpretationen und Handlungsoptionen hatten. Das Kategoriensystem wird diesen Äußerungen gerecht, indem es beispielsweise zwischen „Interpretationen" und „Interpretationen auf Basis nicht korrekter fachlicher Bewertung" unterscheidet. Eine detailliertere Analyse von Interpretationen und Handlungsoptionen auf Basis nicht korrekter fachlicher Bewertung erschien allerdings nicht sinnvoll, da diese nicht passend bzw. adaptiv zu der in der Vignette präsentierten Unterrichtssituation sein konnten. So wurden hier beispielsweise Handlungsoptionen formuliert, die den Schülerinnen beim Verstehen bzw. Korrigieren eines fachlichen Fehlers helfen sollten, den es jedoch nicht gab, da die beiden Schülerinnen in diesem Punkt korrekt gearbeitet hatten.

Nach dem ersten Codieren des Datenmaterials mit der Kategorie „Interpretation" wurden große Unterschiede in den hier codierten Textabschnitten

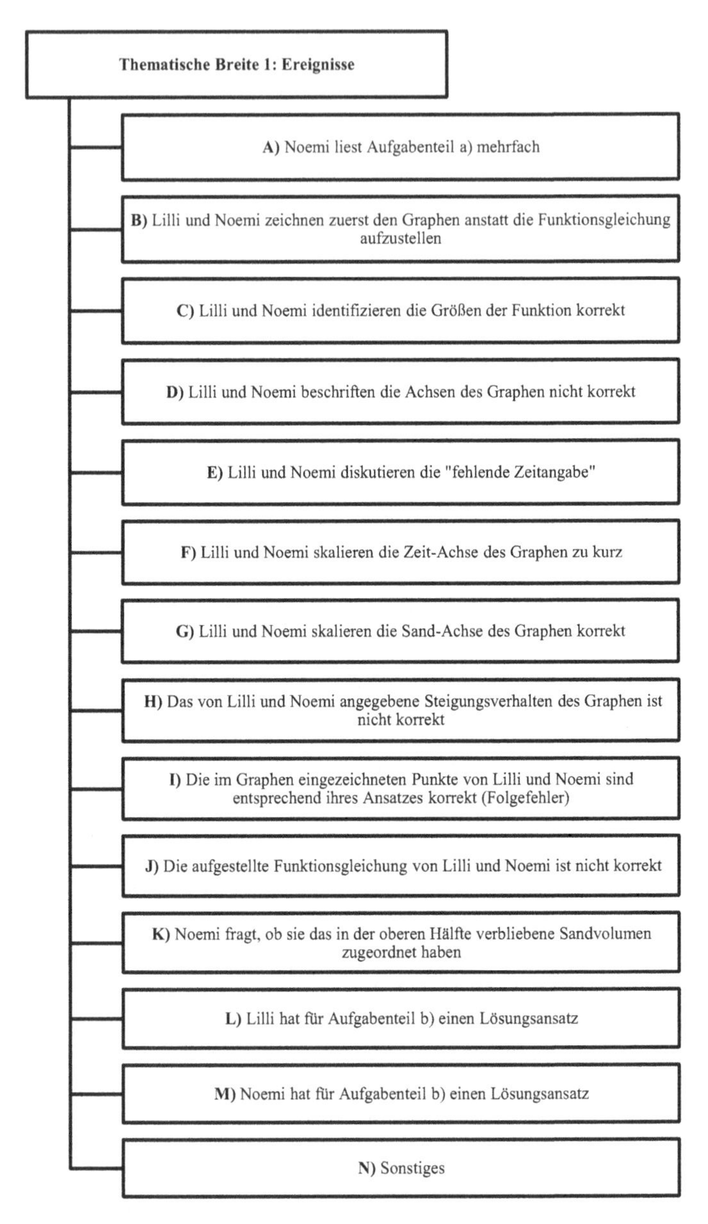

Abbildung 8.12 Kategoriensystem „Thematische Breite 1: Ereignisse“ zur Videovignette

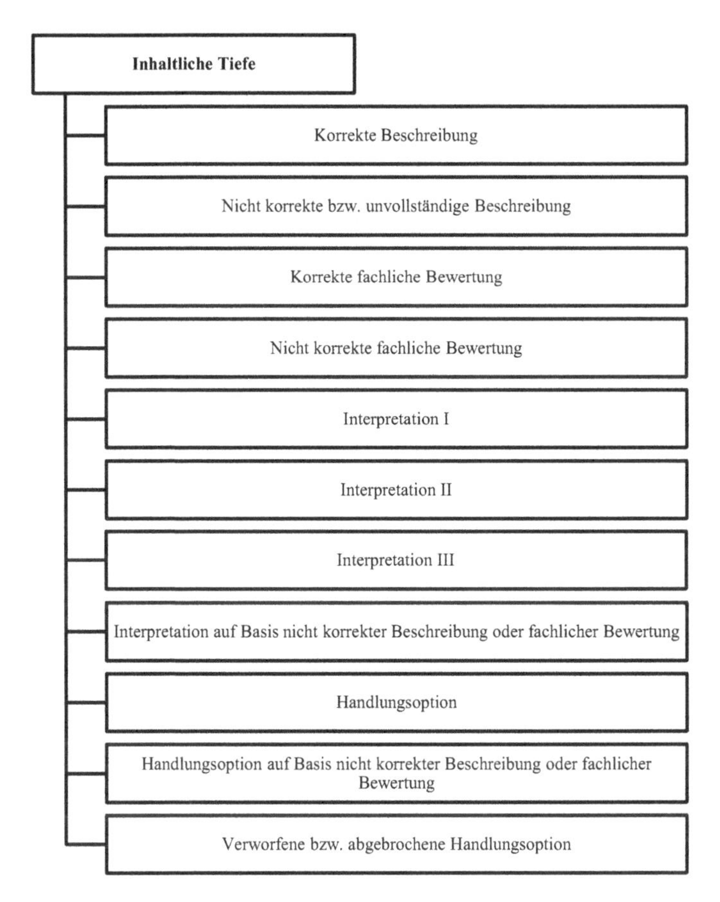

Abbildung 8.13 Kategoriensystem „Inhaltliche Tiefe" zur Videovignette

deutlich. Die Differenzierung von drei Interpretationsstufen konnte dieser Diversität gerecht werden. Subjektive Bewertungen und interpretative Beschreibungen wurden als Interpretationen der Stufe I (Kategorie „Interpretation I") klassifiziert. Aufgrund der besonderen Eigenschaften der eingesetzten Videovignette (siehe Abschnitt 8.4.3) bezogen sich die Interpretationen der Studierenden von Ereignissen des Bearbeitungsprozesses von Lilli und Noemi im engeren oder weiteren Sinne auf Fehlerursachen bzw. das mathematische Denken der beiden Schülerinnen. Innerhalb dieses Rahmens konnte zwischen oberflächlichen (Stufe II,

Kategorie „Interpretation II“) und tiefergehenden Interpretationen (Stufe III, Kategorie „Interpretation III“) differenziert werden. Die genauen Kategoriedefinitionen sind im Codierleitfaden im elektronischen Zusatzmaterial zu finden.

Die Ausdifferenzierung der Kategorie „Interpretation“ in drei Stufen erfolgte deduktiv-induktiv in Anlehnung an die Kategoriensysteme von Van Es (2011, S. 139), Kersting (2008) und Heinrichs (2015). Van Es (2011) bezeichnete beispielsweise die Tatsache, dass die Proband*innen einen Bezug zu einem speziellen Ereignis des Videos herstellen und dass Interpretationen zu Ursachen und Folgen für den Lern- bzw. Bearbeitungsprozess geäußert werden als Merkmal professioneller Unterrichtswahrnehmung. Diese Kriterien stützen die Abgrenzung der Interpretationsstufen II und III von der Interpretationsstufe I. Die Zuordnung zum höchsten Level durch die Angabe einer Handlungsoption bei Van Es (ebd.) schien hingegen in der vorliegenden Studie nicht sinnvoll, da die Studierenden zum einen explizit nach Handlungsoptionen gefragt wurden und da deren ungefragte Angabe zum anderen nicht allein die Qualität einer Aussage determinieren sollte. Die Unterscheidung zwischen oberflächlichen (Stufe II) und tiefergehenden Interpretationen (Stufe III) basierte überwiegend auf dem Kriterium, ob eine geschlossene Argumentationskette in der Äußerung vorlag. Dieses Kriterium wird in ähnlicher Weise auch bei Kersting (2008) genutzt, erwies sich in der vorliegenden Studie allerdings als unpassend, wenn sehr grob bestimmte Fehlerursachen genannt wurden. Eine zusätzliche Orientierung an dem Partial-Credit-System von Heinrichs (2015), in dem „die Rückführung auf mangelnde Konzentration, Flüchtigkeit und fehlendes Wissen“ (Heinrichs 2015, S. 162) als die zweite von drei Stufen der Interpretationstiefe codiert wird, half bei der angemessenen Abgrenzung.

Das Kategoriensystem „Thematische Breite 2: Perspektiven“ (siehe Abbildung 8.14) unterscheidet – ähnlich wie bei der Aufgabenanalyse (siehe Abschnitt 8.5.3) – drei Perspektiven: die sprachliche Perspektive, die überfachliche Perspektive (ohne Bezug zur Sprache) und die fachdidaktische sowie fachliche Perspektive (ohne Bezug zur Sprache). Anders als bei der Aufgabenanalyse konnten fachliche und fachdidaktische Überlegungen hier nicht getrennt werden, da die Studierenden diese durch Bezug zum konkreten Bearbeitungsprozess der Schülerinnen zu stark vernetzt darstellten. Neu hinzu kamen hingegen fachunspezifische Überlegungen zum Interaktions- und Sozialverhalten der beiden Schülerinnen, die in Anlehnung an die im Bildungsplan Hamburg beschriebenen überfachlichen Kompetenzen (Freie und Hansestadt Hamburg, Behörde für Schule und Berufsbildung 2011) als Äußerungen aus der überfachlichen Perspektive bezeichnet werden. Diese drei Perspektiven sind nicht nur wegen dem sprachlichen Fokus in der Kategorie „Sprachliche Perspektive“ bedeutsam für die Beantwortung der Forschungsfragen, sondern die zugehörigen Codes stehen auch – wie die Ereignisse – im Zusammenhang mit der Kompetenzfacette „Perception". So wird beispielsweise das Sprechen aus der sprachlichen Perspektive als Wahrnehmung („Perception") dieser Thematik verstanden, analog zum Ansatz der Erfassung professioneller Unterrichtswahrnehmung von Sherin und Van Es (2009) in Bezug auf das mathematische Denken von Schüler*innen (siehe Abschnitt 2.2.2).

Wie bei den Äußerungen zur Aufgabenanalyse erfolgte auch in Bezug auf die Äußerungen zur Videovignette eine Ausdifferenzierung der Kategorie „Sprachliche Perspektive" aufgrund des Forschungsinteresses. Thematisierten die Studierenden bestimmte Sprachmittel, erwies sich analog zur Aufgabenanalyse (siehe Abschnitt 8.5.3) die Codierung der Sprachebenen und Sprachregister als zielführend. Zugleich erfolgte eine genauere Betrachtung der Interpretationen und Handlungsoptionen aus sprachlicher Perspektive, wobei induktiv zwischen Interpretationen mit und ohne expliziten Bezug zur Mathematik differenziert werden konnte. Die Handlungsoptionen unterschieden sich auf zwei Ebenen: erstens war die Frage, ob es sich um situative Handlungsoptionen, also Interventionen in der Situation (hier: Partnerarbeit von Lilli und Noemi) handelte, oder um planungsbezogene Handlungsoptionen, also um alternative Planungen der Lernsequenz bzw. zukünftige Lerngelegenheiten. Die zweite Ebene betraf die Art der Thematisierung von Sprache bzw. eines bestimmten Sprachmittels. Dabei kann hier vorweggenommen werden, dass die Thematisierung von Sprache von den Studierenden in ihren Handlungsentscheidungen entweder vermieden wurde oder implizit oder explizit erfolgte (siehe auch Abschnitt 4.2.5).

8.5.5 Typenbildung

Wie bereits in Abschnitt 8.5.2 erläutert, folgte in der vorliegenden Studie auf die inhaltlich strukturierende eine typenbildende qualitative Inhaltsanalyse der erhobenen Daten nach Kuckartz (2016). Zu Beginn des Auswertungsprozesses war nicht ersichtlich, ob es möglich sein würde, im Datenmaterial Typen zu identifizieren. Erst im weiteren Verlauf der Auswertung mit der inhaltlich strukturierenden Inhaltsanalyse zeigten sich erste Ansätze einer möglichen Typologie. Schreier (2014) schreibt dazu:

> *„Wenn sich bei der weiteren Analyse der Ergebnisse, vor allem bei der Suche nach Zusammenhängen zwischen den Codierungen, Hinweise auf Muster ergeben, stellt die Typenbildung eine Möglichkeit dar, die Ergebnisse der inhaltsanalytischen Auswertung*

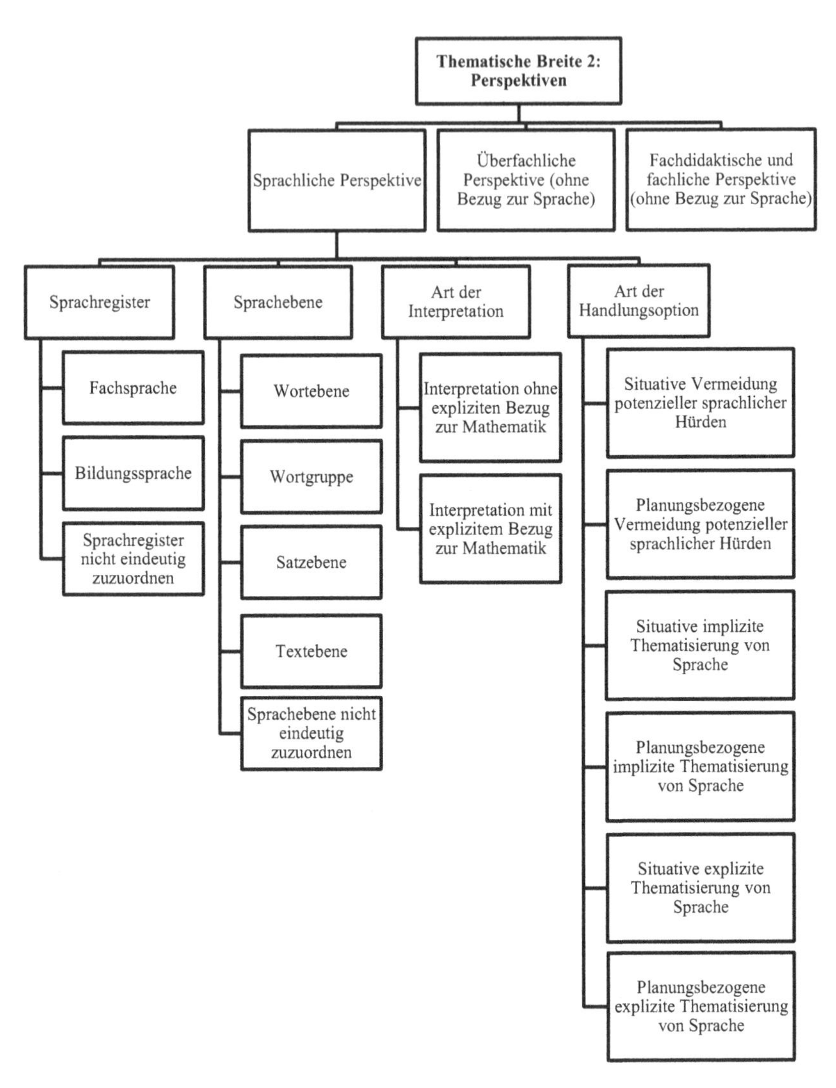

Abbildung 8.14 Kategoriensystem „Thematische Breite 2: Perspektiven" zur Videovignette

> *weiter aufzubereiten und zu verdichten. […] Die typenbildende Inhaltsanalyse stellt somit kein spezielles inhaltsanalytisches Verfahren dar, sondern bezieht sich auf die Anwendung qualitativer Inhaltsanalyse im Rahmen einer Typenbildung oder auf die Aufbereitung der Ergebnisse einer qualitativen Inhaltsanalyse mittels Typenbildung.*" (ebd., Abs. 35–36)

Der Ablauf der in der vorliegenden Studie genutzten typenbildenden qualitativen Inhaltsanalyse nach Kuckartz (2016) ist in Abbildung 8.15 dargestellt. Zunächst wurden Sinn, Zweck und Fokus der Typenbildung bestimmt. Angesichts der hohen Komplexität der Kategoriensysteme und des Forschungsinteresses erschien eine Eingrenzung auf die professionelle Unterrichtswahrnehmung der Bedeutung der Sprache angemessen. In der zweiten Phase erfolgte die Festlegung des Merkmalsraums, auf dem die Typologie beruhen sollte. Bei den Merkmalen handelte es sich, wie bei Kuckartz vorgesehen, um bereits codierte Kategorien (siehe Abschnitt 8.5.4). Im Auswertungsprozess zeigte sich, dass eine einzige Typologie der Komplexität der Kategoriensysteme nicht gerecht werden konnte. Kuckartz (2016) zufolge können aber innerhalb eines Forschungsprojekts „durchaus für mehrere inhaltliche Bereiche Typologien gebildet werden" (ebd., S. 152). In der vorliegenden Studie erwies es sich im Einklang mit der Forschungsfrage und dem Datenmaterial als sinnvoll, eine Typologie für das Interpretationsverhalten und eine weitere Typologie für das Handlungsverhalten aus der sprachlichen Perspektive zu bilden. Der Typologie für das Interpretationsverhalten lag ein dreidimensionaler Merkmalsraum zugrunde, der sich aus der Anzahl aus sprachlicher Perspektive interpretierter Ereignisse, deren inhaltlicher Tiefe und aus dem Grad der Verknüpfung von Mathematik und Sprache konstituierte (für Details siehe Abschnitt 10.4.1). Die Typologie des Handlungsverhaltens hingegen wurde anhand der Häufigkeit der verschiedenen Arten von Handlungsoptionen aus der sprachlichen Perspektive entwickelt (für Details siehe Abschnitt 10.4.2).

Die optionale dritte Phase der typenbildenden qualitativen Inhaltsanalyse (siehe Abbildung 8.15), das Codieren bzw. Recodieren des ausgewählten Materials, erwies sich als nicht erforderlich, da sich der Merkmalsraum direkt aus den Kategoriensystemen ableiten ließ. Es folgte daher die Konstruktion der Typologie und die Zuordnung aller Fälle der Studie zu den konstruierten Typen. Hier ist anzumerken, dass der Weg von Phase 1 bis 5 in dieser Studie keinen linearen Prozess darstellte, sondern vielmehr ein zirkuläres Vorgehen bis zur Entwicklung einer der Forschungsfrage angemessenen Typologie. Die anschließende exakte Beschreibung der Typologie war mit vertiefenden Interpretationen besonders geeigneter Einzelfälle (sogenannter „Prototypen") zu ergänzen. Die Analyse von Zusammenhängen zwischen den Typen und Hintergrundinformationen zu den

Studierenden bildete den Abschluss der Datenauswertung (Phase 7). Eine Analyse komplexer Zusammenhänge zwischen Typen und anderen Kategorien (Phase 8) war in der vorliegenden Studie nicht sinnvoll.

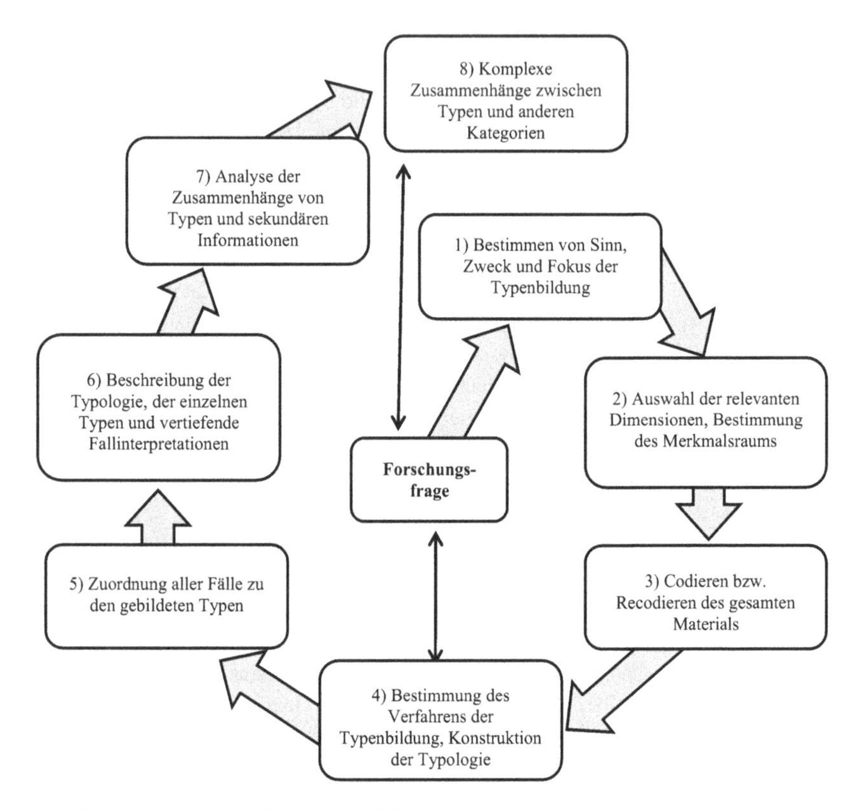

Abbildung 8.15 Ablauf der typenbildenden qualitativen Inhaltsanalyse (adaptiert von Kuckartz 2016, S. 153)

8.5.6 Gütekriterien

Bei der Datenauswertung mit der qualitativen Inhaltsanalyse waren die Gütekriterien qualitativer Forschung zu berücksichtigen. Im Folgenden wird zunächst allgemein auf die Gütekriterien eingegangen und im Anschluss dargelegt, auf welche

Weise die Einhaltung der Gütekriterien im Rahmen dieser Arbeit sichergestellt wurde.

In der quantitativen Forschung sind die Gütekriterien Reliabilität, Validität und Objektivität weit verbreitet und konsensualer Maßstab (Döring und Bortz 2016). In der qualitativen Forschung hingegen wird die Diskussion um geeignete Qualitätskriterien sehr viel kontroverser geführt und die Anwendung der genannten Gütekriterien eher abgelehnt. Vielmehr wird entweder diskutiert, welche Kriterien tatsächlich den Charakteristika qualitativer Forschung entsprechen oder wie die Kriterien quantitativer Forschung zu modifizieren sind. Das Gütekriterium der Objektivität wird bei Letzterem insgesamt seltener thematisiert (ebd.). Im Folgenden wird mit Blick auf die hier gewählte Auswertungsmethode der Diskurs mit Fokus auf die Gütekriterien der qualitativen Inhaltsanalyse vertieft. Laut Schreier (2014) können die Validität und Reliabilität durch folgende Modifikation in der qualitativen Inhaltsanalyse erfüllt werden:

> *„Die Bedeutung des Reliabilitätskriteriums zeigt sich darin, dass meist ein intersubjektiv-konsensuales Textverständnis angestrebt wird (das jedoch nicht notwendig mit einer Berechnung eines Interrater-Koeffizienten einhergeht […]). Die Bedeutung der Validität spiegelt sich in der Anforderung, dass Kategoriensystem so zu erstellen, dass es in der Lage ist, wesentliche Bedeutungsaspekte des Materials zu erfassen. Dies erfordert in der Regel, dass zumindest einige Kategorien induktiv am Material entwickelt werden.“* (Schreier 2014, Abs. 4)

In der vorliegenden Studie wurde die von Schreier angesprochene Modifikation des Gütekriteriums der Reliabilität durch häufiges konsensuelles Codieren (Kuckartz 2016) erfüllt. Die Modifikation des Kriteriums der Validität wurde durch die Bildung induktiver Kategorien in Zusammenarbeit mit mehreren Forscher*innen realisiert. Das genaue Vorgehen soll im Weiteren erläutert werden.

In Bezug auf die von Schreier (2014) angesprochene Alternative zum Interrater-Koeffizienten führt Kuckartz (2016) ein Verfahren an, dass auch die Erfüllung des Reliabilitätskriteriums sicherstellen könne: das konsensuelle Codieren. Hier codieren zwei Codierende unabhängig voneinander ein Transkript mit dem gleichen Codierleitfaden und notieren dabei Fragen und Probleme. Anschließend erfolgen ein Vergleich der Codierungsergebnisse, die Diskussion von Differenzen auf Basis des Codierleitfadens und ggf. dessen notwendige Überarbeitung. Laut Kuckartz (2016) reicht das konsensuelle Codieren prinzipiell aus, um die Güte qualitativer Inhaltsanalysen zu sichern, und eine Berechnung der Intercoder-Übereinstimmung ist nicht notwendig. Zusätzlich Im gegebenen Forschungsprojekt war das konsensuelle Codieren eine gute Wahl, da die Intercoder-Reliabilität insbesondere bei komplexen Kategoriensystemen – wie hier der Fall – als problematisch gesehen wird: „Je differenzierter und umfangreicher das Kategoriensystem, desto schwieriger ist es, eine hohe Zuverlässigkeit der Resultate zu erzielen, obwohl gleichzeitig die inhaltliche Aussagekraft einer Untersuchung steigen kann" (Ritsert 1972, S. 70 zit. n. Mayring 2015, S. 124).

Das konsensuelle Codieren wurde im Rahmen der vorliegenden Studie mit einer Gruppe von Expertinnen in regelmäßigen Arbeitstreffen durchgeführt. Die Gruppe umfasste fünf Expertinnen aus dem Forschungsprojekt ProfaLe mit verwandten Promotionsvorhaben, von denen zwei ebenfalls in der Mathematikdidaktik und zwei weitere in anderen Fachdidaktiken tätig waren. An den Treffen nahmen immer mindestens zwei dieser Forscherinnen teil. In dem insgesamt eineinhalbjährigen Auswertungsprozess wurde so etwa alle fünf Wochen eine ausführliche Rückmeldung der Expertinnen zu dem Stand des Auswertungsprozesses gegeben. Zur Vorbereitung der Treffen erhielten die Expertinnen entweder den Auftrag, Transkripte nach dem bis dahin entwickelten Codierleitfaden zu codieren oder induktiv Kategorien zu bilden. Das Codieren nach Leitfaden stellte den ersten Schritt des konsensuellen Codierens dar. In diesem Fall gestaltete sich das Treffen als eine dreistündige Diskussion der jeweiligen Codierungen, in der Differenzen geklärt und der Codierleitfaden im Sinne des konsensuellen Codierens weiterentwickelt wurde.

Hinsichtlich der Bildung von induktiven Kategorien in der Expertinnengruppe erhielten die Beteiligten vorab entweder ausgewählte Transkripte oder, falls das Ziel die Bildung von Subkategorien war, alle Textstellen einer Kategorie. Dann bestand die Aufgabe darin, die Textstellen entsprechend der für die Forschungsfrage relevanten Dimensionen zu ordnen. Dieses Vorgehen stand auch im Einklang mit dem vierten Schritt der inhaltlich strukturierenden qualitativen Inhaltsanalyse nach Kuckartz (siehe Abbildung 8.7). Die induktive Kategorienbildung wurde ebenfalls in einem dreistündigen Arbeitstreffen im Team der Expertinnen diskutiert. Mit diesem strukturierten Vorgehen konnte die Validität im Sinne von Schreier (2014) gesichert werden. Da eventuell bislang unbeachtete wesentliche Bedeutungsaspekte des Materials durch die Expertinnengruppe identifiziert wurden, kann davon ausgegangen werden, dass die Doppelfunktion von mir in der vorliegenden Studie (Forscherin und Dozentin des neu angebotenen Seminars) die Ergebnisse nicht beeinträchtigt hat.

Neben den Modifikationen des Reliabilitäts- und des Validitätskriteriums nach Schreier (2014) wurden die internen und externen Gütekriterien der qualitativen Inhaltsanalyse von Kuckartz (2016) adressiert. Die internen Gütekriterien beziehen sich vor allem auf prozedurale Aspekte des Forschungsprozesses und umfassen umfangreiche Checklisten in Bezug auf die Datenerhebung, die Transkription und die Datenauswertung (ebd.). Die Checklisten stellten in der vorliegenden Studie ein stets präsentes Hilfsmittel dar, um das methodische Vorgehen kontinuierlich zu hinterfragen. Die Erfüllung der in den Checklisten formulierten Kriterien, wie beispielsweise die Nutzung von Transkriptionsregeln sowie Computersoftware für die Auswertung der Daten und die Begründung der Auswertungsmethode, wurden bereits in den Abschnitten 8.5.1 und 8.5.2 erläutert. Die externen Gütekriterien von Kuckartz (2016) fokussieren die Übertragbarkeit und das Potenzial zur Verallgemeinerung von Ergebnissen. Da bei qualitativen Designs normalerweise kleine(re) Stichproben vorliegen, kann beispielsweise eine sorgfältige Fallauswahl zu dieser Qualitätsfacette beitragen. Ein solches Vorgehen war in der vorliegenden Studie nicht möglich. Wie aus der Stichprobenbeschreibung in Abschnitt 8.3 hervorgeht, spiegelt die Stichprobe jedoch eine Breite in Bezug auf Geschlecht, Studiengang, Zweitfach und Motivation der Seminarteilnahme, die den Anforderungen des Forschungsinteresses sehr gut entsprechen.

Teil IV
Darstellung der Ergebnisse

9 Ergebnisse zur Aufgabenanalyse mit Fokus auf die Identifizierung potenzieller sprachlicher Hürden

Im Folgenden wird dargestellt, inwiefern sich bei den Studierenden Kompetenzzuwächse hinsichtlich der Analyse von potenziellen sprachlichen Hürden in Textaufgaben nach der Teilnahme an dem Seminar identifizieren ließen. Die Studierenden bezogen sich bei der Aufgabenanalyse auf die Textaufgabe „Sanduhr" (Analyse siehe Abschnitt 8.4.2). In Abschnitt 9.1 wird dargestellt, aus welchen Perspektiven sich die Studierenden in der Prä- und der Post-Erhebung zur Textaufgabe geäußert haben. Ziel ist es herauszuarbeiten, wie häufig Sprache bei der Aufgabenanalyse eine Rolle spielte. Im Anschluss werden diese Ergebnisse durch Erkenntnisse darüber vertieft, auf welche Weise sprachliche Hürden thematisiert wurden (Abschnitt 9.2) und um welche Sprachmittel es sich dabei handelt (Abschnitt 9.3). Die Interpretation der Teilergebnisse erfolgt integriert in den einzelnen Unterkapiteln, die Diskussion in Kapitel 11.

9.1 Eingenommene Perspektiven

Als Teil der Forschungsfragen wurde u. a. die Frage formuliert, mit welchen Perspektiven und wie häufig sich die Studierenden zur Textaufgabe „Sanduhr" äußerten und inwiefern sich dies nach der Teilnahme an dem Seminar veränderte. Wie bereits in Abschnitt 8.5.3 erläutert, erwies sich die Unterscheidung von drei Perspektiven als zielführend: die fachliche Perspektive (ohne Bezug zur Sprache), die fachdidaktische Perspektive (ohne Bezug zur Sprache) und die sprachliche Perspektive. Letztere war von besonderem Interesse.

In Tabelle 9.1 ist dargestellt, aus welcher Perspektive, wie häufig und in welchem Umfang sich die Studierenden zur Textaufgabe „Sanduhr" geäußert

N. Krosanke, *Entwicklung der professionellen Kompetenz von Mathematiklehramts-studierenden zur Bedeutung von Sprache*, Perspektiven der Mathematikdidaktik,
https://doi.org/10.1007/978-3-658-33505-2_9

haben. Beispielsweise haben in der Prä-Erhebung 18 Studierende 28-mal die Textaufgabe aus der fachlichen Perspektive (ohne Bezug zur Sprache) thematisiert. Der durchschnittliche Redeanteil aus dieser Perspektive betrug 50 %. Der Prä-Post-Vergleich der in Tabelle 9.1 dargestellten Ergebnisse liefert das folgende wesentliche Ergebnis: In der Prä-Erhebung äußerten sich die meisten Studierenden durchschnittlich am häufigsten und umfangreichsten aus der fachlichen Perspektive (ohne Bezug zur Sprache) zur Textaufgabe. In der Post-Erhebung äußerten sie sich zur Textaufgabe am häufigsten und umfangreichsten aus der sprachlichen Perspektive. Im Folgenden wird dieses zentrale Ergebnis erläutert und interpretiert, indem auf alle Perspektiven eingegangen wird.

Tabelle 9.1 Ergebnisse zu den von den Studierenden eingenommenen Perspektiven bei der Aufgabenanalyse

	Durchschnittliche Codeabdeckung[1]		**Anzahl der Codierungen (verteilt auf X Personen)**	
	Prä[2]	**Post**	**Prä**	**Post**
Fachliche Perspektive (ohne Bezug zur Sprache)	50 %	26 %	28 (18)	22 (14)
Fachdidaktische Perspektive (ohne Bezug zur Sprache)	27 %	10 %	25 (9)	12 (9)
Sprachliche Perspektive	16 %	58 %	18 (8)	76 (17)
Perspektive nicht eindeutig zuzuordnen	7 %	6 %	9 (7)	13 (10)

Die fachliche Perspektive (ohne Bezug zur Sprache) kennzeichnete in der Prä-Erhebung den größten Anteil der Äußerungen der Studierenden (50 %) zur Textaufgabe „Sanduhr", und diese Perspektive wurde von 18 Studierenden mindestens einmal eingenommen. Dabei äußerten die Befragten Gedanken zur mathematischen Lösung der Textaufgabe „Sanduhr", **ohne** Bezüge zu einer potenziellen Lerngruppe oder zur sprachlichen Komplexität der Aufgabe herzustellen. In der Post-Erhebung reduzierte sich der durchschnittliche Redeanteil aus der fachlichen Perspektive auf ca. ein Viertel (26 %) und sowohl die Anzahl der

[1] Diese Prozentangabe beschreibt den Umfang der mit einer bestimmten Perspektive codierten Textstellen in Relation zu der Länge aller Textstellen, auf die eine Perspektive innerhalb der Aufgabenanalyse codiert worden ist.

[2] Im Folgenden werden in den Tabellen die Abkürzungen „Prä" und „Post" für die Prä- bzw. Post-Erhebung genutzt.

Codierungen als auch die Anzahl der Studierenden, die mindestens einmal aus dieser Perspektive sprachen, ging von 28 auf 22 bzw. von 18 auf 14 zurück. Der hier festgestellte Rückgang muss allerdings nicht bedeuten, dass sich die Studierenden weniger zum fachlichen Inhalt der Textaufgabe äußerten, sondern könnte auch bedeuten, dass sie dies nicht mehr so häufig ohne Bezug zur Fachdidaktik und/oder zur Sprache taten.

Aus der fachdidaktischen Perspektive (ohne Bezug zur Sprache) äußerten sich die Studierenden zum einen über mögliche Schwierigkeiten oder Lernvoraussetzungen im Kontext der Bearbeitung der Textaufgabe „Sanduhr", bezogen sich dabei aber **nicht** auf potenzielle sprachliche Hürden. Zum anderen thematisierten die Befragten das mögliche Potenzial der Textaufgabe aus fachdidaktischer Sicht. In der Prä- und der Post-Erhebung äußerten sich neun der 20 Studierenden mindestens einmal aus der fachdidaktischen Perspektive (ohne Bezug zur Sprache) zur Textaufgabe (siehe Tabelle 9.1). Allerdings reduzierte sich der durchschnittliche Redeanteil aus dieser Perspektive von 27 % auf 10 % und die Anzahl der Codierungen von 25 auf zwölf. Genau wie bei der fachlichen Perspektive (ohne Bezug zur Sprache) bedeutet dies aber nicht unbedingt, dass sich die Studierenden weniger aus der fachdidaktischen Perspektive zur Textaufgabe äußerten, sondern kann auch bedeuten, dass sie dies nicht mehr so häufig ohne Bezug zur Sprache taten.

In den Äußerungen aus der sprachlichen Perspektive bewerteten die Studierenden zum einen bestimmte Sprachmittel der Textaufgabe „Sanduhr" als potenzielle Hürden für Schüler*innen:

> *„Gerade bei a) finde ich die Satzkonstruktion relativ kompliziert. <Stelle eine Funktionsgleichung auf, die der verstrichenen Zeit das in der oberen Hälfte verbliebene Sandvolumen zuordnet.> (..) <Die der das>, da muss man auch erstmal sortieren, um das zu verstehen."* (Post S1, 39–42)

Zum anderen bewerteten die Studierenden geforderte Darstellungswechsel bzw. -vernetzungen mit dem verbalen Register als potenzielle Hürde:

> *„Ich denke, dass (.) die meisten Schüler mit der Umsetzung von Textaufgaben in diese mathematischen Zeichen Probleme haben. Also gerade mit der Erstellung von (..) eigenen Gleichungen und solchen Funktionsvorschriften. Weil es doch häufig so ist, dass sie die einfach vorgesetzt bekommen und sich nicht weiter damit beschäftigen, wofür die einzelnen Werte stehen. Das könnte man in der Klasse gut damit thematisieren."* (Pre 12, 39–44)

Die stärksten Zuwächse von der Prä- zur Post-Erhebung zeigten sich bei den Studierenden in Bezug auf die Einnahme der sprachlichen Perspektive (siehe

Tabelle 9.1). Die durchschnittliche Codeabdeckung stieg hier um das 3,6-Fache von 16 % auf 58 % und die Anzahl der Codierungen sogar um das 4,2-Fache von 18 auf 76 an. Während sich in der Prä-Erhebung nur acht Studierende mindestens einmal aus der sprachlichen Perspektive zur Textaufgabe „Sanduhr" äußerten, waren es in der Post-Erhebung 17 der 20 Studierenden. Diese Ergebnisse auf Gruppenebene wurden durch eine personenbezogene Betrachtung ergänzt. Dabei zeigte sich eine Erhöhung der Anzahl an Codierungen aus der sprachlichen Perspektive von der Prä- zur Post-Erhebung bei 17 Studierenden. Bei elf Studierenden stieg die Anzahl dabei um mehr als eine Codierung und bei zwei Studierenden sogar um mehr als elf Codierungen.

Insgesamt kann die Erhöhung der Anzahl an Äußerungen aus der sprachlichen Perspektive von der Prä- zur Post-Erhebung, die 17 der 20 Studierenden betraf, als Hinweis auf eine Sensibilisierung der Studierenden für potenzielle sprachliche Hürden bei Textaufgaben interpretiert werden. Dies kann im Zusammenhang mit einem Kompetenzzuwachs im Bereich Sprache im Mathematikunterricht in der Dimension „Didaktik" (siehe Abschnitt 5.1) betrachtet werden, da hierzu die Analyse von Aufgaben im Rahmen der Bedarfsanalyse (Makro-Scaffolding) gehört. Für diese Kompetenz wird auch Wissen in der Dimension „Fachregister" benötigt.

9.2 Inhaltliche Tiefe der Äußerungen aus der sprachlichen Perspektive

Bis hierhin wurde gezeigt, dass in der Post-Erhebung mehr Studierende häufiger und umfangreicher als in der Prä-Erhebung potenzielle sprachliche Hürden der Textaufgabe „Sanduhr" thematisierten. Im Zuge der Forschungsfragen war aber auch von Interesse, auf welche Art und Weise diese thematisiert worden sind. Zur Beantwortung dieser Frage ist in Tabelle 9.2 dargestellt, mit welcher inhaltlichen Tiefe sich wie viele Studierende wie häufig in der Prä- und der Post-Erhebung aus der sprachlichen Perspektive zur Textaufgabe „Sanduhr" geäußert haben. Es zeigt sich, dass die Studierenden in der Prä- und der Post-Erhebung ausschließlich Bewertungen zum sprachlichen Schwierigkeitsgrad der Textaufgabe „Sanduhr" bzw. bestimmter Sprachmittel aus der sprachlichen Perspektive getätigt haben. Teilweise begründeten die Befragten diese Bewertungen und entwickelten hierzu Handlungsoptionen. Deskriptive Wiedergaben der Aufgabe „Sanduhr" bzw. deren Musterlösung und Erläuterungen des Potenzials der Aufgabe wurden in der Prä- und der Post-Erhebung hingegen kein einziges Mal aus der sprachlichen Perspektive getätigt. Die Bedeutung dieser Kategorien zeigte sich nur bei der fachlichen bzw. fachdidaktischen Perspektive (ohne Bezug zur Sprache).

Tabelle 9.2 Absolute Häufigkeit der Äußerungen aus sprachlicher Perspektive in Bezug auf die inhaltliche Tiefe bei der Aufgabenanalyse (verteilt auf X Personen)

	Prä	Post
Deskriptive Wiedergabe der Aufgabe und der Musterlösung		
Erläuterung des Potenzials der Aufgabe		
Nennung einer potenziellen Hürde	5 (3)	21 (9)
Bewertung „geringer Schwierigkeitsgrad“	2 (2)	1 (1)
Nennung und Begründung einer potenziellen Hürde	8 (5)	38 (12)
Bewertung und Begründung „geringer Schwierigkeitsgrad“		2 (2)
Nennung einer potenziellen Hürde und Handlungsoption		5 (4)
Nennung und Begründung einer potenziellen Hürde und Handlungsoption	3 (1)	8 (5)

Der Prä-Post-Vergleich der in Tabelle 9.2 dargestellten Auswertung liefert zwei wesentliche Ergebnisse: Erstens nannten und begründeten mehr Studierende potenzielle sprachliche Hürden in der Post-Erhebung und taten dies außerdem auch öfter als in der Prä-Erhebung. Dies ist an den absoluten Häufigkeiten der Kategorien „Nennung einer potenziellen Hürde“, „Nennung und Begründung einer potenziellen Hürde“ und „Nennung und Begründung einer potenziellen Hürde und Handlungsoption“ zu erkennen. Die stärkste Veränderung zeigt sich bei der Kategorie „Nennung und Begründung einer potenziellen Hürde“. In der Prä-Erhebung nannten acht Studierende insgesamt 16 potenzielle sprachliche Hürden und begründeten elf davon. Im Unterschied dazu benannten in der Post-Erhebung 17 der 20 Studierenden insgesamt 72 potenzielle Hürden und begründeten 51 hiervon. Diese Veränderung kann als Hinweis auf eine Sensibilisierung der Studierenden für sprachliche Hürden in Textaufgaben interpretiert werden. Diese Folgerung beruht auf der Annahme, dass die Textaufgabe „Sanduhr“ zahlreiche potenzielle sprachliche Hürden aufweist (siehe Abschnitt 8.4.2), die einer sprachbewussten Mathematiklehrkraft auffallen sollten. Eine Rückführung der Veränderung auf die Teilnahme an dem Seminar ist naheliegend, da es dort zahlreiche Lerngelegenheiten zur Förderung der Kompetenz zur Analyse von sprachlichen Hürden bei Textaufgaben gab (siehe Abschnitt 7.3). Außerdem gaben die Studierenden an, keine weiteren Lerngelegenheiten in Bezug auf Deutsch als Zweitsprache oder sprachbewussten Fachunterricht nach der Prä-Erhebung gehabt zu haben.

Das zweite wesentliche Ergebnis des Prä-Post-Vergleichs betrifft die Handlungsoptionen aus der sprachlichen Perspektive. In der Prä-Erhebung hat nur eine einzige Person insgesamt drei Handlungsoptionen aus der sprachlichen Perspektive formuliert (siehe Tabelle 9.2). In der Post-Erhebung gaben im Gegensatz dazu acht Studierende durchschnittlich 1,6 Handlungsoptionen (13:8) an. Eine mögliche Begründung für die geringe Anzahl an Handlungsoptionen, die im Übrigen auch die fachdidaktische Perspektive (ohne Bezug zur Sprache) betraf, ist, dass die Entwicklung von Handlungsoptionen im Rahmen des „Lauten Denkens" nicht unbedingt naheliegend war und eine vorausschauende bzw. weiterführende Tätigkeit darstellte. So ist festzustellen, dass Handlungsoptionen insgesamt selten geäußert wurden. Die Tatsache, dass sieben der 20 Studierenden diese erstmals in der Post-Erhebung entwickelten, kann jedoch als positive Entwicklung der Studierenden im Sinne der Sensibilisierung im Umgang mit sprachlichen Barrieren im Fachunterricht interpretiert werden.

Aufgrund des starken Zuwachses an Begründungen, warum bestimmte Sprachmittel oder Abschnitte der Textaufgabe potenzielle Hürden darstellen (siehe Tabelle 9.2), wurden diese genauer untersucht. Wie bereits in Abschnitt 8.5.3 beschrieben, konnten drei Arten von Begründungen unterschieden werden: Begründungen mit explizitem Bezug zur Mathematik, zur Sprachwissenschaft oder zur Sprachkompetenz der potenziellen Lerngruppe. In Tabelle 9.3 ist dargestellt, wie häufig welche Begründung von wie vielen Studierenden vorgebracht worden ist. Die wesentliche Erkenntnis der Auswertung ist, dass sich die eben beschriebene Erhöhung der Anzahl an Begründungen von der Prä- zur Post-Erhebung sowohl auf Begründungen mit explizitem Bezug zur Mathematik als auch auf Begründungen mit explizitem Bezug zur Sprachwissenschaft bezieht. Während in der Prä-Erhebung beispielsweise nur eine Person einmal einen expliziten Bezug zur Sprachwissenschaft in der Begründung herstellte, waren es in der Post-Erhebung elf Studierende und 28 Begründungen dieser Art. Der Bezug zur Sprachwissenschaft basierte hier auf der Verwendung von Fachbegriffen (wie „Attribut") oder typischen Merkmalen wie der Satzlänge. Mithilfe dieses Wissens erfolgte die Bewertung bestimmter Sprachmittel oder Textabschnitte als eher schwierig oder eher leicht für potenzielle Lerngruppen:

> *„Also am Anfang sticht mir gleich Aufgabenteil a) ins Auge: <Stelle eine Funktionsgleichung auf, die der verstrichenen Zeit das in der oberen Hälfte verbliebene Sandvolumen>/Also, das ist (..) ein Attribut glaube ich. Auf jeden Fall sehr viele (lacht) Beschreibungen, die zu dem Sandvolumen eben gehören und die den Satz sehr komplex zu verstehen machen. Oder auch einfach relativ lang. (..) Und wo man schon vermuten könnte, dass irgendwie Schüler daran viell/Oder da vielleicht Schwierigkeiten haben, das überhaupt zu verstehen."* (Post S17, 12–18)

Tabelle 9.3 Absolute Häufigkeit der Begründungen für potenzielle sprachliche Hürden in der Aufgabenanalyse (verteilt auf X Personen)

	Prä	Post
Begründung mit explizitem Bezug zur Mathematik	7 (5)	25 (12)
Begründung mit explizitem Bezug zur Sprach-wissenschaft	1 (1)	28 (11)
Begründung mit explizitem Bezug zur Sprachkompetenz der potenziellen Lerngruppe	5 (3)	9 (6)

Ähnlich stark waren auch die identifizierten Veränderungen der Kategorie „Begründung mit explizitem Bezug zur Mathematik": In der Prä-Erhebung hatten fünf Studierende durchschnittlich 1,4-mal (7:5) und in der Post-Erhebung zwölf der 20 Studierenden durchschnittlich 2,1-mal (25:12) eine Begründung mit explizitem Bezug zur Mathematik vorgebracht. Begründungen mit explizitem Bezug zur Sprachkompetenz der potenziellen Lerngruppe waren hingegen in der Prä- und der Post-Erhebung eher selten (siehe Tabelle 9.3). Eine nennenswerte Veränderung ist hier somit nicht ersichtlich. Bei Begründungen dieser Art äußerten die Studierenden die Vermutung, dass das betrachtete Sprachmittel für Schüler*innen mit Deutsch als Zweitsprache, Schüler*innen, die zu Hause nicht Deutsch sprechen oder für sprachlich heterogene Lerngruppen eine Hürde darstellen könnte:

> *„Eine Sanduhr (..) kennen jetzt vielleicht Kinder mit einer anderen Erstsprache nicht unbedingt. Das müsste vielleicht erstmal geklärt werden und vielleicht auch (..) nochmal gezeigt werden."* (Pre S17, 28–30)

Insgesamt kann die beschriebene Entwicklung von der Prä- zur Post-Erhebung als Hinweis auf eine Sensibilisierung der Studierenden für potenzielle sprachliche Hürden in Textaufgaben interpretiert werden, da in den Begründungen Wissen um schwierigkeitsgenerierende Merkmale aus der Sprachwissenschaft bzw. Wissen um mögliche Verbindungen von Mathematik unwed Sprache identifiziert werden kann. Beide Wissensbereiche wurden innerhalb des Seminars fokussiert (siehe Abschnitt 7.2 und 7.3).

9.3 Sprachebenen und Sprachregister thematisierter potenzieller sprachlicher Hürden

Zur Beantwortung der Forschungsfrage, welche Sprachmittel von den Studierenden in der Prä- und der Post-Erhebung thematisiert worden sind, wurden die von den Studierenden genannten und teils begründeten potenziellen Hürden, wenn möglich, bestimmten Sprachebenen und Sprachregistern zugeordnet. Das Ziel war es herauszufinden, ob die Studierenden bestimmte Sprachebenen oder -register vernachlässigt oder besonders häufig in der Prä- oder Post-Erhebung thematisiert haben. Im Folgenden werden zunächst die Ergebnisse zu den Sprachebenen und dann die Ergebnisse zu den Sprachregistern dargestellt.

Sprachebenen thematisierter potenzieller sprachlicher Hürden
Bewerteten die Studierenden bestimmte Sprachmittel als schwierig, so konnten diese Sprachmittel den Sprachebenen zugeordnet werden, wie die folgenden Zitate für die Wort-, Wortgruppen- und Satzebene verdeutlichen:

> *„Und wo wir jetzt die ganze Zeit über sprachliche Hindernisse und Hürden gesprochen haben, ist mir eingefallen, ob das Kind wirklich das Wort <Sand> und <Sanduhr> kennt und sich das vorstellen kann, worum es hier geht."* (Pre S2, 22–25)

> *„Und die <verstrichene Zeit>, was bedeutet das? Man muss sich klarmachen, dass das heißt, dass die Zeit vorbei ist. Die Zeitspanne, die jetzt in der Vergangenheit liegt, quasi."* (Post S2, 57–59)

> *„Gerade bei a) finde ich die Satzkonstruktion relativ kompliziert. <Stelle eine Funktionsgleichung auf, die der verstrichenen Zeit das in der oberen Hälfte verbliebene Sandvolumen zuordnet.> (..) <Die der das>, da muss man auch erstmal sortieren, um das zu verstehen."* (Post S1, 39–42)

Wie häufig und von wie vielen Studierenden Sprachmittel auf bestimmten Sprachebenen als potenzielle Hürde identifiziert worden sind, ist in Tabelle 9.4 dargestellt. Das erste Ergebnis des Prä-Post-Vergleichs ist, dass in der Post-Erhebung wesentlich mehr Studierende sprachliche Hürden thematisierten, die einer konkreten Sprachebene zugeordnet werden konnten, und dass sie dies zusätzlich viel häufiger taten als in der Prä-Erhebung. Während in der Prä-Erhebung nur fünf Studierende durchschnittlich zwei (10:5) Sprachmittel thematisierten, die einer konkreten Sprachebene (Wort-, Wortgruppen-, Satz- oder Textebene) zugeordnet werden konnten, taten dies in der Post-Erhebung 16 der 20 Studierenden bei durchschnittlich 4,7 (75:16) Sprachmitteln. Zusätzlich reduzierte sich die Anzahl der Codierungen und die Anzahl der Studierenden der Kategorie „Sprachebene nicht eindeutig zuzuordnen" von der Prä- zur Post-Erhebung, sodass nur ein sehr geringer Anteil aller thematisierten potenziellen sprachlichen Hürden nicht einer konkreten Sprachebene zugeordnet werden konnte. Die Studierenden konnten folglich in der Post-Erhebung potenzielle sprachliche Hürden der Textaufgabe „Sanduhr" präziser identifizieren.

Tabelle 9.4 Absolute Häufigkeit der identifizierten potenziellen sprachlichen Hürden auf den verschiedenen Sprachebenen in der Aufgabenanalyse (verteilt auf X Personen)

	Prä	**Post**
Konkrete Sprachebene	10 (5)	75 (16)
Wortebene	6 (5)	25 (9)
Wortgruppenebene	1 (1)	22 (9)
Satzebene	1 (1)	20 (12)
Textebene	2 (2)	8 (7)
Sprachebene nicht eindeutig zuzuordnen	8 (6)	4 (3)

Weitere wesentliche Ergebnisse der in Tabelle 9.4 dargestellten Auswertung sind, dass die Studierenden in der Prä-Erhebung am häufigsten sprachliche Hürden auf der Wortebene identifizierten. In der Post-Erhebung thematisierten wesentlich mehr Studierende sprachliche Hürden auf der Wort-, Wortgruppen- und Satzebene und taten dies zusätzlich viel häufiger als in der Prä-Erhebung. In der Prä-Erhebung haben die fünf Studierenden, die eine konkrete Sprachebene in der Prä-Erhebung ansprachen, sechs Sprachmittel auf Wortebene thematisiert. Sprachmittel auf anderen Sprachebenen wurden maximal zweimal von zwei verschiedenen Personen als potenzielle sprachliche Hürde identifiziert. In der Post-Erhebung haben hingegen jeweils neun bzw. zwölf Studierende insgesamt 20 bis 25 Sprachmittel auf der Wort-, Wortgruppen- und Satzebene identifiziert. Sprachliche Mittel auf der Textebene wurden zwar von mehr Studierenden in der Post- als in der Prä-Erhebung thematisiert, blieben aber selten.

Bei individueller Betrachtung der Entwicklung von der Prä- zur Post-Erhebung zeigt sich ein Anstieg der Anzahl identifizierter sprachlicher Hürden auf konkreten Sprachebenen bei 16 der 20 Studierenden. 15 von diesen Studierenden thematisierten zusätzlich in der Post-Erhebung mindestens ein Sprachmittel auf einer Sprachebene, die sie in der Prä-Erhebung noch nicht berücksichtigt hatten.

Insgesamt können die dargestellten Ergebnisse als Hinweis auf eine Sensibilisierung der Studierenden für sprachliche Hürden auf verschiedenen Sprachebenen in Textaufgaben interpretiert werden – insbesondere hinsichtlich der Wort-, Wortgruppen- und der Satzebene. Auch wenn nicht alle Studierende in der Post-Erhebung sprachliche Hürden auf allen Sprachebenen thematisierten, so ist hier dennoch eine starke Veränderung von der Prä- zur Post-Erhebung erkennbar. Ein Zusammenhang zwischen dieser Veränderung und der Teilnahme an dem durchgeführten Seminar ist naheliegend, da es in dem Seminar verschiedene Lerngelegenheiten gab, bei denen die Studierenden ihr Wissen über Sprachebenen im Rahmen von Aufgabenanalysen vertiefen bzw. anwenden konnten (siehe

Abschnitt 7.3). Die Tatsache, dass potenzielle sprachliche Hürden auf der Textebene von den Studierenden selten thematisiert wurden, könnte damit zusammenhängen, dass in der Textaufgabe „Sanduhr" nur eine prägnante Hürde dieser Art vorlag (siehe Abschnitt 8.4.2). Diese Hürde war für die Studierenden anscheinend besonders schwer zu identifizieren.

Sprachregister thematisierter potenzieller sprachlicher Hürden

Die von den Studierenden identifizierten und teils begründeten potenziellen sprachlichen Hürden konnten nicht nur bestimmten Sprachebenen, sondern auch Sprachregistern zugeordnet werden, wie die folgenden Beispiele für die Fachsprache (erstes Zitat) und die Bildungssprache (zweites und drittes Zitat) verdeutlichen:

> *„Das Wort <Graph> müsste man ja schon mal gehört haben. Wenn nicht, müsste man es (...) mal beleuchten."* (Post S20, 44–45)
>
> *„Und <die verstrichene Zeit>, was bedeutet das? Man muss sich klarmachen, dass das heißt, dass die Zeit vorbei ist. Die Zeitspanne, die jetzt in der Vergangenheit liegt, quasi."* (Post S2, 57–58)
>
> *„Der Sachverhalt mit <Sanduhr>, <Verengung> und <hindurchrieseln>, weiß ich nicht, ob der (...) bei allen bekannt ist. Das sind natürlich auch (..) Vokabeln, die erst/(..) die, wenn man nie etwas von einer Sanduhr gehört hat und eine Sanduhr ist jetzt nicht so der geläufigste Gebrauchsgegenstand, (..) erstmal verstehen muss, was das überhaupt bedeutet und dass es eben diese zwei/das ist ja sehr wichtig für diese Aufgabe/diese zwei getrennten Bereiche eben mit obere und untere Hälfte gibt und dazwischen diese Verengung."* (Post S17, 18–24)

Wie häufig Sprachmittel bestimmter Sprachregister von wie vielen Studierenden thematisiert wurden, ist in Tabelle 9.5 dargestellt. Das erste wesentliche Ergebnis des Prä-Post-Vergleichs der absoluten Häufigkeiten in Tabelle 9.5 stimmt mit dem Ergebnis zur Thematisierung der Sprachebenen (siehe erster Abschnitt dieses Kapitels) überein: In der Post-Erhebung thematisierten wesentlich mehr Studierende sprachliche Hürden, die einem konkreten Sprachregister zugeordnet werden konnten, und sie taten dies außerdem viel häufiger als in der Prä-Erhebung. Auch hier konnte in der Post-Erhebung nur ein sehr geringer Anteil aller thematisierten potenziellen sprachlichen Hürden nicht einem konkreten Sprachregister zugeordnet werden.

Tabelle 9.5 Absolute Häufigkeit der identifizierten potenziellen sprachlichen Hürden in den verschiedenen Sprachregistern in der Aufgabenanalyse (verteilt auf X Personen)

	Prä	Post
Konkretes Sprachregister	10 (5)	75 (16)
Fachsprache	2 (2)	11 (5)
Bildungssprache	8 (4)	64 (16)
Sprachregister nicht eindeutig zuzuordnen	8 (6)	4 (3)

Das zweite wesentliche Ergebnis des Prä-Post-Vergleichs bezieht sich auf die Verteilung der von den Studierenden thematisierten potenziellen sprachlichen Hürden auf die konkreten Sprachregister: Von der Prä- zur Post-Erhebung identifizierten mehr Studierende potenziell schwierige bildungssprachliche Elemente der Textaufgabe „Sanduhr" und sie taten dies auch häufiger. Dieser Zuwachs war auch bei fachsprachlichen Elementen ersichtlich, allerdings war er hier viel geringer. In der Prä-Erhebung thematisierten zwei Studierende je eine potenzielle sprachliche Hürde, die der Fachsprache zugeordnet werden konnte. In der Post-Erhebung waren es hingegen elf solcher Äußerungen von fünf verschiedenen Studierenden. Bildungssprachliche Elemente wurden in der Prä-Erhebung achtmal von vier verschiedenen Studierenden als potenzielle sprachliche Hürden identifiziert. Diese Zahlen erhöhten sich in der Post-Erhebung sehr deutlich auf 16 Studierende und 64 potenzielle sprachliche Hürden dieser Art.

Die eben beschriebene Entwicklung auf Gruppenebene zeigt sich auch auf der personenbezogenen Ebene. Von der Prä- zur Post-Erhebung stieg die Anzahl der identifizierten sprachlichen Hürden konkreter Sprachregister bei 16 der 20 Studierenden an. 13 von diesen Studierenden berücksichtigten zusätzlich in der Post-Erhebung mindestens ein Sprachregister, das sie in der Prä-Erhebung noch nicht berücksichtigt hatten.

Insgesamt können die Ergebnisse als Hinweis auf eine Sensibilisierung der Studierenden für sprachliche Hürden der verschiedenen Sprachregister, insbesondere für bildungssprachliche Elemente in Textaufgaben interpretiert werden. Eine Rückführung dieser Entwicklung auf die Teilnahme an dem Seminar ist naheliegend, da es in dem Seminar immer wieder Lerngelegenheiten gab, bei denen den Studierenden Wissen über Sprachregister vermittelt wurde, das sie im Rahmen von Aufgabenanalysen vertiefen bzw. anwenden konnten (siehe Abschnitt 7.3). Die Tatsache, dass potenzielle sprachliche Hürden der Fachsprache insgesamt selten thematisiert worden sind, könnte damit zusammenhängen, dass die Textaufgabe „Sanduhr" eher bildungssprachlich formuliert ist (siehe Abschnitt 8.4.2) und dass die Fachsprache weniger im Fokus der Lerngelegenheiten des Seminars stand als die Bildungssprache (siehe Abschnitt 7.2).

Ergebnisse zur professionellen Unterrichtswahrnehmung mit Fokus auf der Bedeutung von Sprache im Mathematikunterricht

10

Im Folgenden wird dargestellt, inwiefern sich bei den Studierenden Kompetenzzuwächse in der professionellen Unterrichtswahrnehmung – insbesondere in Bezug auf die Bedeutung von Sprache beim Lernen und Lehren von Mathematik – nach der Teilnahme an dem Seminar identifizieren lassen. Dabei werden die Ergebnisse entsprechend den drei Kompetenzfacetten der professionellen Unterrichtswahrnehmung („Perception", „Interpretation", „Decision-Making") in den Abschnitten 10.1, 10.2 und 10.3 dargestellt. Abschließend werden in Abschnitt 10.4 die beiden Typologien beschrieben, die auf den bis hierhin entwickelten Untersuchungsergebnissen basieren.

10.1 Kompetenzfacette „Perception"

Zunächst wird in Abschnitt 10.1.1 dargestellt, wie häufig die Studierenden bestimmte Ereignisse der Videovignette in der Prä- und der Post-Erhebung thematisierten, um so erste Hinweise zur Wahrnehmungsbreite der Studierenden und zu deren möglicher Veränderung nach der Teilnahme an dem Seminar aufzuzeigen. Mit gleicher Intention wird in Abschnitt 10.1.2 dargestellt, wie häufig und umfangreich sich die Studierenden zu den beiden Erhebungszeitpunkten aus bestimmten Perspektiven zur Videovignette äußerten. Dabei war die sprachliche Perspektive von besonderem Interesse. Abschließend folgen Ergebnisse zu der

---

Elektronisches Zusatzmaterial Die elektronische Version dieses Kapitels enthält Zusatzmaterial, das berechtigten Benutzern zur Verfügung steht https://doi.org/10.1007/978-3-658-33505-2_10.

N. Krosanke, *Entwicklung der professionellen Kompetenz von Mathematiklehramtsstudierenden zur Bedeutung von Sprache*, Perspektiven der Mathematikdidaktik, https://doi.org/10.1007/978-3-658-33505-2_10

Frage, inwieweit Veränderungen in den Beschreibungen der Studierenden nach der Teilnahme an dem Seminar festgestellt werden konnten (Abschnitt 10.1.3).

10.1.1 Thematisierte Ereignisse der Videovignette

In der vorliegenden Studie wurde u. a. untersucht, ob sich ein Zuwachs in der Kompetenzfacette „Perception" der professionellen Unterrichtswahrnehmung bei den Studierenden nach der Teilnahme an dem Seminar zeigt. Dazu wurde u. a. – wie bereits dargestellt (Abbildung 8.12) – die Videovignette mit dem Lösungsprozess der beiden Schülerinnen deduktiv-induktiv in 14 Ereignisse (A bis N) gegliedert. Hierbei wurde davon ausgegangen, dass die Thematisierung vieler Ereignisse mit einer hohen Kompetenz in der Subfacette „Perception" der professionellen Unterrichtswahrnehmung in Verbindung steht (siehe Abschnitt 8.5.4). In Tabelle 10.1 ist dargestellt, wie viele der 20 befragten Studierenden welches Ereignis der Videovignette in der Prä- und der Post-Erhebung thematisiert haben. In der Prä-Erhebung sprachen beispielsweise 13 Studierende über das Ereignis „A) Noemi liest Aufgabenteil a) mehrfach" mindestens einmal.

Tabelle 10.1 Absolute Häufigkeit der Studierenden, die ein bestimmtes Ereignis mindestens einmal thematisiert haben

Ereignisse der Videovignette	**Prä**	**Post**
A) Noemi liest Aufgabenteil a) mehrfach	13	15
B) Lilli und Noemi zeichnen zuerst den Graph anstatt die Funktionsgleichung aufzustellen	9	10
C) Lilli und Noemi identifizieren die Größen der Funktion korrekt	8	11
D) Lilli und Noemi beschriften die Achsen des Graphen nicht korrekt	18	19
E) Lilli und Noemi diskutieren die "fehlende Zeitangabe""	4	10
F) Lilli und Noemi skalieren die Zeit-Achse des Graphen zu kurz	11	17
G) Lilli und Noemi skalieren die Sand-Achse des Graphen korrekt	6	12
H) Das von Lilli und Noemi angegebene Steigungsverhalten des Graphen ist nicht korrekt	16	19
I) Die im Graph eingezeichneten Punkte von Lilli und Noemi sind entsprechend ihres Ansatzes korrekt (Folgefehler)	10	13
J) Die aufgestellte Funktionsgleichung von Lilli und Noemi ist nicht korrekt	16	20
K) Noemi fragt, ob sie das in der oberen Hälfte verbliebene Sandvolumen zugeordnet haben	3	5

(Fortsetzung)

Tabelle 10.1 (Fortsetzung)

Ereignisse der Videovignette	**Prä**	**Post**
L) Lilli hat für Aufgabenteil b) einen Lösungsansatz	8	11
M) Noemi hat für Aufgabenteil b) einen Lösungsansatz	12	16
N) Sonstiges	19	17
Gesamt	153	195

Das erste wesentliche Ergebnis der Auswertung der Tabelle 10.1 ist, dass die Studierenden in der Post-Erhebung im Vergleich zur Prä-Erhebung mehr Ereignisse thematisiert haben. Bei jedem Ereignis nahm die Anzahl der Personen, die dieses mindestens einmal thematisierten, zu, außer bei der Kategorie „N) Sonstiges" (siehe Tabelle 10.1). Durchschnittlich wurde jedes Ereignis in der Prä-Erhebung von 10,9 Studierenden (153:14) und in der Post-Erhebung von 13,9 Studierenden (195:14) thematisiert. Oder anders gesagt: Insgesamt äußerten sich Studierenden im Durchschnitt in der Prä-Erhebung zu 7,7 (153:20) und in der Post-Erhebung zu 9,8 (195:20) verschiedenen Ereignissen.

Dass die Studierenden in der Post-Erhebung deutlich mehr Ereignisse als in der Prä-Erhebung thematisiert haben, könnte als erster Hinweis interpretiert werden, dass die Kompetenzfacette „Perception" der professionellen Unterrichtswahrnehmung bei den Studierenden durch die Lerngelegenheiten im Rahmen des Seminars gefördert worden ist. Die Abnahme der Anzahl der Studierenden, die sich zu dem Ereignis „N) Sonstiges" geäußert haben, kann dabei ebenfalls als positiv bewertet werden. Denn hierzu gehören Äußerungen, die allgemeine Einschätzungen zu der Partnerarbeit der Schülerinnen insgesamt darstellten, für die jedoch keine Indikatoren bzw. Belege aus dem Video genannt wurden, oder solche Äußerungen, die im Hinblick auf die Forschungsfragen nicht relevant waren.

Die eben genannten Ergebnisse liefern zentrale Erkenntnisse auf der Gruppenebene, die durch die Auswertung auf personenbezogener Ebene zu ergänzen waren. Bei Betrachtung der Entwicklung der einzelnen Studierenden konnte festgestellt werden, dass 16 Studierende mehr Ereignisse in der Post- als in der Prä-Erhebung thematisierten – einige Studierende äußerten sich sogar zu fünf Ereignissen mehr als in der Prä-Erhebung. Allerdings gab es auch drei Studierende, die in der Post-Erhebung weniger Ereignisse als in der Prä-Erhebung thematisiert haben. Um diesen Zusammenhang tiefer zu ergründen, erfolgte eine genauere Untersuchung der Frage, welche Ereignisse, von einzelnen Befragten in der Prä-Erhebung thematisiert wurden, aber in der Post-Erhebung nicht mehr. Die Analyse ergab, dass es sich überwiegend um Ereignisse handelte, die „fachlich Gelungenes" (siehe Abschnitt 8.5.4), also korrekte fachliche Überlegungen der Schülerinnen zeigen – beispielsweise das Ereignis „L) Lilli hat für Aufgabenteil b) einen Lösungsansatz“. In diesem Ereignis war jedoch in der Prä-Erhebung fälschlicherweise von den Studierenden ein Fehler identifiziert worden. Dies könnte wie folgt interpretiert werden: Da die Studierenden fachlich Gelungenes generell weniger häufig thematisierten, könnten von den Studierenden korrekt bewertete Ereignisse in der Post-Erhebung nicht thematisiert worden sein. Insgesamt konnten nicht nur auf Gruppenebene (siehe Tabelle 10.1), sondern auch bei fast allen einzelnen Studierenden Hinweise auf einen Zuwachs im Bereich der Kompetenzfacette „Perception“ der professionellen Unterrichtswahrnehmung nach der Teilnahme an dem Seminar identifiziert werden.

Die Auswertung der in Tabelle 10.1 dargestellten Ergebnisse erfolgte nicht nur im Hinblick darauf, ob die Anzahl thematisierter Ereignisse zunahm, sondern auch hinsichtlich der Frage, ob bestimmte Ereignisse besonders häufig angesprochen worden sind. Das wesentliche Ergebnis dieser Auswertung ist, dass die Studierenden zu beiden Erhebungszeitpunkten Ereignisse, die fachlich Gelungenes zeigen, weniger und weniger umfangreich thematisierten als Ereignisse, die Fehler der Schülerinnen zeigen. Dies ist anhand der Anzahl der Personen, die sich zu einem bestimmten Ereignis äußerten, zu erkennen. So wurden in der Prä-Erhebung durchschnittlich jeweils von 8,8 ((8 + 6 + 10 + 8 + 12):5) Studierenden Ereignisse, die fachlich Gelungenes zeigen (Ereignisse C, G, I, L und M), thematisiert, während sich durchschnittlich jeweils 15,3 Studierende zu Ereignissen äußern, die fachliche Fehler der Schülerinnen zeigen (Ereignisse D, F, H und J). In der Post-Erhebung erhöhten sich diese Zahlen auf 12,6 bzw. 18,8 Studierende. Zusätzlich resultiert aus der genaueren Analyse, dass zu beiden Erhebungszeitpunkten über 70 % der Äußerungen insbesondere die Ereignisse D, H und J betrafen. Die umfangreichere Thematisierung von Ereignissen, die Fehler zeigen, könnte dadurch erklärt werden, dass die Studierenden diese Ereignisse als unterrichtsrelevanter wahrnahmen als fachlich Gelungenes der beiden Schülerinnen. Beim Erkennen eines Fehlers diskutierten die Studierenden teils ausführlich mögliche Fehlerursachen. Außerdem entwickelten sie zu Ereignissen, die Fehler zeigen, adäquaterweise häufiger Handlungsoptionen.

10.1.2 Eingenommene Perspektiven

In der vorliegenden Studie wurde nicht nur unterschieden, welche Ereignisse des Videos die Studierenden thematisierten, sondern auch aus welcher Perspektive sie sich zu den Ereignissen äußerten. Dabei erwies sich, wie bereits in Abschnitt 8.5.4 erläutert, die Unterscheidung in drei Perspektiven als angemessen: die überfachliche Perspektive (ohne Bezug zur Sprache), die fachdidaktische und fachliche Perspektive (ohne Bezug zur Sprache) und die sprachliche Perspektive. Hierbei wird davon ausgegangen, dass Äußerungen aus den jeweiligen Perspektiven mit der Wahrnehmung („Perception“) der zugehörigen Thematik in Verbindung stehen.

Die Ergebnisse (siehe Tabelle 10.2) zeigen, aus welcher Perspektive wie häufig und in welchem Umfang sich die Studierenden zur Videovignette geäußert haben. Neben der Anzahl der Studierenden, welche die jeweilige Perspektive einnahmen, war auch die Betrachtung der durchschnittlichen Codeabdeckung[1] und der Summe der absoluten Häufigkeiten der thematisierten Ereignisse sinnvoll. Der Einbezug der Anzahl an Codierungen war hingegen nicht sinnvoll, was im Folgenden anhand eines Beispiels erläutert werden soll: Alle Studierenden haben in der Prä-Erhebung die fachdidaktische und fachliche Perspektive (ohne Bezug zur Sprache) mindestens einmal eingenommen. Insgesamt wurde die Kategorie „Fachdidaktische und fachliche Perspektive (ohne Bezug zur Sprache)“ 252-mal codiert. Allerdings sind bei diesen 252 Codierungen einerseits solche enthalten, bei denen Studierende ein Ereignis zu einem späteren Zeitpunkt des Interviews erneut thematisierten, beispielsweise im Zusammenhang der Nennung von Handlungsoptionen oder zur Vertiefung einer bereits begonnenen Interpretation. Andererseits kann sich eine Codierung auch auf mehrere Ereignisse beziehen. Folglich hat die Summe der absoluten Häufigkeiten der thematisierten Ereignisse aus der betrachteten Perspektive mehr Aussagekraft als die Anzahl der Codierungen. Die Summe der absoluten Häufigkeiten betrug in dem eben genannten Beispiel 125. 127 Codes wurden folglich bei der Anzahl der Codierungen „doppelt gezählt“, da sie auf Äußerungen derselben Person zum selben Ereignis beruhten. Im Durchschnitt haben die 20 Studierenden also 6,3 Ereignisse (125:20) aus der fachdidaktischen und fachlichen Perspektive (ohne Bezug zur Sprache) thematisiert.

Tabelle 10.2 Ergebnisse zu den von den Studierenden eingenommenen Perspektiven

	Durchschnittliche Codeabdeckung		**Summe der absoluten Häufigkeiten der thematisierten Ereignisse (verteilt auf X Personen)**	
	Prä	**Post**	**Prä**	**Post**
Überfachliche Perspektive (ohne Bezug zur Sprache)	5 %	4 %	26 (12)	20 (15)
Fachdidaktische und fachliche Perspektive (ohne Bezug zur Sprache)	60 %	50 %	125 (20)	158 (20)
Sprachliche Perspektive	35 %	46 %	69 (19)	95 (19)

Der Prä-Post-Vergleich der in Tabelle 10.2 dargestellten Ergebnisse erfolgte vor allem im Hinblick auf das Verhältnis der sprachlichen Perspektive zu den

[1] Diese Prozentangabe beschreibt den Umfang der mit einem bestimmten Ereignis codierten Textstellen in Relation zu der Länge aller Textstellen, auf die ein Ereignis codiert worden ist.

anderen Perspektiven. Im Folgenden wird das wesentliche Ergebnis, dass bereits in der Prä-Erhebung fast alle Studierende mindestens einmal die sprachliche Perspektive eingenommen haben, in der Post-Erhebung allerdings häufiger, erläutert. Hierbei wird unter Bezug auf die überfachliche Perspektive (ohne Bezug zur Sprache) und die fachdidaktische und fachliche Perspektive (ohne Bezug zur Sprache) auch dargelegt, warum keine Verdrängung der anderen beiden Perspektiven zu vermuten ist.

Sprachliche Perspektive

In Bezug auf die sprachliche Perspektive kann festgestellt werden, dass die Studierenden Sprache unterschiedlich thematisierten:

> *„Noemi hatte bei <pro Sekunde> Probleme. (..) Da würde ich/könnte man für alle dann nochmal deutlich machen, dass das/dass das dann wirklich heißt, dass in jeder Sekunde 0,25 Kubikmillimeter Sand (...) durch die Sanduhr rieseln."* (Post S8, 215–218)

> *„Aber ich glaube, dass da/dass da das Verständnis hapert beziehungsweise dieser Satz ver/verwirrend ist: <Stellen Sie eine Funktionsgleichung auf, die der verstrichenen Zeit das in der oberen Hälfte verbliebene Sandvolumen zuordnet>. Ja, da erscheint es MIR jetzt relativ klar, dass man eben x, also der Zeit (..) Volumenwerte zuordnet (..) und ja, ich vermute, ihnen ist nicht klar, wie rum das gemeint ist, wenn man/Wir sollen bestimmten Werten etwas zuordnen. (..) Das heißt für die vielleicht nicht unbedingt, dass man (...) ja, dass (.) der/der Zeit etwas zugeordnet wird, sondern es/es könnte auch genauso gut andersrum sein."* (Pre S1, 77–83)

> *„Also (.) tendenziell (.) würde ich Lilli als sprachlich etwas stärker einschätzen als Noemi, weil sie die Aufgabenstellung eigentlich relativ gut verstanden hat und Noemi sie mehrfach lesen musste."* (Post S8, 74–75)

In den ersten beiden Zitaten zeigt sich die Thematisierung bestimmter Sprachmittel („pro Sekunde" beim ersten und die Satzstellung beim zweiten Zitat) im Kontext der mathematischen Bearbeitung von Lilli und Noemi. Die Bewertung der sprachlichen Kompetenz – inklusive der Lesekompetenz – von Lilli und Noemi wird hingegen in der zuletzt zitierten Äußerung deutlich. Gemeinsam haben alle drei Äußerungen, dass sie das Thema Sprache aufgreifen.

Aus dem Prä-Post-Vergleich der Ergebnisse aus Tabelle 10.2 geht hervor, dass zu beiden Erhebungszeitpunkten 19 Studierende die sprachliche Perspektive eingenommen haben – allerdings in der Post-Erhebung durchschnittlich häufiger und vor allem umfangreicher. Die Summe der absoluten Häufigkeiten der aus dieser Perspektive angesprochenen Ereignisse stieg von 69 auf 95, was einem Anstieg von 3,6 (69:19) auf fünf (95:19) Ereignisse pro Person entspricht. Außerdem zeigt sich ein Anstieg der durchschnittlichen Codeabdeckung von 35 % auf 46 %. Bei individueller Betrachtung der Studierenden kann eine Entwicklung bei 15 der 20 Studierenden in dem Sinne konstatiert werden, dass die Anzahl der aus der sprachlichen Perspektive thematisierten Ereignisse von der Prä- zur Post-Erhebung anstieg. Bei vier weiteren Studierenden erhöhte sich zwar nicht die Anzahl der Ereignisse, dafür aber der Umfang ihrer Äußerungen aus der sprachlichen Perspektive. Lediglich eine Person (S6), die in der Prä-Erhebung noch eine sprachliche Perspektive berücksichtigte, tat dies in der Post-Erhebung nicht mehr.

Insgesamt können diese Ergebnisse als Hinweise auf eine Sensibilisierung bei 19 von 20 Studierenden für die sprachliche Perspektive interpretiert werden, ohne dass dabei andere Perspektiven vernachlässigt wurden. Eine naheliegende Erklärung für diese Veränderung ist die Förderung der professionellen Unterrichtswahrnehmung mit Fokus auf die Bedeutung von Sprache im Mathematikunterricht durch das der Studie zugrunde liegende Seminar, da die Studierenden angaben, keine weiteren Lerngelegenheiten zur Bedeutung der Sprache im Fachunterricht nach der Prä-Erhebung gehabt zu haben.

Wie bereits erwähnt, haben die Studierenden alle Ereignisse der Videovignette mindestens einmal aus der sprachlichen Perspektive thematisiert, wobei sich die Äußerungen nicht gleichmäßig auf die 14 Ereignisse verteilen. Die meisten Studierenden thematisierten zu beiden Erhebungszeitpunkten das Ereignis „D) Lilli und Noemi beschriften die Achsen des Graphen nicht korrekt" aus der sprachlichen Perspektive: 13 Studierende in der Prä-Erhebung und 18 Studierende in der Post-Erhebung. Weitere Ereignisse, bei denen häufig diese Perspektive eingenommen wurde, waren in Prä- und Post-Erhebung die Ereignisse A, H, J und N, wobei D, H und J fachliche Fehler der Schülerinnen zeigen. Die größte Zunahme von der Prä- zur Post-Erhebung zeigt sich bei dem Ereignis „E) Lilli und Noemi diskutieren die <fehlende Zeit>": In der Prä-Erhebung thematisierten dieses vier und in der Post-Erhebung zehn Studierende aus der sprachlichen Perspektive. Die genannten Ereignisse schienen also besonders die sprachliche Perspektive in den Überlegungen der Studierenden zu aktivieren, was angesichts des unterschiedlichen Aktivierungspotenzials der Ereignisse der Videovignette (siehe Abschnitt 8.4.3) nicht überrascht. Insbesondere den Ereignissen D und E wurde viel Potenzial für die sprachliche Perspektive zugesprochen, weshalb die großen Veränderungen von der Prä- zur Post-Erhebung bei diesen Ereignissen als positive Entwicklung interpretiert werden können.

Überfachliche Perspektive (ohne Bezug zur Sprache)

Im Vergleich zu den anderen Perspektiven haben die Studierenden die überfachliche Perspektive (ohne Bezug zur Sprache) in Prä- und Post-Erhebung durchschnittlich am wenigsten eingenommen (siehe Tabelle 10.2). Dies könnte damit zusammenhängen, dass die Vignette eine Zusammenarbeit zwischen Lilli und Noemi zeigt, die weitgehend konfliktfrei und ohne Arbeitspausen abläuft. Aspekte des Classroom Managements, in dessen Beobachtung die Studierenden möglicherweise geschult sind, konnten hier nicht thematisiert werden, da im Video nur die Partnerarbeit der Schülerinnen zu sehen ist. Hiermit hängt vermutlich auch zusammen, dass in der Prä- und der Post-Erhebung über die Hälfte der Äußerungen aus der überfachlichen Perspektive (ohne Bezug zur Sprache) zum Ereignis „N) Sonstiges" getätigt wurden. Viele der Befragten äußerten sich nicht zu einem speziellen Ereignis, sondern artikulierten nur einen Gesamteindruck der Partnerarbeit:

> *„Und was mir auch noch aufgefallen ist, (..) dass Lilli so ein bisschen der Taktgeber dabei war, glaube ich, bei dieser (.) Partnerarbeit."* (Pre S4, 60–61)

Der Prä-Post-Vergleich verdeutlicht, dass zwar die Summe der absoluten Häufigkeiten der thematisierten Ereignisse leicht von 26 auf 20 Ereignisse sank, demgegenüber erhöhte sich aber die Anzahl der Studierenden, die diese Perspektive mindestens einmal einnahmen, von 12 auf 15. Folglich konnten hier kaum Hinweise auf eine Verdrängung der überfachlichen Perspektive (ohne Bezug zur Sprache) festgestellt werden.

Fachdidaktische und fachliche Perspektive (ohne Bezug zur Sprache)
Aus der fachdidaktischen und fachlichen Perspektive (ohne Bezug zur Sprache) äußerten sich die Studierenden vor allem zu den mathematischen Bearbeitungen bzw. Denkwegen der Schülerinnen, ohne dabei Sprache zu thematisieren. Dies zeigt sich besonders gut in den folgenden Äußerungen, die sich auf die von Lilli und Noemi aufgestellte Funktionsgleichung beziehen:

> *„Also die Gleichung, die sie aufgeschrieben haben, ist falsch."* (Pre S6, 164)

> *„Die hatten/ich weiß jetzt nicht/einmal hatten die glaube ich unten Fünfer-Schritte, oben Zehner-Schritte oder andersrum. Und (.) haben da dann aber jedes Kästchen immer nur als EINE Einheit gesehen. (..) Und (..) ja, haben gesagt <ein Kästchen zur Seite, zwei Kästchen nach oben> und haben sich dann nur damit auseinandergesetzt und nicht (.) darauf geachtet, dass es einmal/(.) das ein Kästchen einmal fünf Einheiten ist und das andere einmal (.) zehn."* (Post S12, 109–113, unter Bezug auf das Steigungsdreieck, das von Lilli und Noemi zur Ermittlung der Funktionsgleichung genutzt wurde)

In der Prä- und der Post-Erhebung äußerten sich alle 20 Studierende mindestens einmal aus der fachdidaktischen und fachlichen Perspektive (ohne Bezug zur Sprache) zur Videovignette (siehe Tabelle 10.2). Dabei wurde diese Perspektive im Durchschnitt zu beiden Erhebungszeitpunkten am häufigsten eingenommen. Zwar nahm die durchschnittliche Codeabdeckung dieser Kategorie von 60 % auf 50 % von der Prä- zur Post-Erhebung ab, aber die Summe der absoluten Häufigkeiten der aus dieser Perspektive thematisierten Ereignisse, erhöhte sich von 125 auf 158. Dieser scheinbare Widerspruch ist dadurch zu erklären, dass die Studierenden einerseits in der Post-Erhebung mehr Ereignisse thematisierten (siehe Abschnitt 10.1.1) und dadurch vermutlich auch öfter die fachdidaktische und fachliche Perspektive (ohne Bezug zur Sprache) einnahmen. Andererseits äußerten sich die Studierenden in der Post-Erhebung durchschnittlich ausführlicher zur Videovignette (siehe elektronisches Zusatzmaterial), verwendeten die Redezeit durchschnittlich nun aber mehr, um sich aus der sprachlichen Perspektive über die Vignette zu äußern. Daher nahm die durchschnittliche Codeabdeckung ab, aber die fachdidaktische und fachliche Perspektive (ohne Bezug zur Sprache) verlor laut Analyse des erhobenen Datenmaterials in der Post-Erhebung nicht an Bedeutung, da im Verhältnis zu der Anzahl der thematisierten Ereignissen kaum eine Veränderung von der Prä- zur Post-Erhebung festgestellt werden kann. Außerdem ist anzumerken, dass selbst ein Rückgang an Codierungen nicht unbedingt bedeuten muss, dass sich die Studierenden weniger aus dieser Perspektive zur Videovignette geäußert haben. Vielmehr könnte hieraus auch geschlossen werden, dass dies nicht mehr so häufig ohne Bezug zur Sprache geschah.

10.1.3 Beschreibungen

Die Bildung der Kategorien des Systems „Inhaltliche Tiefe" erfolgte, wie bereits in Abschnitt 8.5.4 erläutert, deduktiv-induktiv in Anlehnung an bisherige Studien zur Erfassung der professionellen Unterrichtswahrnehmung. Auch hier wird der Zusammenhang zwischen den Kategorien und den drei Subfacetten der professionellen Unterrichtswahrnehmung vorausgesetzt. Die Beschreibungen der Studierenden waren dabei von Interesse, da diese mit der Kompetenzfacette „Perception" der professionellen Unterrichtswahrnehmung in Verbindung stehen und somit geeignet sind, um die Ergebnisse der vorherigen beiden Unterkapitel zu ergänzen.

In Tabelle 10.3 ist dargestellt, wie viele Studierende wie häufig und umfangreich in ihren Äußerungen Ereignisse der Videovignette beschrieben haben. Dabei war die Unterscheidung von korrekten und nicht korrekten bzw. unvollständigen Beschreibungen angemessen und von Bedeutung (siehe Abschnitt 8.5.4). Zunächst erfolgte ein Prä-Post-Vergleich, um mögliche Veränderungen nach der Teilnahme an dem Seminar identifizieren zu können. Die Analyse lieferte das folgende wesentliche Ergebnis: In der Post-Erhebung haben die Studierenden durchschnittlich mehr Ereignisse korrekt beschrieben als in der Prä-Erhebung. Diese Veränderung von der Prä- zur Post-Erhebung zeigt sich in der Summe der absoluten Häufigkeiten der korrekt beschriebenen Ereignisse. In der Prä-Erhebung betrug diese 84 und in der Post-Erhebung 105. Dies bedeutet, dass in der Prä-Erhebung 19 Studierende durchschnittlich 4,4 (84:19) und in der Post-Erhebung durchschnittlich 5,5 (105:19) Ereignisse korrekt beschrieben haben. Eine Veränderung in der Kategorie „Nicht korrekte bzw. unvollständige Beschreibung" war kaum ersichtlich. In der Prä- und der Post-Erhebung haben 10 Studierende mindestens einmal ein Ereignis der Vignette nicht korrekt bzw. unvollständig beschrieben. Allerdings ging die Summe der absoluten Häufigkeiten der nicht korrekt bzw. unvollständig beschriebenen Ereignisse von 21 auf 15 leicht zurück. Folglich waren in der Prä-Erhebung fast 20 % der Beschreibungen (21:105) objektiv nicht korrekt und in der Post-Erhebung sank dieser Anteil auf 12,5 % (15:120).

Tabelle 10.3 Ergebnisse zu Beschreibungen von Ereignissen

	Durchschnittliche Codeabdeckung		**Summe der absoluten Häufigkeiten der beschriebenen Ereignisse (verteilt auf X Personen)**	
	Prä	**Post**	**Prä**	**Post**
Korrekte Beschreibung	7 %	5 %	84 (19)	105 (19)
Nicht korrekte bzw. unvollständige Beschreibung	2 %	1 %	21 (10)	15 (10)

Auch diese auf der Gruppenebene generierten Ergebnisse wurden durch Betrachtung einzelner Befragter ergänzt. Auf personenbezogener Ebene zeigt sich ein Zuwachs an korrekt beschriebenen Ereignissen bei der Hälfte aller Studierenden. Nicht korrekte bzw. unvollständige Beschreibungen von Ereignissen der Videovignette kamen hingegen nur bei vier Studierenden in der Post-Erhebung neu hinzu. Diese Beschreibungen bezogen sich allerdings in allen vier Fällen auf Ereignisse, die in der Prä-Erhebung noch nicht thematisiert worden waren. Insgesamt bestärken die Erkenntnisse zu den Beschreibungen das Ergebnis aus Abschnitt 10.1.1 und 10.1.2, dass eine Förderung der Kompetenzfacette „Perception" der professionellen Unterrichtswahrnehmung von der Prä- zur Post-Erhebung durch die Teilnahme an dem Seminar bei der Mehrheit der Studierenden angenommen werden kann. Dies begründet sich dadurch, dass ein Großteil der insgesamt beschriebenen Ereignisse korrekt beschrieben wurde. Wären in der

Post-Erhebung viele Ereignisse nicht korrekt beschrieben worden, so könnte die Thematisierung von mehr Ereignissen (siehe Abschnitt 10.1.1) nicht als positiv bewertet werden. Meines Erachtens kann ein Ereignis nicht als „perceived“ bezeichnet werden, wenn die Situation nicht korrekt beschrieben worden ist. Denn dann ist davon auszugehen, dass die Studierenden das Ereignis nicht in einer Dimension erfasst haben, die eine angemessene Interpretation bzw. die Entwicklung einer adaptiven Handlungsoption zulässt.

Eine detaillierte Analyse der erhobenen Daten zeigt außerdem, dass die Studierenden in der Post-Erhebung besonders häufig das Ereignis „M) Noemi hat für Aufgabenteil b) einen Lösungsansatz“ korrekt beschrieben haben. Dies ist als positive Entwicklung zu bewerten, denn in der Prä-Erhebung wurde genau dieses Ereignis am häufigsten nicht korrekt beschrieben. Oftmals äußerten sich die Studierenden dahingehend, dass die Schülerinnen noch gar nicht mit der Bearbeitung des Aufgabenteils b) begonnen hätten, obwohl beide da bereits einen korrekten Lösungsansatz beschrieben haben:

> *„Danach war das Video glaube ich abgebrochen. Da hat sie die zweite Aufgabe noch vorgelesen. (..) Da haben sie glaube ich nur über/Also sie meinte: <das ist ja easy, das kriegen wir hin>. Aber ich glaube danach war dann Schluss, dann ha/haben wir nichts mehr gesehen.“* (Pre S13, 231–234)

Gründe für die häufigen nicht korrekten Beschreibungen des Ereignisses M in der Prä-Erhebung können darin liegen, dass die Szene sehr kurz ist und/oder dass dies das letzte Ereignis der Videovignette darstellt. Möglicherweise waren die Studierenden hier überfordert mit der Informationsfülle bzw. verfügten sie nicht mehr über die nötige Konzentration. Die Zunahme der korrekten Beschreibungen von Ereignis M von der Prä- zur Post-Erhebung stützt die Vermutung, dass die Seminarteilnahme den Kompetenzzuwachs in der Facette „Perception“ der professionellen Unterrichtswahrnehmung bewirkt hat.

Die Ergebnisse (siehe Tabelle 10.3) wurden des Weiteren im Hinblick darauf ausgewertet, wie häufig und wie umfangreich die Studierenden Ereignisse der Videovignette beschrieben haben, um diese Ergebnisse mit den Resultaten zu fachlichen Bewertungen, Interpretationen und Handlungsoptionen vergleichen zu können. Dies war deshalb von Bedeutung, weil andere empirische Studien besonders starke Veränderungen im Hinblick auf die Verhältnisse dieser Arten von Äußerungen nach der Teilnahme an Lerngelegenheiten zur Förderung der professionellen Unterrichtswahrnehmung nachgewiesen hatten. Beispielsweise haben die Lehrkräfte in der Studie von Sherin und Van Es (2009) nach der Teilnahme an den Videoclubs viel weniger beschrieben und mehr interpretiert als vor der Intervention. Im Rahmen der vorliegenden Studie zeigte sich dies nicht: In der Prä- und der Post-Erhebung beschrieben die Studierenden Ereignisse der Videovignette eher selten und die Beschreibungen nahmen weniger als 10 % aller Äußerungen der Studierenden ein. Beschreibungen, ob nicht korrekt bzw. unvollständig oder korrekt, umfassten in der Prä- und der Post-Erhebung durchschnittlich geringe Anteile von 9 % (7 + 2) bzw. 6 % (5 + 1) der Äußerungen zu der Videovignette. Des Weiteren zeigte sich, dass im Verhältnis zu den Summen der thematisierten Ereignisse aus Abschnitt 10.1.1 zu beiden Erhebungszeitpunkten durchschnittlich nur ungefähr 65 % (105:153 und 120:195) der thematisierten Ereignisse auch beschrieben worden sind.

10.2 Kompetenzfacette „Interpretation"

Die Subfacette „Interpretation" der professionellen Unterrichtswahrnehmung steht in enger Verbindung mit den fachlichen Bewertungen und Interpretationen des Kategoriensystems „Inhaltliche Tiefe" (siehe Abschnitt 8.5.4). In Abschnitt 10.2.1 werden die Ergebnisse zu den fachlichen Bewertungen der Studierenden im Zusammenhang mit den verschiedenen eingenommenen Perspektiven und thematisierten Ereignissen dargestellt und interpretiert. Da hier Sprache keine ausschlaggebende Rolle spielte, ist dieses Kapitel eher kurzgehalten. Hingegen nimmt Sprache bei den in Abschnitt 10.2.2 dargestellten Ergebnissen zu Interpretationen eine zentrale Rolle ein.

10.2.1 Fachliche Bewertungen

In diesem Kapitel werden die Ergebnisse zu den fachlich korrekten und nicht korrekten Bewertungen präsentiert. Diese beiden Kategorien waren von Interesse, da sie zum einen mit der Kompetenzfacette „Interpretation" der professionellen Unterrichtswahrnehmung im Zusammenhang gebracht werden können. Zum anderen wurde im Zuge des induktiven Codierens des Datenmaterials deutlich, dass die nicht korrekten fachlichen Bewertungen für die Interpretationen und Handlungsoptionen eine hohe Bedeutung haben, da sie auf diesen Bewertungen basieren.

In Tabelle 10.4 sind die Ergebnisse zu den korrekten und nicht korrekten fachlichen Bewertungen zu Beginn und Ende der Interventionsstudie dargestellt. Zunächst erfolgte eine Auswertung der Ergebnisse im Hinblick auf Gemeinsamkeiten im fachlichen Bewertungsverhalten zu beiden Erhebungszeitpunkten. Das erste wesentliche Ergebnis, das im Folgenden erläutert wird, ist, dass die Studierenden in der Prä- und der Post-Erhebung durchschnittlich zu über 60 % der thematisierten Ereignisse eher knappe fachliche Bewertungen geäußert haben. Die Studierenden bewerteten in der Prä-Erhebung 92 (46 + 46) der insgesamt 153 thematisierten Ereignisse (siehe Abschnitt 10.1.1) unter einer fachlichen Perspektive, was einem Anteil von 60 % entspricht. In der Post-Erhebung haben die Studierenden hingegen fast 80 % der thematisierten Ereignisse fachlich bewertet. Wie bei den Beschreibungen (siehe Abschnitt 10.1.3) nahmen auch korrekte und nicht korrekte fachliche Bewertungen in der Prä- und der Post-Erhebung insgesamt relativ geringe Anteile der Äußerungen zur Videovignette ein. Dies ist an den durchschnittlichen Codeabdeckungen von 10 % (5 + 5) bzw. 12 % (5 + 7) in Tabelle 10.4 erkennbar. Da die Summen der absoluten Häufigkeiten der fachlich korrekt und nicht korrekt bewerteten Ereignisse im Vergleich dazu relativ hoch waren, wird deutlich, dass fachlichen Bewertungen der Studierenden in Relation zu Interpretationen und Handlungsoptionen eher knapp gehalten sind – ähnlich wie Beschreibungen (siehe Abschnitt 10.1.3).

Tabelle 10.4 Ergebnisse zu fachlichen Bewertungen von Ereignissen

	Durchschnittliche Codeabdeckung		**Summe der absoluten Häufigkeiten der bewerteten Ereignisse (verteilt auf X Personen)**	
	Prä	**Post**	**Prä**	**Post**
Korrekte fachliche Bewertung	5 %	7 %	46 (20)	92 (20)
Nicht korrekte fachliche Bewertung	5 %	5 %	46 (18)	43 (16)

Das zweite wesentliche Ergebnis ist, dass relativ viele fachliche Bewertungen nicht korrekt sind. In der Prä-Erhebung haben die Studierenden 50 % (46:(46 + 46)) der fachlich bewerteten Ereignisse bzw. 30 % (46:153) der insgesamt thematisierten Ereignisse fachlich nicht korrekt bewertet. In der Post-Erhebung sind es weniger als 30 % der fachlich bewerteten Ereignisse und 22 % aller thematisierten Ereignisse. Im Vergleich zu nicht korrekten bzw. unvollständigen Beschreibungen (siehe Abschnitt 10.1.3) sind in der Prä- und der Post-Erhebung mehr als doppelt so viele nicht korrekte fachliche Bewertungen wie nicht korrekte bzw. unvollständige Beschreibungen zu identifizieren. Es kann also begründet vermutet werden, dass es den Studierenden zu beiden Erhebungszeitpunkten durchschnittlich schwer fiel, sämtliche 14 Ereignisse des Videos fachlich korrekt zu bewerten.

Beim Vergleich der beiden Erhebungszeitpunkte zeigt sich das dritte wesentliche Ergebnis der Auswertung der empirischen Ergebnisse (Tabelle 10.4): Die

Anzahl der Ereignisse, die fachlich korrekt bewertet worden sind, verdoppelte sich von der Prä- zur Post-Erhebung. In der Prä-Erhebung haben die Studierenden insgesamt 46 und in der Post-Erhebung 92 Ereignisse fachlich korrekt bewertet. Die Anzahl der fachlich nicht korrekt bewerteten Ereignisse blieb hingegen relativ konstant bei 46 bzw. 43. In der Prä-Erhebung haben folglich die Studierenden noch genauso viele Ereignisse fachlich korrekt wie nicht korrekt bewertet. In der Post-Erhebung waren es doppelt so viele fachlich korrekte wie nicht korrekte Ereignisse. Der Zuwachs an fachlich korrekt bewerteten Ereignissen auf Gruppenebene konnte bei Betrachtung der personenbezogenen Ebene für 18 der 20 Studierenden bestätigt werden. Bei diesen Personen gab es Zuwächse von bis zu sechs fachlich korrekt bewerteten Ereignissen von der Prä- zur Post-Erhebung.

Die eben genannten Ergebnisse können als Hinweis auf Zuwächse in der Kompetenz der professionellen Unterrichtswahrnehmung, in diesem Fall der Facette „Interpretation", bei 18 der 20 Studierenden gedeutet werden. Diese Folgerung beruht erstens auf der Annahme, dass professionelle Lehrkräfte die fachlichen Fehler der Schülerinnen wahrnehmen würden und zweitens auf der Grundidee erfolgreicher Unterrichtskommunikation, dass auch fachlich Gelungenes bedeutsam und erwähnenswert ist. Selbst wenn alle Studierenden nur die Fehler der Schülerinnen korrekt bewertet hätten, läge die Summe der absoluten Häufigkeiten der korrekt bewerteten Ereignisse bei 100 (5 Ereignisse * 20 Studierende), folglich lagen die 46 fachlich korrekt bewerteten Ereignisse der Prä-Erhebung (siehe Tabelle 10.4) deutlich darunter.

Insgesamt ist festzustellen, dass es Studierende gab, die auffällig häufig in der Prä- und/oder Post-Erhebung Ereignisse fachlich nicht korrekt bewertet haben und solche, bei denen das Gegenteil der Fall war. So bewertete beispielsweise S7 in der Post-Erhebung sieben Ereignisse fachlich korrekt und kein einziges Ereignis nicht korrekt. Dagegen bewertete S13 in der Post-Erhebung vier Ereignisse fachlich korrekt, aber auch fünf Ereignisse fachlich nicht korrekt. Eine erste Vermutung war, dass das gewählte Lehramt diese Unterschiede größtenteils erklären könnte. Da die Studierenden des Lehramts an Gymnasien mehr fachliche Lerngelegenheiten im Studium hatten, hätte vermutet werden können, dass diese Studierenden häufiger fachlich korrekt bzw. weniger häufig fachlich nicht korrekt bewerten würden. In den Daten zeigten sich hierfür keine Hinweise, allerdings ist die Stichprobe auch zu klein, um hierzu verallgemeinernde Aussagen treffen zu können.

Da auffällig häufig Ereignisse fachlich nicht korrekt bewertet worden sind, war eine tiefere Analyse, um welche Ereignisse es sich hierbei handelte, erforderlich, um dieses Phänomen genauer beschreiben zu können. In der Prä- und Post-Erhebung gab es demnach insgesamt drei Ereignisse, die besonders häufig fachlich nicht korrekt bewertet wurden: D („Lilli und Noemi beschriften die Achsen des Graphen nicht korrekt") von 16 in der Prä- und zwölf Studierenden in der Post-Erhebung, H („Das von Lilli und Noemi angegebene Steigungsverhalten des Graphen ist nicht korrekt)" von elf bzw. sieben Studierenden und I („Die im Graph eingezeichneten Punkte von Lilli und Noemi sind entsprechend ihres Ansatzes korrekt (Folgefehler)" von neun bzw. acht Studierenden. Auf diese drei Ereignisse wird im Folgenden eingegangen.

Ein besonders prägnantes Beispiel einer fachlich nicht korrekten Bewertung zum Ereignis I ist die folgende Äußerung von S13:

> *„Als sie dann [...] den Graphen in das Koordinatensystem eingezeichnet haben, haben sie einen Sprung gemacht, der vielleicht auch einfach zu schnell für mich war, aber ich habe nicht verstanden, warum sie beide bei 20 und 5 jetzt einen/(..) den ersten Punkt des Graphen gezeichnet haben. (...) Wenn ich das mal nachrechne. Was war das? Fünf [...] Kubik- (..) -millimeter. (...) Und 20 Sekunden, richtig? (..) So, ich bin zwar Mathematikerin, aber Kopfrechnen ist nicht meine Stärke (lacht). Aber fünf (..) Millimeter (...) sind das 20 Sekunden? (...) Weiß ich nicht, aber, also auf jeden Fall (..) habe ich diesen Schritt nicht verstanden."* (Pre S13, 164–171)

Der Ausschnitt zeigt, dass S13 korrekt beschreiben konnte, was in dem Ereignis passiert ist: Lilli und Noemi haben in ihr Koordinatensystem den Punkt (5|20) eingezeichnet, wobei die Abszisse für die Zeit in Sekunden und die Ordinate für die Sandmenge in Kubikmillimeter stand. S13 konnte jedoch diesen eingezeichneten Punkt nicht mit der Angabe in der Textaufgabe „Sanduhr" in Verbindung bringen, dass die Verengung in der Mitte der Sanduhr so groß ist, „dass sie 0,25 mm^3 Sand pro Sekunde hindurchrieseln lässt" (siehe Abschnitt 8.4.2). S3 konnte daher nicht berechnen, dass 20 Sekunden mal 0,25 Kubikmillimeter Sand pro Sekunde 5 Kubikmillimeter ergeben. Die Aussage von S13, dass sie Mathematikerin sei, Kopfrechnen aber nicht zu ihren Stärken zähle, lässt vermuten, dass ihr die Berechnung Probleme bereitete. Außerdem ist es sehr wahrscheinlich, dass S3 den Zusammenhang zur Änderungsrate (0,25 Kubikmillimeter Sand pro Sekunde) verstanden hatte, da alle Befragten die Musterlösung zur Textaufgabe „Sanduhr" und Zeit für die fachliche Durchdringung erhalten hatten (siehe Abschnitt 8.4.4). Mögliche Erklärungen für die fachlich nicht korrekte Bewertung von S13 könnten sein, dass S13 nicht über das benötigte mathematische Wissen (funktionale Zusammenhänge und/oder die Multiplikation mit Dezimalzahlen) verfügte oder dieses nicht situativ anwenden konnte. Da in der vorliegenden Studie keine Wissenstests zu den fachlichen Inhalten eingesetzt wurden, konnte der Zusammenhang zwischen dem Fachwissen und den fachlich nicht korrekt bewerteten Ereignissen nicht untersucht werden.

Bereits in Abschnitt 8.4.3 wurde die zentrale Bedeutung des Ereignisses „D) Lilli und Noemi beschriften die Achsen des Graphen nicht korrekt“ aus sprachlicher und fachdidaktischer Sicht dargestellt. Da speziell dieses Ereignis besonders häufig fachlich nicht korrekt bewertet wurde, folgte hier eine genauere Untersuchung der Äußerungen. Fast alle Studierenden, die das Ereignis D fachlich nicht korrekt bewertet haben, formulierten die Aussage, dass durch den Tausch der Koordinatenachsen aus einem fallenden ein steigender Graph entstehe:

> *„Man hat ja gesehen, dass irgendwie deren Graph gestiegen ist, weil sie eben die Achsen vertauscht haben.“* (Pre S14, 86–87)

> *„Für die Klarheit ist es natürlich einfacher, wenn die Zeit auf der (.) x-Achse läuft. (..) Zum Ablesen einfach auch. Rein logisch, weil das dann auch den fallenden Graphen ergibt und nicht so, wie sie es hatten, so einen steigenden Graphen.“* (Pre S17, 180–182)

Beide Äußerungen nehmen eigentlich jedoch auf zwei verschiedene Fehler der Schülerinnen Bezug: Zum einen erkennen sie nicht die Richtung der Zuordnung, wodurch sie die Beschriftung der Achsen vertauschen. Zum anderen zeichnen sie einen steigenden statt eines fallenden Graphen. Die fachlich nicht korrekte Bewertung der Studierenden hat wiederum die Folgewirkung, dass nicht nur Ereignis D, sondern auch Ereignis H („Das von Lilli und Noemi angegebene Steigungsverhalten des Graphen ist nicht korrekt“) nicht korrekt bewertet wurde.

Nur zwei Studierende bewerteten das Ereignis D in der Prä-Erhebung fachlich korrekt und thematisierten die Eindeutigkeit der Richtung der Zuordnung durch die Formulierung in Aufgabenteil a) („[Eine Funktion], die der verstrichenen Zeit das in der oberen Hälfte verbliebene Sandvolumen zuordnet“).

> *„Ich vermute, ihnen ist nicht klar, wie rum das gemeint ist, wenn man sagt: Wir sollen bestimmten Werten etwas zuordnen. (..) Das heißt für die vielleicht nicht unbedingt, dass […] der Zeit etwas zugeordnet wird, sondern es könnte auch genauso gut andersrum sein.“* (Pre S1, 80–83)

Studierende, die eine Interpretation wie S1 formuliert haben, bewerteten das Ereignis D fachlich korrekt und äußerten sich aus der sprachlichen Perspektive. Eine mögliche Erklärung für die Seltenheit einer solchen Äußerung ist die hohe Komplexität dieses Ereignisses, das zusätzlich ein Verständnis für die sprachlich vermittelte Richtung der Zuordnung verlangte.

Neben den Ereignissen, die die Studierenden besonders häufig fachlich nicht korrekt bewerteten, gab es auch ein Ereignis, das sie besonders häufig fachlich korrekt bewertet haben: Ereignis J („Die aufgestellte Funktionsgleichung von Lilli und Noemi ist nicht korrekt"). Es kann vermutet werden, dass dieser Fehler leichter zu identifizieren war, da er weniger komplex und greifbarer war durch den symbolisch-algebraischen Aufschrieb. Außerdem ist davon auszugehen, dass die im Video gezeigte Aussage der Schülerinnen vor ihrem Lösungsversuch, sie hätten große Probleme, Funktionsgleichungen aufzustellen, eine negative Erwartungshaltung provoziert hat.

Insgesamt kann die Erhöhung des Anteils an fachlich korrekt bewerteten Ereignissen von der Pre- zur Post-Erhebung unter zwei Aspekten erklärt werden. Eine Erklärung für die Steigerung bieten die Lerngelegenheiten der Intervention, anlässlich derer die Studierenden ihr mathematisches Fachwissen bei der Analyse von Schüler*innenlösungen, Text- und Videovignetten anwenden mussten (siehe Abschnitt 7.3). Im Rahmen des Seminars gab es allerdings keine Lerngelegenheit, die den fachlichen Hintergrund der Videovignette – das Thema „funktionaler Zusammenhang" – konkret aufgegriffen hat. Auf diese Weise wurde zwar nicht das Wissen zum Thema „funktionaler Zusammenhang" (re)aktiviert, aber die Fähigkeit gestärkt, mathematisches Wissen situativ anzuwenden. Des Weiteren war – wie am Beispiel von Ereignis D veranschaulicht – auch ein Fokus auf Sprache notwendig, um Ereignisse fachlich korrekt zu bewerten. Für diese Perspektive wurden zahlreiche Lerngelegenheiten in der Intervention geschaffen. Diese Erklärung wird außerdem dadurch bestärkt, dass die Steigerung nicht durch eine Stärkung des fachlichen Wissens zum Thema „funktionaler Zusammenhang" im Kontext universitärer Lehrveranstaltungen erklärt werden kann, da es während des Zeitraums der Interventionsstudie hierzu keine Angebote gab. Ebenso lassen die Daten keinen Zusammenhang zu der parallel stattfindenden Lehrveranstaltung „Umgang mit Fehlern im Mathematikunterricht" erkennen, die fünf der 20 Studierenden besucht haben (siehe Abschnitt 8.3).

10.2.2 Interpretationen

In der vorliegenden Studie waren Interpretationen von besonderem Interesse, zum einen, weil sie eng mit der Kompetenzfacette „Interpretation" der professionellen Unterrichtswahrnehmung verbunden sind. Zum anderen, weil die Fähigkeit zur Interpretation fachlicher Unterrichtssituationen – insbesondere aus der sprachlichen Perspektive – ein wichtiges Lernziel des Seminars war, an dem die Studierenden im Rahmen der Studie teilgenommen haben. Zur Beantwortung der Forschungsfragen werden nun zunächst die Ergebnisse zu den Hauptkategorien vorgestellt, die sich auf Interpretationen beziehen. Es folgt eine Vertiefung der Ergebnisse durch die nähere Betrachtung der Interpretationen zu bestimmten Ereignissen und in Bezug auf die verschiedenen Perspektiven. Im Anschluss werden die Interpretationen aus der sprachlichen Perspektive unter drei Aspekten genauer betrachtet: hinsichtlich der Frage, ob diese Interpretationen einen oder keinen expliziten Bezug zum mathematischen Inhalt aufweisen und in welchem Umfang sprachliche Mittel bestimmter Sprachregister bzw. auf bestimmten Sprachebenen bei den Interpretationen thematisiert wurden.

Interpretationsstufen

Eine Unterscheidung der von den Studierenden geäußerten Interpretationen in drei Stufen (Interpretation I, II und III) erwies sich in der vorliegenden Studie als zielführend (siehe Abschnitt 8.5.4). Die Unterscheidung folgte der Regel: Je tiefergehend die Interpretationen, desto höher die Stufe. Stufe III zeigt demnach eine im Vergleich aller Interpretationen hohe Kompetenz in der Subfacette „Interpretation" der professionellen Unterrichtswahrnehmung. Aus der Analyse geht hervor, dass die Interpretationsstufe III vor allem bei Ereignissen, die Fehler bzw. Schwierigkeiten von Lilli und Noemi zeigen, erreicht worden ist (Ereignis D, E, H und J). Im Folgenden werden die drei Interpretationsstufen beispielhaft anhand der Ereignisse „E) Lilli und Noemi diskutieren die <fehlende Zeitangabe>" und „H) Das von Lilli und Noemi angegebene Steigungsverhalten des Graphen ist nicht korrekt" erläutert.

Die folgenden Transkriptausschnitte sollen die Interpretationsstufen I und II beispielhaft verdeutlichen. So formulierte S20, dass Lilli und Noemi Schwierigkeiten mit der „verstrichenen Zeit" gehabt hätten, nannte aber keine Ursachen oder Folgen für den Lern- bzw. Bearbeitungsprozess (Interpretationsstufe I):

> *„Ich erinnere auch noch, dass sie immer mit verstrichener Zeit (...) da irgendwie so ihre Schwierigkeiten haben."* (Pre S20, 145–147)

Im Unterschied dazu gab S17 eine Ursache für die Schwierigkeiten der Schülerinnen beim Ereignis E an (Interpretationsstufe II):

> *„Also hatten das hier oben gar nicht gelesen, dass da pro Sekunde einfach (.) konstant diese 0,25 Kubikmillimeter Sand (..) durchrieselt."* (Pre S17, 167–169)

S17 formulierte, dass Lilli und Noemi Schwierigkeiten hatten, da sie eine wichtige Textstelle der Textaufgabe „Sanduhr" außer Acht gelassen hätten (*„dass da pro Sekunde einfach (.) konstant diese 0,25 Kubikmillimeter Sand (..) durchrieselt"*). Allerdings führte S17 dies nur auf mangelnde Konzentration bzw. Flüchtigkeit zurück und nicht auf ein mangelndes Verständnis des mathematischen Konzepts.

Damit ging S17 zwar schon auf mögliche Ursachen der Schwierigkeiten ein, blieb in der Interpretation aber eher oberflächlich. Ähnliches zeigt sich bei einer Interpretation auf der Stufe II von S16 zu Ereignis H:

> *„Also sie haben eigentlich nicht den/(..) bildlich nicht vor Augen, was mit der oberen Hälfte eigentlich passiert (..) und das eben aus dieser (.) Formulierung, denke ich."* (Post S16, 70–72)

S16 führte den Fehler der Schülerinnen auf die Formulierung der Aufgabe zurück, allerdings bleibt unklar, welche Formulierung gemeint ist und wie diese mit dem Fehler konkret zusammenhängt. In diesem Sinne äußerte S16 hier keine geschlossene Argumentationskette hinsichtlich der Ursache des Fehlers, was die Zuordnung zur Interpretationsstufe II begründet.

S12 formulierte hingegen in der Post-Erhebung sogar zwei Fehlerursachen bezogen auf Ereignis H, die über mangelnde Konzentration oder Flüchtigkeit hinausgingen, weshalb die Äußerung der Interpretationsstufe III zugeordnet wurde:

> *„Und ich würde davon ausgehen, dass es daran liegt, dass es halt einmal obere, einmal untere Hälfte in den Aufgabenteilen ist. (.) Und vielleicht auch, dass in der Schule häufig Aufgaben gestellt werden, die (.) bei einem Nullpunkt anfangen, deswegen sind die beiden auch davon ausgegangen, dass sie bei null anfangen müssen."* (Post S12, 89–93)

Zum einen stellt S12 also fest, dass die Formulierung der Textaufgabe „Sanduhr" zur falschen Steigung des Graphen geführt haben könnte, da sich die verschiedenen Aufgabenteile mal auf die obere und mal auf die untere Hälfte der Sanduhr beziehen (siehe Abschnitt 8.4.2). So lässt sich der Fehler der Schülerinnen durch die Betrachtung der unteren statt der oberen Hälfte der Sanduhr, wie in Aufgabenteil a) gefordert, erklären. Zum anderen nannte S12 eine weitere Fehlerursache: Da in der Schule viel häufiger lineare Funktionen, die durch den Ursprung verlaufen, und weniger solche thematisiert werden, die einen positiven y-Achsenabschnitt und eine negative Steigung aufweisen, könnten Lilli und Noemi deshalb Ersteres gezeichnet haben.

Ähnlich tiefergehend ist die Interpretation von S17 in der Post-Erhebung zu Ereignis E (Interpretationsstufe III):

> *„Ja, über die <verstrichene Zeit> stolpern sie ja auch nochmal, als sie eben das Abtragen (.) wollen, weil sie für/sie brauchen irgendwie einen Zeitpunkt, der/das/die verstrichene Zeit, das soll irgendeine Zahl sein am besten, damit sie das Abtragen können. Wobei sie dann aber darüber hinwegsehen und das doch irgendwie als (.) Funktion (.) begreifen."* (Post S17, 81–85)

Hier ist eine geschlossene Argumentationskette über den vermuteten mathematischen Denkprozesse von Lilli und Noemi in der Diskussion über die „fehlende Zeitangabe" gegeben, indem S17 eine Verbindung zum mathematischen Konzept des funktionalen Zusammenhangs herstellt. S17 beschreibt, dass Lilli und Noemi für die verstrichene Zeit eine konkrete Zahl gesucht haben und sich darüber wunderten, dass diese in der Aufgabe nicht angegeben war. „Die verstrichene Zeit" steht innerhalb der Textaufgabe „Sanduhr" aber für die unabhängige Variable der Funktion und in dem Kontext der Betrachtung müssten Lilli und Noemi Variablen als beliebige Zahl aus dem zum Kontext passenden Bereich betrachten. Dies wird bei Malle (1993) als „Bereichsaspekt" des Variablenbegriffs bezeichnet und grenzt sich vom „Einzelzahlaspekt" ab. Auch wenn S17 keinen expliziten Bezug zu Aspekten oder Grundvorstellungen des Variablen- oder Funktionsbegriffs hergestellt hat, wird in der Äußerung deutlich, dass S17 der Widerspruch und die Verbindung zum konzeptuellen Verständnis von Lilli und Noemi bewusst war.

In Tabelle 10.5 ist dargestellt, wie viele Studierende wie viele Ereignisse und wie umfangreich auf welcher Stufe interpretiert haben. Die Auswertung ergab die folgenden wesentlichen Ergebnisse: Erstens wurden Interpretationen in der Prä- und der Post-Erhebung von den Studierenden durchschnittlich zu fast jedem thematisierten Ereignis vorgenommen und nahmen ungefähr ein Drittel der Äußerungen der Studierenden ein. Zweitens interpretierten in der Post-Erhebung mehr Studierende mindestens ein Ereignis auf den Stufen II und III als in der Prä-Erhebung und zusätzlich interpretierten die Studierenden deutlich mehr Ereignisse auf diesen höheren Stufen.

Tabelle 10.5 Ergebnisse zu vorgenommen Interpretationen der Ereignisse

	Durchschnittliche Codeabdeckung		**Summe der absoluten Häufigkeiten der interpretierten Ereignisse (verteilt auf X Personen)**	
	Prä	**Post**	**Prä**	**Post**
Interpretation I	10 %	8 %	48 (19)	52 (19)
Interpretation II	12 %	20 %	43 (18)	94 (20)
Interpretation III	4 %	5 %	9 (7)	25 (13)
Interpretation auf Basis nicht korrekter fachlicher Bewertung oder Beschreibung	7 %	5 %	39 (17)	27 (13)

Zunächst wurden die in Tabelle 10.5 dargestellten Ergebnisse im Hinblick auf Gemeinsamkeiten im Interpretationsverhalten in der Prä- und der Post-Erhebung ausgewertet und mit den anderen Kategorien des Systems „Inhaltliche Tiefe" verglichen. Ähnlich wie bei den Beschreibungen (Abschnitt 10.1.3) und fachlichen Bewertungen (Abschnitt 10.2.1) blieb der Umfang aller Interpretationen von der Prä- zur Post-Erhebung relativ unverändert, aber war mit 33 (10 + 12 + 4 + 7) bzw. 38 % (8 + 20 + 5 + 5) höher als bei den Beschreibungen und fachlichen Bewertungen. Beim Vergleich der durchschnittlichen Codeabdeckung mit der Summe der absoluten Häufigkeiten der interpretierten Ereignisse kann festgestellt werden, dass Interpretationen zu beiden Erhebungszeitpunkten durchschnittlich umfangreicher waren als Beschreibungen und fachliche Bewertungen. Da in der Prä-Erhebung die Summe der insgesamt thematisierten Ereignisse bei 153 und in der Post-Erhebung bei 195 lag (siehe Abschnitt 10.1.1), haben die Studierenden im Durchschnitt 90 % ((48 + 43 + 9 + 39):153) der thematisierten Ereignisse in der Prä-Erhebung und alle in der Post-Erhebung thematisierten Ereignisse auch interpretiert. Ein Großteil der Ereignisse, die fachlich nicht korrekt bewertet oder nicht korrekt beschrieben worden sind, wurde auch interpretiert, sodass die Summe der absoluten Häufigkeiten der auf dieser Basis interpretierten Ereignissein der Prä-Erhebung 39 betrug und 27 in der Post-Erhebung.

Beim Prä-Post-Vergleich der Ergebnisse aus Tabelle 10.5 wurde festgestellt, dass sich die Summe der absoluten Häufigkeiten der auf Stufe I interpretierten Ereignisse kaum veränderte: In der Prä-Erhebung betrug sie 48 und in der Post-Erhebung 52 und verteilte sich zu beiden Erhebungszeitpunkten auf 19 Studierende. Hingegen stieg die Anzahl der auf Stufe II interpretierten Ereignisse von 43 auf 94, also um mehr als das Doppelte. Dies bedeutet, dass in der Prä-Erhebung 18 Studierende durchschnittlich 2,4 Ereignisse (43:18) auf der Stufe II interpretiert haben, während in der Post-Erhebung 20 Studierende durchschnittlich bei 4,7 Ereignissen (94:20) Interpretationen vorgenommen haben. Auch bei den Interpretationen der Stufe III zeigt sich eine Steigerung. In der Prä-Erhebung formulierten nur sieben Studierende durchschnittlich zu 1,3 (9:7) Ereignissen eine Interpretation auf der Stufe III, in der Post-Erhebung waren es 13 der 20 Studierenden in Bezug auf durchschnittlich 1,9 (25:13) Ereignisse. Folglich haben fast doppelt so viele Studierende mindestens einmal in der Post-Erhebung eine Interpretation der Stufe III vorgenommen. Da es jedoch sieben Studierenden auch in der Post-Erhebung nicht gelungen ist, Ereignisse auf Stufe III zu interpretieren und die Anzahl der auf Stufe III interpretierten Ereignisse insgesamt gering blieb, kann konstatiert werden, dass es den Studierenden ersichtlich weiterhin schwer gefallen ist, tiefgehende Interpretationen zu äußern.

Zusätzlich zu den Ergebnissen auf der Gruppenebene wurde die personenbezogene Ebene untersucht. Hier zeigt sich eine Erhöhung der Anzahl der auf Stufe II und III interpretierten Ereignissen von der Prä-zur Post-Erhebung bei 15 der 20 Studierenden. Fünf Studierende interpretierten hingegen in der Prä- und der Post-Erhebung gleich viele Ereignisse auf den Stufen II und III. Insgesamt können die

Veränderungen bei den Kategorien „Interpretation II" und „Interpretation III" als ein Hinweis auf Zuwächse in der Kompetenz der professionellen Unterrichtswahrnehmung, genauer gesagt bezüglich der Facette „Interpretation" gedeutet werden. Diese Folgerung basiert auf der Annahme, dass höhere Interpretationsstufen nur mit höheren interpretativen Fähigkeiten erreicht werden können und dass die Videovignette Potenzial für tiefergehende Interpretationen bot.

In der Kategorie „Interpretation auf Basis nicht korrekter fachlicher Bewertung oder Beschreibung" war – wie bei den Kategorien „Nicht korrekte Beschreibung" und „Nicht korrekte fachliche Bewertung" (siehe Abschnitt 10.1.3 und 10.2.1) – ein geringer Rückgang erkennbar: In der Prä-Erhebung haben 17 Studierende durchschnittlich 2,3 (39:17) Ereignisse auf Basis nicht korrekter fachlicher Bewertung oder Beschreibung interpretiert, in der Post-Erhebung trifft dies nur noch auf 13 Studierende in Bezug auf durchschnittlich zwei Ereignisse (27:13) zu (siehe Tabelle 10.5). Dabei bezogen sich 31 der 39 Codierungen aus der Prä-Erhebung auf das Ereignis „D) Lilli und Noemi beschriften die Achsen des Graphen nicht korrekt." Ein Großteil wurde in Kombination mit dem Ereignis „H) Das von Lilli und Noemi angegebene Steigungsverhalten des Graphen ist nicht korrekt" codiert. Dieses Phänomen beruht eindeutig darauf, dass die Studierenden häufig die fachlich nicht korrekte Bewertung formulierten, dass durch den Tausch der Koordinatenachsen aus einem fallenden ein steigender Graph entstehen würde. Dieses Phänomen wurde bereits in Abschnitt 10.2.1 beschrieben.

Eingenommene Perspektiven innerhalb der Interpretationen

Es wurde bereits ein Kompetenzzuwachs im Bereich der Facette „Interpretation" der professionellen Unterrichtswahrnehmung bei den Studierenden aufgezeigt, da die Anzahl der Studierenden und die Summe der absoluten Häufigkeiten der interpretierten Ereignisse bei den Kategorien „Interpretation II" und „Interpretation III" von der Prä- zur Post-Erhebung angestiegen ist. Im Folgenden werden die Interpretationen in Bezug auf die Perspektive verglichen, aus der sie geäußert worden sind. Dazu ist in Tabelle 10.6 dargestellt, wie viele Ereignisse von wie vielen Studierenden aus einer bestimmten Perspektive auf einer bestimmten Stufe interpretiert worden sind. Das wesentliche Ergebnis der Auswertung von Tabelle 10.6 ist, dass die Zunahme der auf Stufe II oder III interpretierten Ereignisse von der Prä- zur Post-Erhebung die fachdidaktische und fachliche Perspektive (ohne Bezug zur Sprache) sowie die sprachliche Perspektive betraf, wobei Äußerungen aus der sprachlichen Perspektive eine deutlich stärkere Zunahme verzeichnen. Viele Studierende, die in der Prä-Erhebung noch kein Ereignis aus der sprachlichen Perspektive auf der Stufe II oder III interpretierten, taten dies in der Post-Erhebung.

Tabelle 10.6 Summe der absoluten Häufigkeiten der interpretierten Ereignisse aus den verschiedenen Perspektiven (verteilt auf X Personen)

	Überfachliche Perspektive (ohne Bezug zur Sprache)		Fachdidaktische und fachliche Perspektive (ohne Bezug zur Sprache)		Sprachliche Perspektive	
	Prä	**Post**	**Prä**	**Post**	**Prä**	**Post**
Interpretation I	18 (11)	15 (14)	24 (14)	31 (16)	14 (9)	22 (13)
Interpretation II	4 (3)	5 (3)	23 (15)	48 (20)	22 (11)	54 (18)
Interpretation III			4 (4)	8 (7)	5 (3)	20 (11)
Interpretation auf Basis nicht korrekter fachlicher Bewertung oder Beschreibung	4 (3)		25 (15)	20 (12)	21 (10)	12 (7)

Im Prä-Post-Vergleich der in Tabelle 10.6 dargestellten Ergebnisse ist sowohl bei der fachdidaktischen und fachlichen Perspektive (ohne Bezug zur Sprache) als auch bei der sprachlichen Perspektive eine positive Entwicklung im Hinblick auf die vorgenommenen Interpretationen erkennbar. Die stärksten Zunahmen zeigten sich bei beiden Perspektiven bei den Interpretationen auf den Stufen II und III. So haben in der Prä-Erhebung elf Studierende durchschnittlich zwei Ereignisse (22:11) aus der sprachlichen Perspektive auf der Stufe II interpretiert. In der Post-Erhebung waren es hingegen 18 Studierende mit Äußerungen bezogen auf durchschnittlich drei Ereignisse (54:18). Bei den Interpretationen der Stufen II und III erweist sich die Zunahme als verhältnismäßig stärker bei der sprachlichen Perspektive als bei der fachdidaktischen und fachlichen Perspektive (ohne Bezug zur Sprache). So verdoppelten sich beispielsweise die auf Stufe III interpretierten Ereignisse aus der fachdidaktischen und fachlichen Perspektive (ohne Bezug zur Sprache) von vier auf acht, während sie sich bei Äußerungen aus der sprachlichen Perspektive sogar vervierfachten von fünf auf 20 Ereignisse. Auf personenbezogener Ebene nahm die Anzahl der aus der sprachlichen Perspektive interpretierten Ereignisse auf Stufe II und/oder III bei 14 der 20 Studierenden zu. Insgesamt können die Ergebnisse als Hinweis auf die Stärkung der Kompetenzfacette „Interpretation" der professionellen Unterrichtswahrnehmung mit Fokus auf der Bedeutung von Sprache beim fachlichen Lernen und Lehren von der Prä- zur Post-Erhebung interpretiert werden.

Trotz der positiven Entwicklung war und blieb die höchste Interpretationsstufe insgesamt aber mit einer maximalen Summe der absoluten Häufigkeiten der auf Stufe III interpretierten Ereignisse von 20 eher selten und die Codierungen dieser

Qualitätsstufe verteilten sich auf viele verschiedene Personen. Dabei ist allerdings zu beachten, dass sich nicht alle Ereignisse in gleichem Maße anboten, Sprache zu thematisieren und tiefgehende Interpretationen zu formulieren.

Verbindung von Mathematik und Sprache innerhalb der Interpretationen
Aufgrund des Forschungsinteresses war eine genauere Analyse der Interpretationen aus der sprachlichen Perspektive nicht nur im Hinblick auf die Interpretationstiefe, sondern auch im Hinblick darauf interessant, ob sie einen expliziten Bezug zur Mathematik zeigten. Dabei erwies sich die Unterscheidung von Interpretationen mit und ohne expliziten Bezug zur Mathematik als zielführend (siehe Abschnitt 8.5.4). Dies war von besonderem Interesse, da es in dem neu angebotenen Seminar zahlreiche Lerngelegenheiten zur Verbindung von Mathematik und Sprache gab, insbesondere im Hinblick auf die kommunikative und kognitive Funktion von Sprache (siehe Abschnitt 7.3).

In den Interpretationen aus der sprachlichen Perspektive mit explizitem Bezug zur Mathematik bezogen sich die Studierenden auf den mathematischen Lösungsweg von Lilli und/oder Noemi bzw. auf die mathematische Lösung der Aufgabe. Insbesondere gehörten hierzu auch Interpretationen mit Bezug zu einem durchgeführten oder geforderten Darstellungswechsel:

> *„Aber ich glaube, dass da/dass da das Verständnis hapert beziehungsweise dieser Satz ver/verwirrend ist: <Stellen Sie eine Funktionsgleichung auf, die der verstrichenen Zeit das in der oberen Hälfte verbliebene Sandvolumen zuordnet>. Ja, da erscheint es MIR jetzt relativ klar, dass man eben x, also der Zeit (..) Volumenwerte zuordnet (..) und ja, ich vermute, ihnen ist nicht klar, wie rum das gemeint ist, wenn man/Wir sollen bestimmten Werten etwas zuordnen. (..) Das heißt für die vielleicht nicht unbedingt, dass man (...) ja, dass (.) der/der Zeit etwas zugeordnet wird, sondern es/es könnte auch genauso gut andersrum sein.“* (Pre S1, 77–83)

Im Unterschied dazu wurden insbesondere zu den Ereignissen „A) Noemi liest Aufgabenteil a) mehrfach“ und „N) Sonstiges“ Interpretationen aus der sprachlichen Perspektive vorgenommen, bei denen sich die Studierenden nicht explizit auf die mathematische Lösung bzw. den mathematischen Lösungsweg von Lilli und/oder Noemi bezogen. Hier bewerteten die Studierenden zum einen die Textaufgabe, ohne sich auf den Bearbeitungsprozess der Schülerinnen zu beziehen, und zum anderen die sprachliche Kompetenz inklusive der Lesekompetenz von Lilli und Noemi:

> *„Ja und sonst ist die Aufgabe natürlich auch speziell gestellt mit (.) für eine Sanduhr typischem Vokabular oder Wörtern: Verstrichene Zeit, hindurchrieseln, Verengung in der Mitte, (...) Sandvolumen. Das sind jetzt ja nicht so Begriffe, die man/(...) die*

> *den Schülerinnen im (.) Alltag begegnen."* (Pre S20, 142–145, zum Ereignis „N) Sonstiges")
>
> *„Also (.) tendenziell (.) würde ich Lilli als sprachlich etwas stärker einschätzen als Noemi, weil sie die Aufgabenstellung eigentlich relativ gut verstanden hat."* (Post S8, 74–75, zum Ereignis „A) Noemi liest Aufgabenteil a) mehrfach")

In Tabelle 10.7 ist dargestellt, wie viele Studierende zu wie vielen Ereignissen Interpretationen mit und ohne expliziten Bezug zur Mathematik aus der sprachlichen Perspektive in der Prä- und der Post-Erhebung formuliert haben. Das wesentliche Ergebnis des Prä-Post-Vergleichs ist, dass in der Post-Erhebung mehr Studierende mindestens ein Ereignis mit explizitem Bezug zur Mathematik aus der sprachlichen Perspektive interpretierten, und sie taten dies bei deutlich mehr Ereignissen als in der Prä-Erhebung. Bei den Interpretationen aus der sprachlichen Perspektive mit explizitem Bezug zur Mathematik nahm sowohl die Summe der absoluten Häufigkeiten der auf diese Weise interpretierten Ereignisse als auch die Anzahl der Personen von der Prä- zur Post-Erhebung deutlich zu. In der Prä-Erhebung äußerten 12 der 20 befragten Studierenden zu durchschnittlich 2,3 Ereignissen (27:12) eine Interpretation, bei der Sprache und fachliche Inhalte verbunden wurden. In der Post-Erhebung waren es hingegen 18 Studierende zu durchschnittlich 3,6 Ereignissen (64:18). Die Summe der absoluten Häufigkeiten der aus der sprachlichen Perspektive interpretierten Ereignisse ohne expliziten Bezug zur Mathematik nahm hingegen etwas ab.

Tabelle 10.7 Summe der absoluten Häufigkeiten der mit und ohne expliziten Bezug zur Mathematik interpretierten Ereignisse aus der sprachlichen Perspektive (verteilt auf X Personen)

	Prä	Post
Interpretation mit explizitem Bezug zur Mathematik	27 (12)	64 (18)
Interpretation ohne expliziten Bezug zur Mathematik	33 (14)	26 (15)

Neben den beschriebenen Zuwächsen auf Gruppenebene konnte auf personenbezogener Ebene ein Anstieg der mit explizitem Bezug zur Mathematik interpretierten Ereignisse aus der sprachlichen Perspektive von der Prä- zur Post-Erhebung bei 16 der 20 Studierenden festgestellt werden. Beispielsweise interpretierte S11 in der Prä-Erhebung fünf Ereignisse ohne und zwei mit explizitem Bezug zur Mathematik aus der sprachlichen Perspektive, aber in der Post-Erhebung vier ohne und sieben Ereignisse mit explizitem Bezug zur Mathematik. S16 äußerte sogar in der Prä-Erhebung gar keine Interpretation aus der sprachlichen Perspektive, während S16 in der Post-Erhebung zwei Ereignisse ohne und sieben mit explizitem Bezug zur

Mathematik interpretierte. Insgesamt konnte eine stärkere Verknüpfung von Sprache und Mathematik in den Interpretationen in der Post-Erhebung bei 16 der 20 Studierenden festgestellt werden. Dies ist als positiv zu bewerten, da die Studierenden hierdurch zeigten, dass sie auch die kognitive Funktion von Sprache beachten. Es kann hier der positive Einfluss durch die Teilnahme an dem neu angebotenen Seminar vermutet werden, da das Seminar die Bedeutung von Sprache beim fachlichen Lernen und Lehren fokussierte (siehe Abschnitt 7.2).

Innerhalb der Interpretationen thematisierte Sprachebenen

Sprachebenen und Sprachregister spielen eine zentrale Rolle im Diskurs über potenzielle sprachliche Hürden im Unterricht und sprachbewussten Fachunterricht und wurden in dem neu konzipierten Seminar immer wieder thematisiert (siehe Abschnitt 7.3). Folglich war in der vorliegenden Studie von Interesse, mit welchen Sprachebenen und Sprachregistern sich die Studierenden im Rahmen ihrer Interpretationen aus der sprachlichen Perspektive befassten. Im Folgenden wird zunächst auf die Sprachebenen eingegangen. Hierzu ist in Tabelle 10.8 dargestellt, zu wie vielen Ereignissen von wie vielen Studierenden Interpretationen, die konkrete Sprachebenen thematisierten, vorgenommen wurden.

Tabelle 10.8 Summe der absoluten Häufigkeiten der Ereignisse, bei denen bestimmte Sprachebenen innerhalb der Interpretationen aus der sprachlichen Perspektive thematisiert wurden (verteilt auf X Personen)

	Prä	**Post**
Konkrete Sprachebene	26 (12)	54 (18)
Wortebene	11 (9)	14 (9)
Wortgruppenebene	8 (5)	15 (10)
Satzebene	7 (3)	23 (11)
Textebene		2 (2)
Sprachebene nicht eindeutig zuzuordnen	33 (14)	43 (18)

Das erste wesentliche Ergebnis der in Tabelle 10.8 dargestellten Auswertung ist, dass in der Post-Erhebung mehr Studierende innerhalb ihrer Interpretationen zu mindestens einem Ereignis eine konkrete Sprachebene thematisierten, und sie taten dies bei mehr Ereignissen als in der Prä-Erhebung. In der Prä-Erhebung thematisierten zwölf Studierende bezogen auf durchschnittlich 2,2 Ereignisse (26:12) konkrete Sprachebenen (Wort-, Wortgruppen-, Satz- oder Textebene) und in der Post-Erhebung waren es 18 Studierende bezogen auf durchschnittlich drei (54:18) Ereignisse.

Zweitens zeigte sich im Hinblick auf die Wortebene kaum eine Veränderung von der Prä- zur Post-Erhebung, obwohl eine Steigerung möglich gewesen wäre. In der Prä- und der Post-Erhebung thematisierten neun Studierende die Wortebene durchschnittlich bezogen auf ein bis zwei Ereignisse (11:9 bzw. 14:9) innerhalb ihrer Interpretation (siehe Tabelle 10.8). Dabei haben die Studierenden auf einzelne Wörter der Textaufgabe „Sanduhr" oder Aussagen der Schülerinnen Bezug genommen, indem sie explizit bestimmte Wörter genannt oder umschrieben haben:

> *„[...] denn vielleicht ist ihnen auch nicht richtig klar, was mit der Sanduhr gemeint ist und was dieses <durchrieseln> bedeutet."* (Post S14, 43–45)
>
> *„Aber man merkt, dass diese schwierige Formulierung mit den ganzen Fachwörtern bei beiden zu großen Problemen führt, die Aufgabe richtig umzusetzen."* (Pre S7, 112–114)

Das dritte wesentliche Ergebnis der in Tabelle 10.8 dargestellten Auswertung bezieht sich auf die Wortgruppenebene: In der Post-Erhebung haben mehr Studierende als in der Prä-Erhebung diese mindestens bei einem Ereignis innerhalb ihrer Interpretation thematisiert. Während in der Prä-Erhebung nur fünf Studierende Wortgruppen durchschnittlich bei 1,6 Ereignissen (8:5) innerhalb ihrer Interpretationen explizit thematisierten, waren es in der Post-Erhebung doppelt so viele Studierende bei einer ähnlichen durchschnittlichen Anzahl an Ereignissen (siehe Tabelle 10.8). Dabei wurden Redewendungen, feststehende Ausdrücke oder Kollokationen der Textaufgabe „Sanduhr" bzw. der Aussagen von Lilli und Noemi thematisiert. Die folgenden Transkriptausschnitte sollen dies anhand der Wortgruppen „verstrichene Zeit" und „pro Sekunde" verdeutlichen:

> *„Aber hier haben sie das ja auch ein bisschen verbal ausgedrückt, dass sie nicht wirklich verstanden haben, was mit der <verstrichenen Zeit> gemeint ist. Da meinte ja Noemi glaube ich: <Welche Zeit ist das denn dann? Also welche Zeit suchen wir? Da steht die verstrichene Zeit, aber welche Zeit ist das?>"* (Post S2, 174–177)
>
> *„Noemi hatte bei <pro Sekunde> Probleme. (..) Da würde ich/könnte man für alle dann nochmal deutlich machen, dass das/dass das dann wirklich heißt, dass in jeder Sekunde 0,25 Kubikmillimeter Sand (...) durch die Sanduhr rieseln."* (Post S8, 215–218)

Da in der Post-Erhebung mehr Studierende als in der Prä-Erhebung mindestens in Bezug auf ein Ereignis die Wortgruppenebene innerhalb ihrer Interpretation thematisiert haben, ist hier als eine positive Entwicklung zu konstatieren, obwohl diese nur die Hälfte aller Studierenden betraf.

Viertens thematisierten in der Post-Erhebung mehr Studierende als in der Prä-Erhebung mindestens bei einem Ereignis die Satzebene innerhalb ihrer Interpretationen. Bei der Satzebene zeigt sich die größte Veränderung von der Prä-zur Post-Erhebung (siehe Tabelle 10.8). In der Prä-Erhebung wurde sie nur von drei Studierenden in Bezug auf durchschnittlich 2,3 (7:3) Ereignisse genannt. In der Post-Erhebung thematisierten hingegen elf Studierende die Satzebene bezogen auf durchschnittlich ähnlich viele Ereignisse. Die Äußerungen der Studierenden waren dabei hinsichtlich der Konkretisierung und Anbindung an die Theorie stark unterschiedlich. Mehrheitlich bezogen sie sich auf die Satzstellung oder grammatikalische Fälle in der Textaufgabe „Sanduhr“:

> *„Und (.) vielleicht liegt das auch einfach an der Satzstellung, dass sie denken, sie sollen die Zeit dem Sandvolumen zuordnen.“* (Post S1, 111–112, zum Ereignis „D) Lilli und Noemi beschriften die Achsen des Graphen nicht korrekt“)

Das fünfte wesentliche Ergebnis ist, dass die Studierenden die Textebene zu beiden Erhebungszeitpunkten innerhalb der Interpretationen sehr selten thematisierten (siehe Tabelle 10.8). Die Textebene konnte erwartungsgemäß nur bei dem Ereignis H („Das von Lilli und Noemi angegebene Steigungsverhalten des Graphen ist nicht korrekt“) thematisiert werden (siehe Abschnitt 8.4.2). Allerdings wurde diese Sprachebene nur in der Post-Erhebung und nur von zwei Studierenden innerhalb der Interpretationen thematisiert. Mögliche Erklärungen hierfür könnten sein, dass eine Sensibilisierung der Studierenden für diese Sprachebene nicht gelang oder dass die Videovignette zu wenig Potenzial geboten hat, um die Textebene zu thematisieren.

Zusätzlich zu den Ergebnissen auf Gruppenebene wurde die personenbezogene Ebene analysiert. Es zeigte sich, dass elf der 20 Studierenden in den Interpretationen der Post-Erhebung Sprachebenen thematisierten, die sie in der Prä-Erhebung noch nicht berücksichtigt hatten. Zusätzlich haben in der Post-Erhebung 16 der 20 Studierenden zu mehr Ereignissen als in der Prä-Erhebung Interpretationen formuliert, die eine konkrete Sprachebene thematisierten. Insgesamt können die Veränderungen von der Prä- zur Post-Erhebung als Hinweis auf die Sensibilisierung der Studierenden für Sprachebenen gedeutet werden, insbesondere hinsichtlich der Wortgruppen- und Satzebene, in den Kompetenzfacetten „Perception“ und „Interpretation“ der professionellen Unterrichtswahrnehmung. Auch wenn nicht alle Studierenden in der Post-Erhebung alle Sprachebenen konkret innerhalb ihrer Interpretationen thematisierten, so ist hier dennoch eine starke Veränderung von der Prä- zur Post-Erhebung erkennbar, die vermutlich durch die Teilnahme an dem neu angebotenen Seminar gefördert wurde.

Im Vergleich dieser Ergebnisse mit den Erkenntnissen zu den thematisierten Sprachebenen innerhalb der Aufgabenanalyse (siehe Abschnitt 9.3) wird eine weitgehende Ähnlichkeit deutlich. Allerdings thematisierten die Studierenden bei der Analyse der Textaufgabe deutlich häufiger konkrete Sprachebenen als bei der Interpretation bezogen auf Ereignisse der Videovignette. Dies muss aber nicht unbedingt bedeuten, dass es den Studierenden innerhalb der Interpretation des Videos schwerer fiel, konkrete Sprachebenen bzw. konkrete Sprachmittel anzusprechen als innerhalb ihrer Analyse der Textaufgabe „Sanduhr", denn nicht jede potenzielle Hürde der Textaufgabe wurde auch zu einer Hürde für die in der Videovignette gezeigten Schülerinnen.

Thematisierte Sprachregister innerhalb der Interpretationen

Welche Sprachregister bei wie vielen Ereignissen und von wie vielen Studierenden innerhalb der Interpretationen aus der sprachlichen Perspektive thematisiert worden sind, ist in Tabelle 10.9 dargestellt. Unter Bezug auf die Forschungsfragen war von Interesse, welche Sprachregister schon in der Prä-Erhebung häufig bzw. selten thematisiert worden sind und wie sich dies nach der Teilnahme an dem Seminar möglicherweise verändert hat. Das erste wesentliche Ergebnis der Auswertung kongruiert mit dem Ergebnis zu den thematisierten Sprachebenen: In der Post-Erhebung haben mehr Studierende bei mindestens einem Ereignis konkret ein Sprachregister innerhalb ihrer Interpretationen thematisiert und sie taten dies bei mehr Ereignissen als in der Prä-Erhebung. Wie bei den Sprachebenen haben in der Prä-Erhebung zwölf Studierende bei 26 Ereignissen und in der Post-Erhebung 18 Studierende bei 54 Ereignissen konkrete Sprachregister (Fach- oder Bildungssprache) thematisiert.

Tabelle 10.9 Summe der absoluten Häufigkeiten der Ereignisse, bei denen bestimmte Sprachregister innerhalb der Interpretationen aus der sprachlichen Perspektive thematisiert wurden (verteilt auf X Personen)

	Prä	Post
Konkretes Sprachregister	26 (13)	54 (16)
Fachsprache	10 (7)	8 (6)
Bildungssprache	16 (8)	46 (16)
Sprachregister nicht eindeutig zuzuordnen	33 (14)	43 (18)

Die weiteren wesentlichen Ergebnisse der in Tabelle 10.9 dargestellten Auswertung sind, dass die Studierenden Sprachmittel der Fachsprache zu beiden Erhebungszeitpunkten eher selten innerhalb der Interpretationen thematisierten. Bildungssprachliche Elemente wurden hingegen in der Post-Erhebung häufiger und von doppelt so vielen Studierenden wie in der Prä-Erhebung thematisiert. Diese Ergebnisse werden im Folgenden, beginnend mit dem fachsprachlichen Register, erläutert.

In der Prä-Erhebung haben sieben Studierende durchschnittlich bezogen auf 1,4 (10:7) Ereignisse und in der Post-Erhebung sechs Studierende in Bezug auf durchschnittlich 1,3 Ereignisse (8:6) die Fachsprache innerhalb der Interpretationen thematisiert. Hier veränderte sich folglich wenig. Wenn die Fachsprache innerhalb der Interpretationen angesprochen wurde, dann in Bezug auf die Wortebene:

> *„Aber man merkt, dass diese schwierige Formulierung mit den ganzen Fachwörtern bei beiden zu großen Problemen führt, die Aufgabe richtig umzusetzen."* (Pre S7, 112–114)

> *„Muss man natürlich immer sehr behutsam angehen, weil negative Steigung ist auch schon für viele Schüler ein Widerspruch in sich."* (Post S20, 263–264, zum Ereignis „H) Das von Lilli und Noemi angegebene Steigungsverhalten des Graphen ist nicht korrekt")

In der Äußerung von S20 zeigt sich eine Reflexion des Fachbegriffs „Steigung", der demnach zu Verständnisschwierigkeiten führen könne, da der bildungssprachliche Gebrauch des Wortes „Steigung" visuell einen Widerspruch zu dem fallenden Graphen einer Funktion darstelle.

Bildungssprachliche Elemente wurden in der Post-Erhebung viel häufiger als in der Prä-Erhebung innerhalb der Interpretationen thematisiert. Während in der Prä-Erhebung acht Studierende bezogen auf durchschnittlich zwei Ereignisse (16:8) diese Sprachmittel thematisierten, taten dies in der Post-Erhebung 16 Studierende in Bezug auf durchschnittlich 2,9 (46:16) Ereignisse. Dabei bezogen sich die Studierenden auf verschiedene Sprachebenen und häufig auf Sprachmittel der Textaufgabe „Sanduhr":

> *„[...] denn vielleicht ist ihnen auch nicht richtig klar, was mit der Sanduhr gemeint ist und was dieses <durchrieseln> bedeutet."* (Post S14, 43–45)

> *„Und (.) vielleicht liegt das auch einfach an der Satzstellung, dass sie denken, sie sollen die Zeit dem Sandvolumen zuordnen."* (Post S1, 111–112)

Die eben beschriebene Entwicklung konnte auf personenbezogener Ebene bestätigt werden: In der Post-Erhebung thematisierten 13 der 20 Studierenden Sprachregister innerhalb ihrer Interpretationen, die sie in der Prä-Erhebung noch nicht berücksichtigt hatten. Außerdem haben in der Post-Erhebung 17 der 20 Studierenden zu mehr Ereignissen als in der Prä-Erhebung Interpretationen formuliert, die ein konkretes Sprachregister thematisierten. Insgesamt können die Entwicklungen von der Prä- zur Post-Erhebung als Hinweise auf die Sensibilisierung der Studierenden für Bildungssprache in der Kompetenzfacette „Interpretation" der professionellen Unterrichtswahrnehmung gedeutet werden. Die Veränderungen können – unter der Annahme, dass der Blick für konkrete Sprachregister geschärft wurde – auch als Kompetenzzuwachs in der Facette „Perception" der professionellen Unterrichtswahrnehmung gedeutet werden,. Dies ist als eine positive Entwicklung zu identifizieren, da eine Sensibilisierung der Studierenden für bildungssprachliche Mittel mit dem neu konzipierten Seminar angestrebt war (siehe Abschnitt 7.3). Fachsprachliche Mittel wurden hingegen eher selten im Seminar thematisiert. Dies könnte erklären, warum fachsprachliche Elemente innerhalb der Interpretationen so selten von den Studierenden thematisiert wurden. Eine weitere mögliche Erklärung ist, dass die Videovignette mehr Potenzial bietet, um bildungssprachliche Elemente anzusprechen.

Wie der Vergleich der eben beschriebenen Ergebnisse mit den Erkenntnissen zu thematisierten Sprachregistern innerhalb der Aufgabenanalyse (siehe Abschnitt 9.3) erkennen lässt, sind die Erkenntnisse weitgehend ähnlich. Allerdings thematisierten die Studierenden auch hier bei der Analyse der Textaufgabe deutlich häufiger konkrete Sprachregister als bei der Interpretation der Videovignette.

10.3 Kompetenzfacette „Decision-Making"

Die von den Studierenden entwickelten Handlungsoptionen waren in der vorliegenden Studie von besonderem Interesse, da diese mit der Kompetenzfacette „Decision-Making" der professionellen Unterrichtswahrnehmung und Fähigkeiten im Mikro- und Makro-Scaffolding in Verbindung stehen. Außerdem wurden im Seminar in vielen Kontexten sprachbewusste Handlungsoptionen entwickelt und gemeinsam reflektiert, sodass eine Förderung dieser Kompetenz sehr wahrscheinlich ist (siehe Abschnitt 7.3). Zur Beantwortung der Forschungsfrage, inwiefern sich Kompetenzzuwächse in der Facette „Decision-Making" – insbesondere in Bezug auf sprachbewusste Unterrichtsgestaltung bzw. das Scaffolding – in den Äußerungen der Studierenden nach der Teilnahme an dem Seminar identifizieren lassen, werden zunächst allgemeine Ergebnisse zu den Häufigkeiten der Handlungsoptionen dargestellt. Anschließend werden diese durch Erkenntnisse zu den Handlungsoptionen bestimmter Ereignisse und Perspektiven vertieft. Aufgrund des Forschungsinteresses wurde eine genauere Analyse der Handlungsoptionen aus der sprachlichen Perspektive durchgeführt: zum einen in Bezug auf die Art, wie hier Sprache bzw. Sprachmittel mit den Schüler*innen thematisiert wurden und zum anderen in Bezug auf die dabei thematisierten Sprachebenen und Sprachregister.

Wie viele Studierende wie häufig und wie umfangreich Handlungsoptionen zu Ereignissen der Videovignette geäußert haben, ist in Tabelle 10.10 dargestellt. Im Unterschied zu den anderen Hauptkategorien des Systems „Inhaltliche Tiefe" wird nun nicht mehr mit der „Summe der absoluten Häufigkeiten der thematisierten Ereignisse" (siehe Erläuterung in Abschnitt 10.1.3), sondern mit der „Anzahl der Codierungen" argumentiert. Dieses Vorgehen wird hier als angemessener betrachtet, da die Anzahl der Codierungen bei den Handlungsoptionen keine „Dopplungen" wie bei den anderen Kategorien enthielt. Das bedeutet beispielsweise, dass in der Prä-Erhebung 20 Studierende 197 **verschiedene** Handlungsoptionen genannt haben, die sich auf ein Ereignis oder mehrere Ereignisse gleichzeitig bezogen haben können.

In der Auswertung wurden die in Tabelle 10.10 dargestellten Ergebnisse zunächst im Hinblick auf Gemeinsamkeiten des Verhaltens der Studierenden in der Prä- und der Post-Erhebung untersucht und mit den anderen Hauptkategorien des Systems „Inhaltliche Tiefe" verglichen. Das wesentliche Ergebnis ist, dass Handlungsoptionen jeglicher Art in der Prä- und der Post-Erhebung im Vergleich zu den Beschreibungen, fachlichen Bewertungen und Interpretationen (siehe Abschnitt 10.1.3, 10.2.1 und 10.2.2) den größten Anteil der Äußerungen einnahmen. Wie bei den anderen Kategorien des Systems „Inhaltliche Tiefe" zeigte sich auch bei den Handlungsoptionen, dass die durchschnittliche Codeabdeckung aller Kategorien, die Handlungsoptionen umfassen, zu beiden Erhebungszeitpunkten ähnlich war: In der Prä- und Post-Erhebung betrug sie insgesamt 48 %. Die Studierenden äußerten sich nicht nur umfänglich zu diesem Thema, sondern entwickelten auch viele verschiedene Handlungsoptionen. Dies zeigte sich an der hohen Anzahl an Codierungen von 197 in der Prä-Erhebung und 269 in der Post-Erhebung.

Tabelle 10.10 Ergebnisse zu den geäußerten Handlungsoptionen

	Durchschnittliche Codeabdeckung		**Anzahl der Codierungen (verteilt auf X Personen)**	
	Prä	**Post**	**Prä**	**Post**
Handlungsoption (auf Basis korrekter Beschreibung bzw. fachlicher Bewertung)	24 %	34 %	100 (16)	196 (20)
Handlungsoption auf Basis nicht korrekter Beschreibung bzw. fachlicher Bewertung	21 %	13 %	87 (15)	60 (10)
Verworfene bzw. abgebrochene Handlungsoption	3 %	1 %	10 (7)	13 (6)
Gesamt	48 %	48 %	197 (20)	269 (20)

Dabei haben die Studierenden Handlungsoptionen auf Basis korrekter Beschreibungen bzw. fachlicher Bewertungen in der Prä- und Post-Erhebung insgesamt mit großem Abstand am meisten zu den Ereignissen D, F, H, J und N entwickelt. Bis auf das Ereignis „N) Sonstiges" handelt es sich hierbei um Ereignisse, die fachliche Fehler von Lilli und Noemi zeigen. Erwartungsgemäß waren die Studierenden folglich bei solchen Ereignissen am meisten veranlasst, die Unterrichtsplanung zu verändern oder zu intervenieren. Dieses Ergebnis ist natürlich stark an den Inhalt der Videovignette gekoppelt, die einen fachlichen Bearbeitungsprozess von zwei Schülerinnen zeigt. So könnte eine Klassensituation sehr viel mehr Anlässe für Handlungsoptionen zur methodisch-didaktischen Gestaltung oder zum Classroom Management bieten. Die genauere Analyse der Kategorie „Handlungsoption auf Basis nicht korrekter Beschreibung oder fachlicher Bewertung" ergab, dass sich 77 der 87 Codierungen in der Prä-Erhebung und 42 der 60 Codierungen in der Post-Erhebung auf Textstellen bezogen, in denen das Ereignis „D) Lilli und Noemi beschriften die Achsen des Graphen nicht korrekt" codiert worden ist. Häufig trat dies gleichzeitig mit dem Ereignis „H) Das von Lilli und Noemi angegebene Steigungsverhalten des Graphen ist nicht korrekt" auf. Analog zu den Interpretationen auf Basis nicht korrekter Beschreibungen bzw. fachlicher Bewertungen ist dieses Phänomen damit zu erklären, dass häufig die fachlich nicht korrekte Bewertung formuliert wurde, dass durch den Tausch der Koordinatenachsen aus einem fallenden ein steigender Graph entstehen würde. Dieses Phänomen wurde bereits in Abschnitt 10.2.1 genau beschrieben.

Der Prä-Post-Vergleich der Ergebnisse (Tabelle 10.10) zeigte ein weiteres wesentliches Ergebnis: In der Post-Erhebung haben mehr Studierende Handlungsoptionen auf Basis korrekter fachlicher Bewertung angegeben wie in der Prä-Erhebung und die Anzahl dieser verdoppelte sich. In der Prä-Erhebung haben 16 Studierende insgesamt 100 Handlungsoptionen auf Basis korrekter Beschreibungen bzw. fachlicher Bewertungen zu verschiedenen Ereignissen formuliert, woraus sich durchschnittlich 6,3 Handlungsoptionen pro Person ergeben. In der Post-Erhebung waren es hingegen 20 Studierende, die insgesamt 196 Handlungsoptionen auf Basis korrekter Beschreibungen bzw. fachlicher Bewertungen entwickelten, was durchschnittlich etwa zehn Handlungsoptionen pro Person entspricht. Hinsichtlich der anderen beiden Hauptkategorien war hingegen ein Rückgang bzw. keine Veränderung von der Prä- zur Post-Erhebung zu beobachten. Während es in der Prä-Erhebung noch fast genauso viele Handlungsoptionen auf Basis korrekter wie auf Basis nicht korrekter Beschreibungen bzw. fachlicher Bewertungen gab (87:100), waren es in der Post-Erhebung nur noch 60 im Unterschied zu 192, die außerdem nur noch von zehn statt 15 verschiedenen Studierenden geäußert worden sind. Der Rückgang der Handlungsoptionen auf Basis nicht korrekter Beschreibungen bzw. fachlicher Bewertungen kann zum Teil auf den Rückgang falscher fachlicher Bewertungen (siehe Abschnitt 10.2.1) zurückgeführt werden. In der Kategorie „Verworfene bzw. abgebrochene Handlungsoption" war kaum eine Veränderung von der Prä- zur Post-Erhebung erkennbar.

Die Zunahme der Handlungsoptionen auf Basis korrekter Beschreibungen bzw. fachlicher Bewertungen von der Prä- zur Post-Erhebung auf Gruppenebene konnte größtenteils auch auf personenbezogener Ebene festgestellt werden. Bei 12 der 20 Studierenden nahm die Anzahl dieser Handlungsoptionen teils stark zu. Bei S7 beispielsweise stieg die Anzahl der Handlungsoptionen auf Basis korrekter Beschreibungen bzw. fachlicher Bewertungen um 24 Codierungen an. Bei sieben Studierenden veränderte sich in dieser Kategorie hingegen kaum etwas, in diesen Fällen nahm die Anzahl der Codierungen maximal um eine Handlungsoption ab oder zu. Diese Erhöhung der Anzahl an Handlungsoptionen auf Basis korrekter Beschreibungen bzw. fachlicher Bewertungen von der Prä- zur Post-Erhebung kann als erster Hinweis auf ein Kompetenzzuwachs im Bereich der professionellen Unterrichtswahrnehmung in Bezug auf die Facette „Decision-Making" gedeutet werden. Diese Folgerung basiert auf der Prämisse, dass die Studierenden hierdurch zeigen, dass sie in der Lage sind, verschiedene Handlungsentscheidungen zu entwickeln. Im nächsten Abschnitt wird genauer untersucht, ob mit dem Anstieg der Quantität tatsächlich ein breiteres Handlungsrepertoire einherging. Die Zunahme an präsentierten Handlungsoptionen kann begründet mit dem neu angebotenen Seminar in Zusammenhang gebracht werden, da es hier zahlreiche Lerngelegenheiten zur Entwicklung von Handlungsoptionen gab (siehe Abschnitt 7.3) Die Erhöhung der Anzahl an Handlungsoptionen auf Basis korrekter Beschreibungen bzw. fachlicher Bewertungen erklärt sich dadurch, dass in der Post-Erhebung zum einen mehr Ereignisse korrekt bewertet worden sind (siehe Abschnitt 10.2.1). Zum anderen wurden in der Post-Erhebung in einigen Fällen mehr unterschiedliche Handlungsoptionen zu einem einzigen Ereignis formuliert, das in der Prä- und der Post-Erhebung fachlich korrekt bewertet wurde.

Eingenommene Perspektiven innerhalb der Handlungsoptionen

Im Folgenden wird dargestellt, inwiefern die Studierenden bei der Formulierung von Handlungsoptionen die sprachliche Perspektive einbezogen haben. In Tabelle 10.11 ist dargestellt, wie viele Studierende wie häufig Handlungsoptionen unter den verschiedenen Perspektiven entwickelt haben. Das wesentliche Ergebnis des Prä-Post-Vergleichs ist, dass sich von der Prä- zur Post-Erhebung die Anzahl der Handlungsoptionen aus der sprachlichen Perspektive verdoppelt hat und auch die Anzahl der Studierenden, die sich hier unter dieser Perspektive äußerten, nahm zu. Dies wird im Folgenden erläutert und interpretiert.

Tabelle 10.11 Absolute Häufigkeit der Handlungsoptionen aus den verschiedenen Perspektiven (verteilt auf X Personen)

	Prä	**Post**
Überfachliche Perspektive (ohne Bezug zur Sprache)	2 (2)	3 (3)
Fachdidaktische und fachliche Perspektive (ohne Bezug zur Sprache)	113 (18)	102 (18)
Sprachliche Perspektive	82 (15)	164 (18)

Bei der Entwicklung von Handlungsoptionen haben die Studierenden vorrangig die sprachliche Perspektive und die fachdidaktische und fachliche Perspektive (ohne Bezug zur Sprache) eingenommen (siehe Tabelle 10.11). Im Prä-Post-Vergleich ist allerdings nur eine nennenswerte Veränderung bei den Handlungsoptionen zu erkennen, welche die sprachliche Perspektive betrifft. Die Anzahl der Codierungen verdoppelte sich und die Anzahl der Studierenden, die Handlungsoptionen aus sprachlicher Perspektive formulierten, stieg um drei. Während in der Prä-Erhebung 15 Studierende durchschnittlich 5,5 (82:15) verschiedene Handlungsoptionen aus der sprachlichen Perspektive äußerten, waren es in der Post-Erhebung 18 Studierende und durchschnittlich 9,1 Handlungsoptionen (164:18). Im Gegensatz dazu veränderte sich die Anzahl der Codierungen und die Anzahl der Studierenden bei den Handlungsoptionen aus der fachdidaktischen und fachlichen Perspektive (ohne Bezug zur Sprache) von der Prä- zur Post-Erhebung kaum. In der Prä- und der Post-Erhebung haben 18 Studierende durchschnittlich ungefähr sechs (113:18 bzw. 102:18) Handlungsoptionen aus dieser Perspektive formuliert. Ähnlich wie bei den Beschreibungen und fachlichen Bewertungen (siehe Abschnitt 10.1.3 und 10.2.1) spielte die überfachliche Perspektive (ohne Bezug zur Sprache) bei allen Arten von Handlungsoptionen zu beiden Erhebungszeitpunkten kaum eine Rolle. Dies zeigt sich darin, dass aus der überfachlichen Perspektive nur zwei bzw. drei Handlungsoptionen entwickelt wurden.

Die eben genannten Ergebnisse auf Gruppenebene wurden durch die Analyse der personenbezogenen Ebene ergänzt. Auf dieser Ebene zeigte sich eine Zunahme von Handlungsoptionen aus der sprachlichen Perspektive von der Prä- zur Post-Erhebung bei 15 der 20 Studierenden. Sechs dieser Studierenden haben in der Post-Erhebung erstmals überhaupt den Kontext Sprache bei der Entwicklung von Handlungsoptionen einbezogen. Der Zuwachs an aus sprachlicher Perspektive formulierten Handlungsoptionen war bei einzelnen Studierenden besonders hoch: Bei S7, S8 und S20 stieg die Anzahl um mehr als 15. Die starke Veränderung in Bezug auf Handlungsoptionen aus der sprachlichen Perspektive von der Prä- zur Post-Erhebung kann als Zuwachs im Bereich der Kompetenzfacette „Decision-Making“ in Bezug auf die Bedeutung von Sprache beim fachlichen Lernen und Lehren im

Mathematikunterricht gedeutet werden, da sich hier die Fähigkeit zeigte, verschiedene Handlungsmöglichkeiten im Sinne des Scaffolding-Ansatzes zu entwickeln. Dieser Zuwachs kann durch die Teilnahme der Studierenden an dem neu angebotenen Seminar erklärt werden, da hier auf vielfältige Weise sprachbewusste Handlungsoptionen entwickelt und reflektiert worden sind.

Art der Thematisierung von Sprache innerhalb der Handlungsoptionen
Es wurde bereits dargestellt, dass die Studierenden – vermutlich gefördert durch die Seminarteilnahme – in der Post-Erhebung mehr Handlungsoptionen aus der sprachlichen Perspektive formuliert haben. Für eine differenziertere Aussage zur Vielfalt der Handlungsoptionen wurden solche, die aus der sprachlichen Perspektive entwickelt worden sind, genauer untersucht. Die Analyse erfolgte auf zwei Ebenen: erstens dahingehend, ob es sich um situative Handlungsoptionen, also Interventionen handelt, die in der Unterrichtssituation spontan entwickelt worden wären, oder um planungsbezogene Handlungsoptionen, also um alternative Planungen der Unterrichtsstunde. Zu den letztgenannten gehörten auch Handlungsoptionen für kommende Unterrichtsstunden. Die zweite Ebene bezog sich auf die Art der Thematisierung von Sprache bzw. eines bestimmten Sprachmittels. Differenziert wurde hier danach, ob die Thematisierung bewusst vermieden wurde, implizit oder explizit erfolgte. Auf diese Weise wurden sechs verschiedene Kategorien gebildet (siehe Tabelle 10.12). Die Unterscheidung von planungsbezogenen und situativen Handlungsoptionen war von besonderem Interesse, da diese im Zusammenhang mit dem im Seminar thematisierten Mikro- und Makro-Scaffolding stehen (siehe Abschnitt 7.3). Die Relevanz der Art der Thematisierung von Sprache ist dadurch gegeben, dass im Seminar nachdrücklich besprochen wurde, dass auf kurze Sicht eine Vermeidung potenzieller sprachlicher Hürden hilfreich sein kann, aber für eine langfristige, nachhaltige sprachbewusste Unterrichtsgestaltung die für den fachlichen Inhalt wichtigen Sprachmittel nicht nur implizit, sondern explizit thematisiert werden müssen. Im Folgenden werden die verschiedenen Arten der Thematisierung von Sprache innerhalb der Handlungsoptionen anhand von Beispielen näher erläutert.

Die Studierenden haben in ihren Vorschlägen zu den Handlungsoptionen teils sprachliche Hürden vermieden, indem sie beispielsweise planten, die Textaufgabe „Sanduhr" (siehe Abschnitt 8.4.2) sprachlich vereinfacht zu reformulieren. Dies wollten sie entweder spontan im Unterricht („situativ") oder bereits in der Unterrichtsplanung („planungsbezogen") tun:

„Ja, eine [...] Option wäre es/wäre, [...] dass ich selber nochmal kurz an der Tafel den Text umschreibe und einfach versuche, das Ganze klarer aufzuschreiben, dass jeder vorne so gesagt die, ich nenne es jetzt mal neue Aufgabenstellung vor Augen hat, in der

> *Hoffnung, dass das dann besser verständlich ist für die Schülerinnen und Schüler."* (Pre S4, 181–186)

> *„Oder ob man nicht einfach mal einen zweiten Satz anfangen kann. Jetzt frage ich mich gerade wie. [...] Vielleicht sowas wie <in der Gleichung soll das Sandvolumen (.) in der oberen Hälfte (.) abhängig von der Zeit sein>."* (Post S1, 135–140)

Bei der impliziten Thematisierung von Sprache bzw. von Sprachmitteln haben die Studierenden u. a. Handlungsoptionen formuliert, bei denen sie den Schülerinnen inhaltliche Rückmeldungen und strategische Hilfestellungen gaben, ohne dabei explizit auf bestimmte Sprachmittel einzugehen:

> *„Also ich würde gleich, wenn sie die Achsen beschriften sagen: <Moment, macht das wirklich Sinn, was ihr da tut? Lest euch diesen Satz nochmal durch!>."* (Post S1, 180–183)

Aus einer planungsbezogenen Perspektive entwickelten die Studierenden hingegen häufig methodisch-didaktische Entscheidungen, bei denen den Schüler*innen Zeit und Raum eingeräumt wurden, um sprachliche Hürden möglichst selbstständig zu bewältigen:

> *„Also ich würde versuchen zu ermuntern, über die Aufgabe zu quatschen und alles in eigenen Worten zu wiederholen, bevor man mit so einer Aufgabe beginnt."* (Post S5, 264–266)

Die Studierenden formulierten aber auch Handlungsoptionen, bei denen sie Sprachmittel explizit mit den Schüler*innen thematisierten:

> *„Ja, in der Formulierung ist das/(5) ist das gar nicht so leicht zu erklären. (12) Also man könnte es halt (..) grammatikalisch irgendwie erklären, aber/(..) Also WEM wird etwas zugeordnet und/Also vielleicht über die Fälle [...]"* (Post S17, 197–200)

> *„Ich würde einfach mehr Aufgaben raussuchen, weil bei einigen Aufgaben steht das ja genauso drin und solche Sätze dann für die Schüler nochmal zum Üben geben. Das wenn man einmal in der Klasse drüber gesprochen hat, wie ist es hier gemeint, dass sie dann an diesen anderen Sätzen genauso nochmal machen sollen, um das zu üben und zu verstehen. Und (.) im Idealfall natürlich auch verschiedene Satzstellungen, weil/also hier wird zugeordnet oder einfach nur <die der zuordnet> oder auch andersherum <der verstrichenen Zeit wird zugeordnet>, also das (..)/ja. Halt versuchen die Satzstellung ein bisschen zu verändern."* (Post S7, 281–293)

Anhand der zuletzt zitierten Äußerung zeigt sich besonders anschaulich, wie die Studierenden eine explizite Thematisierung der Sprachmittel auf Satzebene geplant hätten. S7 nannte hier zur Einübung der Sprachmittel Übungsaufgaben, die nach dem Prinzip der Formulierungsvariation (Prediger 2015b) gestaltet sein sollten. Des Weiteren haben die Studierenden planungsbezogene Handlungsoptionen formuliert, bei denen Sprachmittel explizit durch die Entwicklung von Sprachspeichern thematisiert werden sollten. Hierbei haben die Studierenden darauf geachtet, die verbalen Darstellungen von Zuordnungen mit anderen Darstellungen zu verknüpfen:

> *„Dann würde ich auch da glaube ich auch ein Plakat mit denen erstellen, was ich aufhänge, für solche Aufgaben. [...] Da wäre dann einmal so ein Beispiel, wo eine Textaufgabe steht, das und das wird dem und dem zugeordnet. Dann wäre darunter/würde dann darunter/bei diesem Beispiel würde dann darunter stehen <Zeit> und dann dieser Pfeil <verbliebenes Sandvolumen> und dann darunter wäre ein Koordinatensystem, wo oben halt Volumen und an der x-Achse dementsprechend Zeit steht."* (Post S7, 192–201)

Beide von den Studierenden genannte Methoden zur sprachbewussten Unterrichtsgestaltung (Prinzip der Formulierungsvariation und Sprachspeicher) wurden im entwickelten Seminar mehrfach thematisiert, weshalb es naheliegt, den hier gezeigten Zuwachs dieser Art von Handlungsoptionen auf die Teilnahme an dem neu angebotenen Seminar zurückzuführen.

In Tabelle 10.12 ist dargestellt, wie häufig die Studierenden und auf welche Art sie planten, Sprache bzw. bestimmte Sprachmittel mit den Schüler*innen zu thematisieren. Der Prä-Post-Vergleich ergab vier wesentliche Ergebnisse: Erstens kann festgestellten werden, dass viele Studierende zu beiden Erhebungszeitpunkten situative Handlungsoptionen aus der sprachlichen Perspektive entwickelten, in der Post-Erhebung jedoch deutlich mehr als in der Prä-Erhebung. In der Prä-Erhebung formulierten 15 Studierende insgesamt 82 Handlungsoptionen aus der sprachlichen Perspektive. Davon waren 73 situativ geprägt. Die 15 Studierenden, die mindestens eine situative Handlungsoption entwickelten, formulierten durchschnittlich 4,9 situative Handlungsoptionen (73:15). In der Post-Erhebung formulierten hingegen 18 der 20 Studierenden durchschnittlich 6,8 situative Handlungsoptionen (122:18).

Zweitens haben die Studierenden in der Prä-Erhebung kaum bzw. nie planungsbezogene Handlungsoptionen aus der sprachlichen Perspektive entwickelt, während in der Post-Erhebung deutlich mehr Studierende mehr Handlungsoptionen dieser Art formulierten (siehe Tabelle 10.12). Von den 82 Handlungsoptionen aus der sprachlichen Perspektive waren nur neun planungsbezogen und wurden von vier Studierenden entwickelt. In der Post-Erhebung formulierten hingegen zwölf Studierende durchschnittlich 3,5 planungsbezogene Handlungsoptionen (42:12). Folglich war sowohl bei den situativen als auch bei den planungsbezogenen Handlungsoptionen im Prä-Post-Vergleich eine Zunahme erkennbar – bei den planungsbezogenen sogar verhältnismäßig stärker als bei den situativ geprägten.

Tabelle 10.12 Absolute Häufigkeit der verschiedenen Arten von Handlungsoptionen aus der sprachlichen Perspektive (verteilt auf X Personen)

	Prä			**Post**		
Situative Vermeidung potenzieller sprachlicher Hürden	4 (3)	8 (5)	**Gesamt:** 82 (15) „situativ": 73 (15) „planungsbezogen": 9 (4)	4 (1)	22 (9)	**Gesamt:** 164 (18) „situativ": 122 (18) „planungsbezogen": 42 (12)
Planungsbezogene Vermeidung potenzieller sprachlicher Hürden	4 (2)			18 (9)		
Situative implizite Thematisierung von Sprache	48 (15)	51 (15)		63 (17)	68 (18)	
Planungsbezogene implizite Thematisierung von Sprache	3 (2)			5 (2)		
Situative explizite Thematisierung von Sprache	21 (5)	23 (6)		55 (12)	74 (14)	
Planungsbezogene explizite Thematisierung von Sprache	2 (2)			19 (7)		

Zwei weitere wesentliche Ergebnisse des Prä-Post-Vergleichs (siehe Tabelle 10.12) beziehen sich auf die Unterscheidung, wie die Studierenden planten, Sprache bzw. Sprachmittel mit den Schüler*innen zu thematisieren: So wurden drittens die drei Arten der Thematisierung von herausfordernden Sprachmitteln (Vermeidung, implizite Thematisierung, explizite Thematisierung) im Vergleich zur Prä-Erhebung in der Post-Erhebung von mehr Studierenden in mehr Handlungsoptionen vorgeschlagen. Viertens gab es hierbei die zahlenmäßig stärkste Zunahme von der Prä- zur Post-Erhebung bei Handlungsoptionen, die Sprachmittel explizit thematisierten. Diese Ergebnisse werden im Folgenden erläutert.

Handlungsoptionen, bei denen die Auseinandersetzung mit potenziellen sprachlichen Hürden u. a. durch Vereinfachung der Sprache vermieden wurde, konnten in der Prä- und der Post-Erhebung verhältnismäßig selten identifiziert werden. In der Prä-Erhebung haben fünf Studierende durchschnittlich 1,6 (8:5) solcher Handlungsoptionen und in der Post-Erhebung haben neun Studierende durchschnittlich 2,5 (22:9) solcher Handlungsoptionen entwickelt. Handlungsoptionen, die Sprache bzw. Sprachmittel implizit thematisieren, waren zu beiden Erhebungszeitpunkten häufig und fast ausschließlich situativ geprägt (48 von 51 bzw. 63 von 68). In der Prä-Erhebung entwickelten 15 Studierende durchschnittlich 3,4 (51:15) und in der Post-Erhebung entwickelten 18 der 20 Studierenden durchschnittlich 3,8 (68:18) solcher Handlungsoptionen. Die größte Veränderung zeigte sich allerdings bei den Handlungsoptionen, die Sprache bzw. Sprachmittel explizit thematisieren. In der Prä-Erhebung haben sechs Studierende durchschnittlich 3,8 (23:6) und in der Post-Erhebung 14 Studierende durchschnittlich 5,3 (74:14) solcher Handlungsoptionen formuliert. Während in der Prä-Erhebung nur eine der 22 Handlungsoptionen, die Sprache bzw. Sprachmittel explizit thematisierten, planungsbezogen war, formulierten in der Post-Erhebung sieben Studierende durchschnittlich 2,7 (19:7) solcher Handlungsoptionen.

Insgesamt entwickelten im Prä-Post-Vergleich in der Post-Erhebung nicht nur mehr Studierende mehr Handlungsoptionen aus der sprachlichen Perspektive, sondern im Durchschnitt erweiterte sich das Handlungsrepertoire. Besonders bemerkenswert ist hierbei, dass mehr als die Hälfte der Studierenden im Zuge der Intervention einen stärkeren bzw. überhaupt erst einen Blick für die explizite Thematisierung von Sprache bzw. Sprachmitteln und/oder für planungsbezogene Handlungsoptionen bekommen zu haben scheint. Dies kann als Stärkung der Kompetenzfacette „Decision-Making“ in Bezug auf die Bedeutung von Sprache beim fachlichen Lernen und Lehren im Mathematikunterricht durch die Seminarteilnahme interpretiert werden, da planungsbezogene Handlungsoptionen und Handlungsoptionen, die Sprache bzw. Sprachmittel explizit thematisieren, wichtige sowie adaptive Handlungen zu Ereignissen der Videovignette im Sinne des Scaffolding (siehe insbesondere Abschnitt 4.2.5) darstellen.

Sprachebenen innerhalb der Handlungsoptionen

Wie bereits erläutert, haben Sprachebenen und Sprachregister eine zentrale Rolle im theoretischen Diskurs über sprachbewussten Fachunterricht und wurden ausführlich im neu angebotenen Seminar thematisiert (siehe Abschnitt 3.2 und 7.3). Aus diesem Grund erfolgte die Analyse der Interpretationen im Hinblick darauf, ob die Studierenden hier Sprachmittel aus bestimmten Registern oder Ebenen thematisierten (siehe Abschnitt 10.2.2). Auch die Analyse der aus sprachlicher Perspektive formulierten Handlungsoptionen war diesbezüglich erkenntnisversprechend. Die Ergebnisse sind in Tabelle 10.13 dargestellt. Sie zeigt, wie viele Handlungsoptionen, die sich auf sprachliche Hürden auf bestimmten Sprachebenen bezogen, von wie vielen Studierenden formuliert worden sind. Das erste wesentliche Ergebnis ist, dass in der Post-Erhebung deutlich mehr Studierende als in der Prä-Erhebung eine Handlungsoption formulierten, die auf ein bestimmtes sprachliches Problem auf einer konkreten Sprachebene eingeht, und sie taten dies häufiger als in der Prä-Erhebung. In der Prä-Erhebung entwickelten sechs Studierende durchschnittlich vier (24:6) und in der Post-Erhebung entwickelten 16 Studierende durchschnittlich 6,7 (107:16) Handlungsoptionen, die bestimmte sprachliche Probleme auf einer konkreten Sprachebene (Wort-, Wortgruppen-, Satz- oder Textebene) thematisieren. Folglich ist hier eine starke Veränderung festzustellen, indem der prozentuale Anteil dieser Handlungsoptionen an allen Handlungsoptionen aus der sprachlichen Perspektive von 30 % (24:(24 + 58)) auf 60 % (107:(107 + 65)) anstieg. Demgegenüber war keine große Veränderung hinsichtlich der vorgeschlagenen Handlungsoptionen zu beobachten, die sich zwar auf vorher identifizierte sprachliche Hürden bezogen, aber keiner konkreten Sprachebene zugeordnet werden konnten.

Tabelle 10.13 Absolute Häufigkeit der Handlungsoptionen, bei denen auf Sprachmittel auf bestimmten Sprachebenen eingegangen wurde (verteilt auf X Personen)

	Prä	**Post**
Konkrete Sprachebenen	24 (6)	107 (16)
Wortebene	10 (3)	20 (10)
Wortgruppenebene	1 (1)	17 (10)
Satzebene	13 (4)	67 (11)
Textebene	0 (0)	3 (1)
Sprachebene nicht eindeutig zuzuordnen	58 (14)	65 (17)

Aus der Datenanalyse zu den einzelnen Sprachebenen, die in Tabelle 10.13 dargestellt ist, geht hervor, dass sich bei allen Kategorien außer bei der Textebene die Anzahl der von den Studierenden formulierten Handlungsoptionen von der Prä- zur Post-Erhebung stark erhöhte. So entwickelte beispielsweise in der Prä-Erhebung nur eine Person eine Handlungsoption, die sich auf eine als Hürde eingestufte Wortgruppe bezog. In der Post-Erhebung waren es hingegen 17 solcher Handlungsoptionen, die von zehn verschiedenen Studierenden formuliert wurden. Bei den Handlungsoptionen, die sich auf Wörter oder Wortgruppen bezogen, wurde häufig vorgeschlagen, diese anhand einer Abbildung oder einer mitgebrachten Sanduhr verbalsprachlich zu erklären:

> *„Ja, also man könnte da zum Beispiel (.) eine/eine Sanduhr mit/also schon mal präventiv mit zur Schule nehmen, um den Schülerinnen und Schülern nochmal das Wort (.) oder die einzelnen Wörter <Verengung in der Mitte>, <Hindurchrieseln>, (..) und, (.) <obere Hälfte>, <untere Hälfte> an der Sanduhr verdeutlichen kann."* (Post S8, 206–209)

Die stärkste Zunahme an Handlungsoptionen von der Prä- zur Post-Erhebung ist bei der Kategorie „Satzebene" erkennbar. In der Prä-Erhebung haben vier Studierende durchschnittlich 3,3 (13:4) und in der Post-Erhebung elf Studierende durchschnittlich 6,1 Handlungsoptionen (67:11) entwickelt, die sich auf sprachliche Hürden auf der Satzebene bezogen. Fast alle dieser Handlungsoptionen bezogen sich auf das Ereignis „D) Lilli und Noem beschriften die Achsen des Graphen nicht korrekt":

> *„Ich würde irgendwie auf/versuchen die Satzstellung zu verändern, also dieses Subjekt-Prädikat-Objekt-Gefüge einzuhalten."* (Post S5, 261–262, bezieht sich auf die Formulierung des Aufgabenteils a) der Textaufgabe „Sanduhr")

Auf der personenbezogenen Ebene zeigt sich eine Entwicklung von der Prä- zur Post-Erhebung bei 13 der 20 Studierenden dahingehend, dass diese Studierenden in der Post-Erhebung Handlungsoptionen auf sprachliche Hürden bestimmter Sprachebenen bezogen, die sie in der Prä-Erhebung noch nicht berücksichtigt hatten. Außerdem haben 16 der 20 Studierenden mehr Handlungsoptionen in der Post- als in der Prä-Erhebung formuliert, die auf ein sprachliches Problem auf einer konkreten Sprachebene eingingen. Insgesamt kann diese Entwicklung von der Prä- zur Post-Erhebung als Hinweis auf die Sensibilisierung der Studierenden für Sprachebenen im Bereich der Kompetenzfacette „Decision-Making" der professionellen Unterrichtswahrnehmung bei der Mehrheit der Studierenden gedeutet werden. Die Veränderungen können auch im Zusammenhang mit der Facette „Perception" der professionellen Unterrichtswahrnehmung gesehen werden, da durch die Seminarteilnahme vermutlich der Blick für Sprachebenen geschärft wurde. Auch wenn nicht alle Studierenden in der Post-Erhebung alle Sprachebenen konkret innerhalb ihrer Handlungsoptionen thematisiert haben, so ist hier dennoch eine starke Veränderung von der Prä- zur Post-Erhebung erkennbar. Die Entwicklung kann als positiv bewertet werden, da die Studierenden nach der Teilnahme an dem Seminar im Kontext ihrer Handlungsoptionen häufiger gezielt auf sprachliche Hürden auf konkreten Sprachebenen eingegangen sind.

Die Ergebnisse der Post-Erhebung weisen Gemeinsamkeiten mit den Ergebnissen auf, die in der Analyse der Sprachebenen innerhalb der Interpretationen aus sprachlicher Perspektive generiert wurden (siehe Abschnitt 10.2.2). So waren die absoluten Häufigkeiten bei beiden in Bezug auf die Textebene niedrig und in Bezug auf die Satzebene hoch. Allerdings wurden in der Prä-Erhebung viel weniger Handlungsoptionen als Interpretationen in Bezug auf konkrete Sprachebenen formuliert, während es sich in der Post-Erhebung genau umgekehrt verhielt. Eine mögliche Interpretation hierfür ist, dass die Studierenden in der Prä-Erhebung teils sprachliche Hürden identifizierten und diese auch konkreten Sprachebenen zuordnen konnten. Sie schätzten diese jedoch eventuell als nicht so relevant ein bzw. es fehlte ihnen das Handlungsrepertoire, um solche Hürden mit einer Lerngruppe zu thematisieren.

Sprachregister innerhalb der Handlungsoptionen

Analog zum vorherigen Abschnitt ist in Tabelle 10.14 dargestellt, wie viele Handlungsoptionen von wie vielen Studierenden formuliert worden sind, die sich auf sprachliche Hürden bestimmter Sprachregister bezogen. Der Prä-Post-Vergleich lieferte die folgenden wesentlichen Ergebnisse: Erstens formulierten in der Post-Erhebung deutlich mehr Studierende eine Handlungsoption, die ein sprachliches Problem eines konkreten Sprachregisters fokussierte, als in der Prä-Erhebung, und sie taten dies häufiger als in der Prä-Erhebung. So formulierten in der Prä-Erhebung sechs Studierende durchschnittlich vier (24:6) und in der Post-Erhebung 16 Studierende durchschnittlich 6,7 Handlungsoptionen (107:16), die sprachliche Probleme eines konkreten Sprachregisters thematisierten. Der Anteil dieser Handlungsoptionen an allen Handlungsoptionen aus der sprachlichen Perspektive stieg folglich von 30 % auf 60 % an.

Tabelle 10.14 Absolute Häufigkeit der Handlungsoptionen, bei denen auf Sprachmittel bestimmter Sprachregister eingegangen wurde (verteilt auf X Personen)

	Prä	Post
Konkretes Sprachregister	24 (6)	107 (16)
Fachsprache	8 (3)	14 (8)
Bildungssprache	16 (5)	93 (15)
Sprachregister nicht eindeutig zuzuordnen	58 (14)	65 (17)

Zweitens war die Erhöhung der Anzahl an Studierenden und Codierungen in Bezug auf Handlungsoptionen, die auf bildungssprachliche Hürden eingingen, von der Prä- zur Post-Erhebung besonders stark. Sowohl die Anzahl der Codierungen als auch die Anzahl der Studierenden, die sprachliche Hürden thematisierten, die der

Bildungssprache zugeordnet werden konnten, nahm von der Prä- zur Post-Erhebung stark zu. In der Prä-Erhebung formulierten fünf Studierende durchschnittlich 3,2 (16:5) und in der Post-Erhebung formulierten 15 der 20 Studierenden durchschnittlich 6,2 (93:15) Handlungsoptionen, die sich auf sprachliche Hürden dieses Registers bezogen. Bei 68 dieser 93 Handlungsoptionen bezogen sich die Studierenden auf das Ereignis „D) Lilli und Noemi beschriften die Achsen des Graphen nicht korrekt“, daneben bezogen sich viele Studierende auf Ereignis „N) Sonstiges“:

> *„Aber vielleicht wäre hier eine Abbildung ganz gut, denn vielleicht ist ihnen auch nicht richtig klar, was mit der Sanduhr gemeint ist und was dieses <durchrieseln> bedeutet.“* (Post S14, 43–45)

Auf sprachliche Hürden, die der Fachsprache zugeordnet werden können, gingen die Studierenden in ihren Handlungsoptionen weniger ein. In der Prä-Erhebung formulierten drei Studierende acht und in der Post-Erhebung formulierten acht Studierende 14 solcher Handlungsoptionen.

Diese Ergebnisse auf Gruppenebene wurden durch Ergebnisse anhand der Analyse auf personenbezogener Ebene ergänzt. Bei elf der 20 Studierenden stieg die Anzahl der genannten Sprachregister, auf die sie sich innerhalb der Handlungsoptionen mindestens einmal bezogen, von der Prä- zur Post-Erhebung. Außerdem haben 15 der 20 Studierenden mehr Handlungsoptionen in der Post- als in der Prä-Erhebung entwickelt, innerhalb derer sie ein sprachliches Problem eines konkreten Sprachregisters thematisierten.

Insgesamt können die geschilderten Veränderungen von der Prä- zur Post-Erhebung als Hinweis auf die Sensibilisierung der Mehrheit der Studierenden für die Bildungssprache in den Kompetenzfacetten „Decision-Making“ und „Perception“ der professionellen Unterrichtswahrnehmung gedeutet werden, die auf Teilnahme an dem neu angebotenen Seminar zurückgeführt werden kann. Die Ergebnisse dieser Datenanalyse gleichen in ihrer Tendenz ebenfalls den Ergebnissen, die zu den innerhalb der Interpretationen aus sprachlicher Perspektive thematisierten Sprachregistern generiert werden konnten (siehe Abschnitt 10.2.2).

10.4 Typen

In den vorherigen Kapiteln wurden die Ergebnisse der inhaltlich-strukturierenden Inhaltsanalyse präsentiert. Der Fokus lag dabei auf Ergebnissen auf der Gruppenebene. Diese wurden durch Ergebnisse auf der personenbezogenen Ebene ergänzt, um Veränderungsprozesse bezüglich der in den Forschungsfragen formulierten Aspekte identifizieren zu können. Eine weitere Aufbereitung der Ergebnisse im Rahmen einer Typenbildung war sinnvoll, um die Analyseergebnisse noch stärker zu verdichten und die individuelle Sichtweise der Studierenden auf die in der Videovignette gezeigten Ereignisse stärker in den Fokus zu stellen. Aufgrund der Komplexität der Kategoriensysteme war es nicht möglich, alle Kategorien in den Merkmalsraum aufzunehmen. Wie bereits in Abschnitt 8.5.5 erläutert, habe ich mich daher auf die Bildung einer Typologie in Bezug auf das Interpretationsverhalten und einer Typologie in Bezug auf das Handlungsverhalten, jeweils aus der sprachlichen Perspektive beschränkt. Die engere Fokussierung auf die sprachliche Perspektive entspricht dem Forschungsinteresse der vorliegenden Studie.

10.4.1 Typologie des Interpretationsverhaltens aus der sprachlichen Perspektive

Im Folgenden wird zunächst, wie von Kuckartz (2016, S. 161) beschrieben, der festgelegte Merkmalsraum vorgestellt, der der Typenbildung zugrunde liegt, und das konkrete Verfahren zur Konstruktion der Typologie erläutert. Im Anschluss werden die einzelnen Typen beschrieben und die absoluten Häufigkeiten der den einzelnen Typen zugeordneten Fälle in der Prä- und Post-Erhebung analysiert.

Darstellung des Merkmalsraums und des Verfahrens der Typenkonstruktion
Für die Bildung der Typen im Hinblick auf das Interpretationsverhalten aus der sprachlichen Perspektive erwiesen sich drei Merkmale als besonders sinnvoll (siehe Abbildung 10.1). Diese Merkmale waren nicht nur aus theoretischer Sicht unter Bezug auf die Forschungsfragen von großer Bedeutung, sondern eigneten sich auch als Differenzkriterium für die Bildung von Typen:

1. Die Anzahl der Ereignisse, zu denen Interpretationen[2] aus der sprachlichen Perspektive entwickelt wurden
2. Ein Maß für die inhaltliche Tiefe dieser Interpretationen
3. Die Häufigkeit der Verknüpfung von Mathematik und Sprache innerhalb der Interpretationen aus der sprachlichen Perspektive

[2] Interpretationen auf Basis nicht korrekter fachlicher Bewertungen oder Beschreibungen wurden nicht berücksichtigt, da diesen keine Interpretationsstufe zugeordnet werden konnte.

Für die zweite Dimension der Typenbildung wurde für jede Person der Modalwert der Summen der Ereignisse mit der jeweiligen höchsten Interpretationstiefe pro Interpretationsstufe ermittelt, der im Folgenden vereinfacht als „Modalwert der Interpretationsstufen“ bezeichnet wird: Pro Ereignis wurde die höchste erreichte Interpretationsstufe bestimmt und anschließend die Interpretationsstufe mit der höchsten Anzahl an Ereignissen gewertet (Modalwert). Lag für zwei Interpretationsstufen die gleiche Anzahl an Ereignissen vor, so wurde die höhere Interpretationsstufe gewertet. Ähnlich wurde auch die dritte Dimension ermittelt: Pro Ereignis wurde bestimmt, ob mindestens einmal mit bzw. ohne expliziten Bezug zur Mathematik aus der sprachlichen Perspektive eine Interpretation formuliert worden ist. Die Kategorie („Interpretation mit explizitem Bezug zur Mathematik“ oder „Interpretation ohne expliziten Bezug zur Mathematik“) mit der höchsten Anzahl an Ereignissen wurde gewertet (Modalwert). Lag für beide Kategorien die gleiche Anzahl an Ereignissen vor, so wurde die Kategorie „Interpretation mit explizitem Bezug zur Mathematik“ gewertet.

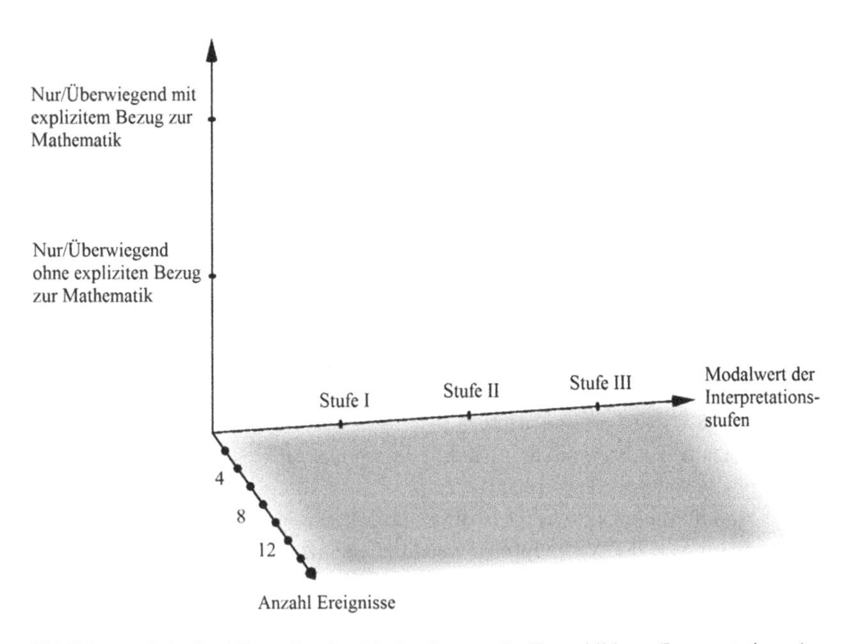

Abbildung 10.1 Dreidimensionaler Merkmalsraum der Typenbildung (Interpretationen)

Die Ermittlung der Daten für den Merkmalsraum wird an folgendem Beispiel verdeutlicht: Tabelle 10.15 zeigt, dass S13 in der Prä-Erhebung drei Ereignisse (A, C und J) aus der sprachlichen Perspektive auf Interpretationsstufe II (1*I, 2*II, 0*III) interpretiert hat. Die Interpretationen waren überwiegend ohne expliziten Bezug zur Mathematik vorgenommen worden (2* „ohne", 1* „mit").

Tabelle 10.15 Beispielhafte Ermittlung der Daten für den Merkmalsraum (Interpretationen)

	Interpretation I	Interpretation II	Interpretation III
Pre S13	C ohne expliziten Bezug zur Mathematik A ohne expliziten Bezug zur Mathematik	J mit explizitem Bezug zur Mathematik; A ohne expliziten Bezug zur Mathematik	Nicht vorhanden bei Pre S13

Die Konstruktion der Typologie auf Basis der drei Dimensionen erfolgte anhand einer grafischen Darstellung der Informationen (siehe Abbildung 10.1). Teils unscharfe Grenzen wurden durch ergänzende Kriterien geschärft, wie durch die Berücksichtigung der besonderen Bedeutung des Ereignisses „D) Lilli und Noemi beschriften die Achsen des Graphen nicht korrekt". Durch Reduktion wurde eine viergliedrige Typologie konstruiert, die im nächsten Abschnitt erläutert und im Kontext der Ergebnisse der qualitativen Inhaltsanalyse interpretiert wird.

Beschreibung und Interpretation der Typologie

Die Typenbildung ergab vier Typen in Bezug auf das Interpretationsverhalten aus der sprachlichen Perspektive:

- Der für Sprache insensitive Typ
- Der Sprache und Mathematik separierende Typ
- Der Sprache und Mathematik vernetzende Typ
- Der Sprache und Mathematik komplex vernetzende Typ

Die Namensgebung der Typen orientiert sich überwiegend daran, in welchem Zusammenhang Sprache innerhalb der Interpretationen zu Ereignissen des fachlichen Bearbeitungsprozesses der Schülerinnen thematisiert worden ist. Unabhängig davon werden die Typen durch weitere Quantitäts- und Qualitäts-kriterien konfiguriert. Im Folgenden werden die Typen beschrieben, teils anhand typisierender Äußerungen vorgestellt und die Zuordnung der Studierenden zu den jeweiligen Typen wird erläutert und interpretiert.

Der für Sprache insensitive Typ

Studierende, die diesem Typ zugeordnet wurden, entwickelten zu keinem oder nur einem einzigen Ereignis eine Interpretation auf der Stufe I oder II aus der sprachlichen Perspektive. Außerdem wies diese eine ggf. vorhandene Interpretation keinen expliziten Bezug zur Mathematik auf. Bei Studierenden dieses Typs konnten keine Indikatoren für professionelle Unterrichtswahrnehmung hinsichtlich der Bedeutung von Sprache beim fachlichen Lernen und Lehren im Mathematikunterricht innerhalb der Kompetenzfacette „Interpretation" identifiziert werden.

Der Sprache und Mathematik separierende Typ

Diesem Typ wurden Studierende zugeordnet, die Ereignisse selten und überwiegend bzw. nur ohne expliziten Bezug zur Mathematik aus der sprachlichen Perspektive interpretierten. Sie interpretierten mindestens zwei, maximal drei Ereignisse aus der sprachlichen Perspektive auf der Stufe I und/oder II. Es wurden keine Interpretationen der dritten Stufe aus dieser Perspektive formuliert und keiner dieser Studierenden hatte das Ereignis D („Lilli und Noemi beschriften die Achsen des Graphen nicht korrekt") fachlich korrekt bewertet und aus der sprachlichen Perspektive interpretiert. Folglich ist dieser Typ dadurch gekennzeichnet, dass nur selten und auch dann nur wenig komplexe und wenig vernetzte Interpretationen aus der sprachlichen Perspektive entwickelt werden. Sprache bzw. bestimmte Sprachmittel werden überwiegend ohne Bezug zum mathematischen Inhalt bzw. zum mathematischen Denken der Schülerinnen innerhalb der Interpretationen thematisiert. Dies wäre jedoch bei einigen Ereignissen der Videovignette für eine geschlossene Argumentationskette über Ursachen bzw. Hintergründe wichtig gewesen. Von Studierenden dieses Typs wurde häufig die sprachliche Kompetenz der Schülerinnen – meist unter Bezug auf einzelne Wörter – unabhängig von mathematischen Inhalten, Denkwegen oder theoretischen Konzepten bewertet:

> *„Jetzt in dem Video an sich habe ich zum Beispiel (.) nicht irgendwie auf die sprachliche Kompetenz der beiden geachtet. (..) Zu dem kann ich also nicht/nicht viel sagen. Ich versuche das gerade ein bisschen zu rekapitulieren, aber, (4) mir/mir fällt da nichts ein. (..) Also sie konnten durchaus die Begriffe wie <Steigung> verwenden, <Funktion>, <Funktionsgleichung> und auch den/den Graphen beschriften."* (Pre S10, 117–121)

> *„Das fand ich wirklich klasse, dass sie da auch wirklich gleich <Kubikmillimeter> genannt haben, wo ich mir vorhin noch selber unsicher war (lacht). Das fand ich total gut, dass sie da auch wirklich konsequent dabei geblieben sind und auch wirklich diesen/das ist ja nun auch ein Fachausdruck meiner Meinung nach, das eben als <Kubikmillimeter> zu benennen."* (Pre S11, 191–194)

Studierende, die diesem Typ zugeordnet werden konnten, zeigten eine geringe professionelle Unterrichtswahrnehmung hinsichtlich der Bedeutung von Sprache beim fachlichen Lernen und Lehren innerhalb der Kompetenzfacette „Interpretation". Die wenig komplexen Interpretationen der Studierenden lassen eine (eher) getrennte Wahrnehmung von Mathematik und Sprache und (eher) einen Bezug zur kommunikativen Funktion von Sprache erkennen (siehe Abschnitt 3.4).

Der Sprache und Mathematik vernetzende Typ

Studierende, die diesem Typ zugeordnet werden konnten, entwickelten zu mehren Ereignissen Interpretationen aus der sprachlichen Perspektive, die überwiegend durch einen expliziten Bezug zur Mathematik gekennzeichnet sind. Beispielsweise stellte S12 in der Post-Erhebung fest, dass die Formulierung der Textaufgabe „Sanduhr" zur Angabe einer falschen Steigung des von den Schülerinnen gezeichneten Graphen geführt haben könnte, da sich die verschiedenen Aufgabenteile mal auf die obere und mal auf die untere Hälfte der Sanduhr bezögen (siehe Abschnitt 8.4.2).

> *„Und ich würde davon ausgehen, dass es daran liegt, dass es halt einmal obere, einmal untere Hälfte in den Aufgabenteilen ist."* (Post S12, 89–91)

Neben diesen Vernetzungen zeichnet sich der Typ durch die Entwicklung von Interpretationen aus, die überwiegend der Stufe II oder III zuzuordnen sind. Diese Äußerungen beziehen sich aber nicht auf Ereignisse, welche die Thematisierung des Zusammenhangs von bestimmten Sprachmitteln mit zentralen mathematischen Grundvorstellungen zwingend erfordern. Folglich hat keine Person, die diesem Typ zugeordnet wurde, das Ereignis D („Lilli und Noemi beschriften die Achsen des Graphen nicht korrekt") fachlich korrekt bewertet und aus der sprachlichen Perspektive interpretiert.

In den Äußerungen der Studierenden, die diesem Typ zugeordnet wurden, können Aspekte einer professionellen Unterrichtswahrnehmung hinsichtlich der Bedeutung von Sprache beim fachlichen Lernen und Lehren innerhalb der Kompetenzfacette „Interpretation" festgestellt werden. Mathematik und Sprache konnten ansatzweise verbunden werden, allerdings gelang es noch nicht, die kognitive Funktion von Sprache (siehe Abschnitt 3.4) innerhalb komplexer Interpretationen mit Verbindung zu zentralen mathematischen Grundvorstellungen zu thematisieren.

Der Sprache und Mathematik komplex vernetzende Typ

Diesem Typ wurden Studierende zugeordnet, die Ereignisse aus der sprachlichen Perspektive auf der Stufe III interpretierten und dabei Sprachmittel, meistens komplexe Satzkonstruktionen, im Zusammenhang mit zentralen mathematischen

Grundvorstellungen thematisierten. Neben dem Ereignis D wurden bis zu sechs weitere Ereignisse auf der Interpretationsstufe II oder III aus der sprachlichen Perspektive und überwiegend mit explizitem Bezug zur Mathematik interpretiert:

> *„Ich vermute, ihnen ist nicht klar, wie rum das gemeint ist, wenn man sagt: Wir sollen bestimmten Werten etwas zuordnen. (..) Das heißt für die vielleicht nicht unbedingt, dass [...] der Zeit etwas zugeordnet wird, sondern es könnte auch genauso gut andersrum sein."* (Pre S1, 80–83, zum Ereignis „D) Lilli und Noemi beschriften die Achsen des Graphen nicht korrekt")

> *„Mir ist dann noch aufgefallen, dass Noemi Probleme hatte <pro Sekunde> zu interpretieren. (.) Lilli hat ihr dabei dann auf die Sprünge geholfen, dass in jeder Sekunde 0,25 Kubikmillimeter Sand hindurchrieseln. (.) Noemi hatte da irgendwie (..) ja, hat da irgendwie nicht verstanden, dass/dass das in jeder Sekunde ist. (.) Und ihr f/irgendwie, vielleicht hat sie ja auch noch irgendwie (.) Schwierigkeiten (..) mit dem Funktionsbegriff umzugehen. (5) Weil sie sich noch gar nicht vorstellen konnte irgendwie, wie viele Sekunden das jetzt sei/sind oder sie wollte irgendwie eine konkrete Zahl haben und (.) bei der Funktion ist das ja so, dass man gerade verschiedene Zahlen einsetzen kann, um nachher dann (.) den entsprechenden Wert oder einen Wert zu erhalten."* (Post S8, 66–74, zum Ereignis „E) Lilli und Noemi diskutieren die <fehlende Zeitangabe>")

Studierende, die diesem Typ zugeordnet wurden, zeigten eine (eher) hohe professionelle Unterrichtswahrnehmung hinsichtlich der Bedeutung von Sprache beim fachlichen Lernen und Lehren innerhalb der Kompetenzfacette „Interpretation". Mathematische Inhalte und Sprachmittel wurden im Rahmen tiefergehender Interpretationen von Ereignissen des Videos vernetzt, sodass innerhalb der Interpretationen die kognitive Funktion der betrachteten Sprachmittel thematisiert wurde.

Absolute Häufigkeiten der Fälle im Prä-Post-Vergleich

In Tabelle 10.16 ist die Verteilung der Studierenden auf die vier Typen des Interpretationsverhaltens aus der sprachlichen Perspektive zu beiden Erhebungszeitpunkten dargestellt. Das wesentliche Ergebnis des Prä-Post-Vergleichs ist, dass in der Prä-Erhebung die meisten Studierenden (15) dem für Sprache insensitiven Typ oder dem Sprache und Mathematik separierenden Typ zuzuordnen waren. In der Post-Erhebung konnten hingegen 17 der 20 Studierenden dem Sprache und Mathematik vernetzenden oder komplex vernetzenden Typ zugeordnet werden. Auf personenbezogener Ebene konnten 14 Studierende in der Post-Erhebung einem Typus auf einem höheren Niveau als in der Prä-Erhebung zugeordnet werden. Fünf Studierende waren hingegen in der Prä- und der Post-Erhebung dem gleichen Typ zuzuordnen, wobei zwei Studierende allerdings bereits in der Prä-Erhebung dem Typ, der Sprache und Mathematik komplex vernetzt, zugeordnet wurden. Auffällig ist die Entwicklung von S6: In der Prä-Erhebung war diese Person dem Sprache und Mathematik vernetzenden Typ zuzuordnen, während sie nach der Post-Erhebung dem für Sprache insensitiven Typ zugeordnet wurde. In dem Interview mit S6 gibt es Hinweise darauf, dass diese Entwicklung mit einer Ablehnung der Zuständigkeit einer Mathematiklehrkraft für die Förderung der sprachlichen Kompetenzen von Schüler*innen zusammenhängen könnte.

Tabelle 10.16 Verteilung der Studierenden auf die verschiedenen Typen des Interpretationsverhaltens aus der sprachlichen Perspektive

	Prä	**Post**
Der für Sprache insensitive Typ	S3, S7, S8, S12, S14, S15, S16, S18, S19	S6, S19
Der Sprache und Mathematik separierende Typ	S2, S9, S10, S11, S13, S20	S2
Der Sprache und Mathematik vernetzende Typ	S5, S6, S17	S3, S5, S9, S10, S12, S13, S14, S15, S16, S18
Der Sprache und Mathematik komplex vernetzende Typ	S1, S4	S1, S4, S7, S8, S11, S17, S20

Insgesamt lassen die Ergebnisse eine Stärkung der Kompetenzfacette „Interpretation“ der professionellen Unterrichtswahrnehmung hinsichtlich der Bedeutung von Sprache beim fachlichen Lernen und Lehren und eine Sensibilisierung für die kognitive Funktion von Sprache von der Prä- zur Post-Erhebung bei 14 der 20 Studierenden erkennen. Diese Steigerung ist höchstwahrscheinlich auch eine Folge der Seminarteilnahme, da es hier zur Förderung dieser Kompetenzfacette viele Lerngelegenheiten gab und die Verknüpfung von Sprache und Mathematik immer wieder thematisiert wurde (siehe Abschnitt 7.3). Die Annahme liegt auch deshalb nahe, weil die Studierenden angaben, zur Zeit der Studie keine weiteren Lerngelegenheiten zur Bedeutung von Sprache im Fachunterricht gehabt zu haben. Die Zuordnung der Studierenden zu den vier Typen wurde auch auf einen Zusammenhang zu Hintergrundvariablen (Lehramt, zweites Unterrichtsfach, weitere Lerngelegenheiten in der Fachdidaktik, weitere Lerngelegenheiten im Bereich Deutsch als Zweitsprache oder zum Thema sprachbewusster Fachunterricht) untersucht. Hier zeigte sich kein Zusammenhang.

10.4.2 Typologie des Handlungsverhaltens aus der sprachlichen Perspektive

Analog zum vorherigen Kapitel wird auch im Folgenden zunächst der festgelegte Merkmalsraum als Grundlage der Typenbildung in Bezug auf das Handlungsverhalten aus der sprachlichen Perspektive dargestellt und das Verfahren zur Konstruktion der Typologie erläutert. Im Anschluss werden die einzelnen Typen beschrieben und es folgt ein Prä-Post-Vergleich der absoluten Häufigkeiten der den einzelnen Typen zugeordneten Fälle.

Darstellung des Merkmalsraums und des Verfahrens der Typenkonstruktion
Für die angestrebte Typologie konnte das Konstruktionsverfahren der Typenbildung in Bezug auf das Interpretationsverhalten aus der sprachlichen Perspektive nicht übernommen werden. Dort war die Berechnung von Modalwerten, beispielsweise ermittelt aus den Interpretationsstufen, angemessen, weil mit der Interpretationsstufe auch mehr Tiefe und Komplexität und folglich höhere Qualität der Interpretation vorlag. Bei den Handlungsoptionen hingegen war die Breite des Handlungsrepertoires entscheidend. Dementsprechend liegt der Typenbildung die Häufigkeiten der verschiedenen Arten von Handlungsoptionen aus der sprachlichen Perspektive zugrunde (siehe Abschnitt 10.3). Die Unterscheidung erfolgte dabei anhand von zwei Kriterien: Erstens, ob es sich um situative Handlungsoptionen, also Interventionen in der Situation (hier: Partnerarbeit von Lilli und Noemi) oder um planungsbezogene Handlungsoptionen, also um alternative Planungen der Lernsequenz bzw. zukünftiger Lerngelegenheiten handelte. Das zweite Kriterium bezog sich auf die Art der Thematisierung von Sprache bzw. eines bestimmtes Sprachmittels: ob das Thema Sprache von den Studierenden in ihren Handlungsentscheidungen vermieden, implizit oder explizit thematisiert wurde.

Bei der Typenbildung wurden Handlungsoptionen aus der sprachlichen Perspektive, die auf nicht korrekter fachlicher Bewertung oder Beschreibung basierten, nicht berücksichtigt, um eine konsistente Vorgehensweise zur Typenbildung in Bezug auf das Interpretationsverhalten zu gewährleisten.

Beschreibung und Interpretation der Typen
Aus der Konstruktion der Typologie resultierten die folgenden fünf Typen im Hinblick auf das Handlungsverhalten aus der sprachlichen Perspektive:

- Der für Sprache insensitive Typ
- Der Sprache vermeidende Typ
- Der sprachlich implizite Typ

- Der sprachlich explizite Typ
- Der sprachlich umfassende Typ

Die Namensgebung orientiert sich eng daran, inwiefern geplant wurde, Sprache bzw. Sprachmittel mit den Schüler*innen im Unterricht zu thematisierten. Mit einem Typus des jeweils höheren Ranges war in der Regel aber auch eine höhere Anzahl der entwickelten Handlungsoptionen aus der sprachlichen Perspektive verbunden. Die Typen werden im Folgenden ausführlich beschrieben, teils anhand typisierender Äußerungen vorgestellt und die Zuordnung der Studierenden zu den jeweiligen Typen wird erläutert und interpretiert.

Der für Sprache insensitive Typ

Bei Studierenden, die diesem Typ zugeordnet wurden, konnten keine oder nur eine Handlungsoption aus der sprachlichen Perspektive identifiziert werden. Damit konnte in diesen Fällen keine Ausprägung einer professionellen Unterrichtswahrnehmung hinsichtlich der Bedeutung von Sprache beim fachlichen Lernen und Lehren im Mathematikunterricht innerhalb der Kompetenzfacette „Decision-Making" festgestellt werden.

Der Sprache vermeidende Typ

Studierende, die diesem Typ zugeordnet wurden, formulierten mindestens zwei und maximal vier Handlungsoptionen aus der sprachlichen Perspektive. Sie entwickelten überwiegend oder ausschließlich Handlungsoptionen, in denen (potenzielle) sprachliche Probleme bzw. Hürden für die Schüler*innen durch Textvereinfachungen entfernt wurden, sodass diese nicht selbst solche Hürden bewältigen mussten. Die Handlungsoptionen waren situativ und/oder planungsbezogen formuliert.

> *„Und (Räuspern) müsste dann auch an der Formulierung der (.) Aufgabe feilen, (..) sodass alle Schüler die Möglichkeit haben, diese Aufgabe auch zu verstehen."* (Post S10, 217–218)

Eine Handlungsoption dieser Art kann absolut passend und adaptiv sein. Aber da Studierende, die diesem Typ zugeordnet wurden, nur wenige Handlungsoptionen aus der sprachlichen Perspektive entwickelten und die wenigen überwiegend oder ausschließlich von dieser Art waren, kann dieser Typ mit einem eher vermeidenden Verhalten in der Auseinandersetzung mit Sprache im Mathematikunterricht charakterisiert werden. Da die Unterrichtssituationen der Videovignette ein breiteres Handlungsrepertoire erforderten und da laut dem Scaffolding-Ansatz Sprache nicht nur vereinfacht werden soll (siehe Prinzip g, Abschnitt 4.2.1), kann bei Studierenden dieses Typs eine geringe professionelle Unterrichtswahrnehmung hinsichtlich der Bedeutung von Sprache beim fachlichen Lernen und Lehren innerhalb der Kompetenzfacette „Decision-Making" festgestellt werden.

Der sprachlich implizite Typ

Diesem Typ wurden Studierende zugeordnet, die mindestens zwei und maximal sieben Handlungsoptionen aus der sprachlichen Perspektive formuliert hatten, die alle Sprache bzw. Sprachmittel implizit thematisierten. Dabei wurde nicht dahingehend unterschieden, ob die Handlungsoptionen situativ geprägt oder planungsbezogen waren.

> *„Da hätte ich vielleicht nochmal darauf hingewiesen, dass/ <Lest nochmal und markiert euch, was ihr wisst> oder <erzählt euch gegenseitig, was diese Aufgabe Stück für Stück sagt, was das bedeutet>. Die Schüler halt motivieren sich intensiver mit der Aufgabenstellung auseinanderzusetzen."* (Post S13, 162–166)

Studierende dieses Typs zeigten eine eher geringe professionelle Unterrichtswahrnehmung hinsichtlich der Bedeutung von Sprache beim fachlichen Lernen und Lehren innerhalb der Kompetenzfacette „Decision-Making". Ähnlich wie bei dem Sprache vermeidenden Typ konnte lediglich ein geringes Handlungsrepertoire aus der sprachlichen Perspektive identifiziert werden, wobei außerdem Sprache bzw. Sprachmittel nicht explizit thematisiert wurden. Dies wäre jedoch bei einigen Ereignissen der Videovignette im Sinne des Scaffolding-Ansatzes (siehe Abschnitt 4.2.5) notwendig und passend gewesen.

Der sprachlich explizite Typ

Diesem Typ wurden Studierende zugeordnet, die mindestens vier und maximal 12 Handlungsoptionen aus der sprachlichen Perspektive formulierten, die Sprache bzw. Sprachmittel implizit und explizit thematisierten. Dabei handelte es sich ausschließlich um Handlungsoptionen, die situativ geprägt waren.

> *Was mir jetzt noch einfällt: nochmal die Verbindung zwischen den verschiedenen Darstellungsformen klarmachen. Einmal die sprachliche Äußerung <wir ordnen dem Wert so und so den Wert so und so zu>, was hat das mit der Funktionsgleichung zu tun? Und was hat das mit dem Graphen zu tun? Und nochmal die Verbindungen klarmachen, also, ja, zwischen der Achsenbeschriftung, der/der expliziten Funktionsgleichung und der sprachlichen Äußerung.* (Pre S1, 187–192, zum Ereignis „D) Lilli und Noemi beschriften die Achsen des Graphen nicht korrekt")

Studierende dieses Typs zeigten eine professionelle Unterrichtswahrnehmung hinsichtlich der Bedeutung von Sprache beim fachlichen Lernen und Lehren innerhalb der Kompetenzfacette „Decision-Making“. Sprachmittel wurden sowohl implizit als auch explizit innerhalb der entwickelten Handlungsoptionen thematisiert. Dies waren mögliche und angemessene Handlungsentscheidungen für die Ereignisse aus der Videovignette, in denen ein vergleichsweise breiteres Handlungsrepertoire im Handlungsverhalten deutlich wird. Zu einem breiten Handlungsrepertoire aus der sprachlichen Perspektive fehlte allerdings die Äußerung planungsbezogener Handlungsoptionen, die über das situative Handeln hinausgehen.

Der sprachlich umfassende Typ

Studierende, die diesem Typ zugeordnet werden konnten, formulierten außergewöhnlich viele (mindestens sieben) Handlungsoptionen aus der sprachlichen Perspektive. Dabei zeigte sich ein breites Handlungsrepertoire, das die explizite sowie implizite Thematisierung von Sprache bzw. Sprachmitteln und planungsbezogene sowie situative Handlungsoptionen umfasste.

Ein Beispiel für dieses breite Spektrum an Handlungsoptionen aus der sprachlichen Perspektive sind die Äußerungen von S7 in der Post-Erhebung. Drei der Handlungsoptionen dieser Person waren situativ geprägt und wiesen eine Stufung auf, in der S7 immer stärker inhaltsbezogen intervenierte:

> *„[Ich] hätte gesagt: <hier, liest euch das nochmal durch!>.“* (Post S7, 164)
>
> *„[Ich würde] das einfach nochmal auf dem Zettel unterstreichen und sagen: <lest euch das nochmal genau durch, WEM wird hier WAS zugeordnet?>.“* (Post S7, 166–168)
>
> *„Je nachdem, […] wenn ich weiß oder merke, dass mit dem Zuordnen ist für viele ein Problem, […] dann würde ich das auch nochmal […] mit der ganze Klasse besprechen, was damit eigentlich gemeint ist.“* (Post S7, 178–182)

Des Weiteren formulierte S7 auch mehrere planungsbezogene Handlungsoptionen aus der sprachlichen Perspektive, beispielsweise die Erarbeitung eines Sprachspeichers mit den Schüler*innen, aber auch die Konzeption von Übungsaufgaben nach dem Prinzip der Formulierungsvariation (siehe Abschnitt 4.2.5):

> *„Ich würde einfach mehr Aufgaben raussuchen, weil bei einigen Aufgaben steht das ja genauso drin und solche Sätze dann für die Schüler nochmal zum Üben geben. Das wenn man einmal in der Klasse drüber gesprochen hat, wie ist es hier gemeint, dass sie dann an diesen anderen Sätzen genauso nochmal machen sollen, um das zu üben und zu verstehen. Und (.) im Idealfall natürlich auch verschiedene Satzstellungen, weil/also hier wird zugeordnet oder einfach nur <die der zuordnet> oder auch andersherum <der*

verstrichenen Zeit wird zugeordnet>, also das (..)/ja. Halt versuchen, die Satzstellung ein bisschen zu verändern." (Post S7, 281–293)

Studierende dieses Typs zeigten eine hohe professionelle Unterrichtswahrnehmung hinsichtlich der Bedeutung von Sprache beim fachlichen Lernen und Lehren innerhalb der Kompetenzfacette „Decision-Making". Das breite Handlungsrepertoire umfasste Handlungsoptionen, die Sprache bzw. Sprachmittel sowohl implizit als auch explizit im Sinne des Scaffolding-Ansatzes thematisierten und die Unterrichtsplanung nicht nur weiterführten, sondern auch veränderten.

Absolute Häufigkeiten der Fälle im Prä-Post-Vergleich

Unter Bezug auf die Forschungsfragen war von Interesse, ob die Studierenden in der Post-Erhebung mehr Handlungsoptionen aus der sprachlichen Perspektive entwickelten und inwiefern sich die Art, Sprachmittel zu thematisieren, veränderte. In Tabelle 10.17 ist die Verteilung der Studierenden auf die verschiedenen Typen in Bezug auf das Handlungsverhalten aus der sprachlichen Perspektive dargestellt. Das wesentliche Ergebnis des Prä-Post-Vergleichs ist, dass elf der 20 Studierenden in der Post-Erhebung einem Typus auf einem höheren Niveau als in der Prä-Erhebung zugeordnet werden konnten. In der Prä-Erhebung gab es überhaupt nur sechs Studierende, die planten, Sprache bzw. Sprachmittel mit Schüler*innen zu thematisieren, während es in der Post-Erhebung mehr als doppelt so viele waren (14 Studierende). Bei drei Studierenden veränderte sich die Zuordnung von der Prä- zur Post-Erhebung vom für Sprache insensitiven Typ sogar zum sprachlich umfassenden Typ. Weitere fünf Studierende konnten in der Post-Erhebung einem drei Ränge höheren Typus zugeordnet werden. Ein umfassendes Handlungsspektrum aus der sprachlichen Perspektive konnte nur im Rahmen der Post-Erhebung identifiziert werden. Somit zeigte sich bei einigen Studierenden ein sehr hoher Kompetenzzuwachs in Bezug auf sprachbewusste Unterrichtsgestaltung. Bei neun Studierenden zeigten sich hingegen im Hinblick auf das Handlungsverhalten aus der sprachlichen Perspektive keine Veränderungen, allerdings gehören hierzu auch drei Studierende, die bereits in der Prä-Erhebung dem sprachlich expliziten Typ zuzuordnen waren. Insgesamt legen die Ergebnisse eine Stärkung der Kompetenzfacette „Decision-Making" der professionellen Unterrichtswahrnehmung hinsichtlich der Bedeutung von Sprache beim fachlichen Lernen und Lehren bei elf Studierenden nahe. Es ist davon auszugehen, dass diese Entwicklung auf die Teilnahme an dem neu angebotenen Seminar zurückgeht, da hier in zahlreichen Lerngelegenheiten sprachbewusste Handlungsoptionen entwickelt und reflektiert wurden (siehe Abschnitt 7.3).

Tabelle 10.17 Verteilung der Studierenden auf die verschiedenen Typen des Handlungsverhaltens aus der sprachlichen Perspektive

	Prä	Post
Der für Sprache insensitive Typ	S3, S6, S7, S8, S9, S10, S12, S14, S15, S16, S18, S19	S6, S9, S15, S19
Der Sprache vermeidende Typ	S17, S20	S10, S16
Der sprachlich implizite Typ	S5, S11, S13	S3, S5, S13, S14
Der sprachlich explizite Typ	S1, S2, S4	S1, S2, S4, S11, S18
Der sprachlich umfassende Typ		S7, S8, S12, S17, S20

Analog zum vorherigen Kapitel wurde auch die Zuordnung der Studierenden gemäß der Typologie in Bezug auf das Handlungsverhalten aus der sprachlichen Perspektive auf einen Zusammenhang zu Hintergrundvariablen (Lehramt, zweites Unterrichtsfach, weitere Lerngelegenheiten in der Fachdidaktik, weitere Lerngelegenheiten im Bereich Deutsch als Zweitsprache oder sprachbewusster Fachunterricht) untersucht. Es konnte kein Zusammenhang festgestellt werden.

Teil V
Zusammenfassung, Diskussion und Ausblick

11 Zusammenfassung und Diskussion der Ergebnisse

Die einleitend präsentierten und im Verlauf der Arbeit ausdifferenzierten Forschungsfragen (siehe Kapitel 6) lauten:

- F1: Inwiefern lassen sich bei den Studierenden Zuwächse in der Kompetenz zur Analyse von potenziellen sprachlichen Hürden in Textaufgaben nach der Teilnahme an dem Seminar identifizieren?
- F2: Inwiefern lassen sich bei den Studierenden nach der Teilnahme an dem Seminar Kompetenzzuwächse in der professionellen Unterrichtswahrnehmung identifizieren, insbesondere hinsichtlich der Bedeutung von Sprache beim Lernen und Lehren von Mathematik?

Zu Forschungsfrage F1 lassen sich die folgenden Kernaussagen als Ergebnis formulieren (für eine kürzere Zusammenfassung in deutscher und englischer Sprache siehe elektronisches Zusatzmaterial):

- In der Prä-Erhebung haben weniger als die Hälfte der 20 beforschten Studierenden innerhalb der Aufgabenanalyse potenzielle sprachliche Hürden in der Textaufgabe thematisiert. Dabei wurde in vielen Fällen nur ein allgemeiner Eindruck geschildert und es wurde nicht auf konkrete Sprachmittel eingegangen. War dies doch der Fall, handelte es sich überwiegend um Sprachmittel der Bildungssprache auf Wortebene.

Elektronisches Zusatzmaterial Die elektronische Version dieses Kapitels enthält Zusatzmaterial, das berechtigten Benutzern zur Verfügung steht https://doi.org/10.1007/978-3-658-33505-2_11.

N. Krosanke, *Entwicklung der professionellen Kompetenz von Mathematiklehramtsstudierenden zur Bedeutung von Sprache*, Perspektiven der Mathematikdidaktik, https://doi.org/10.1007/978-3-658-33505-2_11

- Fast alle Studierenden thematisierten in der Post-Erhebung mehr potenzielle sprachliche Hürden als in der Prä-Erhebung und konnten deren Problematik häufiger begründen. Die Schwierigkeit wurde dabei vermehrt mithilfe von Wissen über „Stolpersteine“ der deutschen Sprache und der Bedeutung bestimmter Sprachmittel für das mathematische Modell begründet. Fast immer wurde nun auf konkrete Sprachmittel der Textaufgabe eingegangen, die mehrheitlich dem Register der Bildungssprache und hier sowohl der Wort-, Wortgruppen- als auch der Satzebene zugeordnet werden konnten. Auch wenn sich nicht alle Studierenden nach der Teilnahme an dem Seminar in der Post-Erhebung zu potenziellen sprachliche Hürden auf allen Ebenen äußerten, thematisierten drei Viertel aller Studierenden in der Post-Erhebung mindestens ein Sprachmittel auf einer Sprachebene, die sie in der Prä-Erhebung noch nicht berücksichtigt hatten.
- In der Prä-Erhebung entwickelte nur eine einzige Person Handlungsoptionen aus der sprachlichen Perspektive. In der Post-Erhebung formulierten hingegen acht Studierende Handlungsoptionen dieser Art.

Diese Ergebnisse der Prä-Erhebung der vorliegenden Studie deuten darauf hin, dass die hier untersuchten Mathematiklehramtsstudierenden der Universität Hamburg bis zum Beginn des Masterstudiums eine eher gering ausgeprägte Kompetenz in der Analyse potenzieller sprachlicher Hürden in Textaufgaben erworben haben. Die Ergebnisse des Prä-Post-Vergleichs lassen erkennen, dass bei einem Großteil der Studierenden die Kompetenz zur Analyse von potenziellen sprachlichen Hürden in Textaufgaben gefördert werden konnte. Diese Fähigkeit wird im Rahmen der Bedarfsanalyse innerhalb des Makro-Scaffolding-Ansatzes (Gibbons 2015) benötigt und stellt somit eine zentrale Voraussetzung für eine gelingende sprachbewusste Unterrichtsplanung dar. Da das neu angebotene Seminar zahlreiche Lerngelegenheiten zur Förderung der Kompetenz zur Analyse von sprachlichen Hürden bei Textaufgaben bot (siehe Abschnitt 7.3) und die Studierenden angaben, keine weiteren Lerngelegenheiten etwa in Bezug auf den Bereich „Deutsch als Zweitsprache“ oder sprachbewussten Fachunterricht nach der Prä-Erhebung gehabt zu haben, kann das Seminar als zentrale Lerngelegenheit zur Kompetenzentwicklung betrachtet werden. Insgesamt bedeutet dies, dass eine Förderung der Kompetenz zur Analyse potenzieller sprachlicher Hürden in Textaufgaben möglich ist und durch das speziell entwickelte Seminar erreicht wurde.

Es wurde festgestellt, dass die Studierenden der vorliegenden Studie in der Aufgabenanalyse der Prä-Erhebung – wenn überhaupt – vorwiegend auf Sprachmittel der Wortebene eingegangen sind. Dieses Ergebnis deckt sich mit den Beobachtungen von Prediger (2017b) bezogen auf sprachunbewusste Lehrkräfte.

Die Sensibilisierung für die Satzebene bei über der Hälfte und die Sensibilisierung für die Bildungssprache bei drei Viertel der Studierenden können laut Prediger (2017b) als Indikatoren für gelungene Lerngelegenheiten zur sprachlichen Sensibilisierung von Lehramtsstudierenden im Fach Mathematik gelten. Der von Turner et al. (2019) und Prediger (2017b) beschriebene Fokus auf die Fachlexik zeigte sich hingegen in der vorliegenden Studie weder in der Prä- noch in der Post-Erhebung. Eine mögliche Erklärung hierfür ist, dass die gewählte Textaufgabe wenig rein formalbezogene Sprachmittel aufweist und bildungssprachlich komplex formuliert ist.

In Bezug auf die Sprachebenen zeigte sich in der vorliegenden Studie außerdem, dass die Studierenden in der Prä- und der Post-Erhebung selten potenzielle sprachliche Hürden auf der Textebene thematisierten. Da nur eine einzige prägnante Hürde auf Textebene in der eingesetzten Textaufgabe identifiziert werden konnte, bleibt unklar, ob lediglich diese spezielle Hürde oder allgemein Hürden auf der Textebene für die Studierenden besonders schwer zu identifizieren waren.

Die zentrale Erkenntnis zur zweiten Forschungsfrage („Inwiefern lassen sich bei den Studierenden nach der Teilnahme an dem Seminar Kompetenzzuwächse in der professionellen Unterrichtswahrnehmung identifizieren, insbesondere hinsichtlich der Bedeutung von Sprache beim Lernen und Lehren von Mathematik?“) ist, dass Indikatoren für eine Förderung der professionellen Unterrichtswahrnehmung mit Fokus auf der Bedeutung von Sprache im Mathematikunterricht bei einem Großteil der Studierenden identifiziert werden konnten. Des Weiteren konnte aufgezeigt werden, dass die Studierenden eher geringe Kompetenzen in diesem Bereich mitbrachten und es konnten verschiedene Typen des Interpretations- und Handlungsverhaltens aus der sprachlichen Perspektive rekonstruiert werden. Dass die gemeinsame systematische Analyse von Vignetten die professionelle Unterrichtswahrnehmung fördern kann, wurde bereits in vorwiegend qualitativen Interventionsstudien mit praktizierenden Lehrkräften (Sherin und Van Es 2009; Santagata 2009) und Lehramtsstudierenden (Kramer et al. 2017; Santagata und Guarino 2011; Star und Strickland 2008; Schack et al. 2013) gezeigt. Die vorliegende Studie bestätigt die Möglichkeit der Förderung der professionellen Unterrichtswahrnehmung für den bis dahin noch nicht untersuchten Bereich „Sprache im Mathematikunterricht“. Im Folgenden werden die zentralen Erkenntnisse zu den einzelnen Kompetenzfacetten („Perception“, „Interpretation“ und „Decision-Making“) zusammengefasst und diskutiert.

Kompetenzfacette „Perception"

In dieser Arbeit wurde die Kompetenzfacette „Perception" der professionellen Unterrichtswahrnehmung auf zwei Weisen operationalisiert. Nach einer deduktiv-induktiven Strukturierung der Videovignette in 14 Ereignisse galten Ereignisse zunächst als „perceived", wenn sie von den Studierenden angesprochen wurden. In einem weiteren Schritt wurde überprüft, ob die Ereignisse objektiv korrekt beschrieben wurden (ähnlich bei Schack et al. 2013). Zweitens wurde rekonstruiert, aus welcher Perspektive sich die Studierenden über die Vignette geäußert haben. Dabei konnte die überfachliche Perspektive (ohne Bezug zur Sprache), die fachliche und fachdidaktische Perspektive (ohne Bezug zur Sprache) sowie die sprachliche Perspektive identifiziert werden. Äußerungen beispielsweise aus der sprachlichen Perspektive galten dabei als Wahrnehmung („Perception") der angesprochenen Thematik in der Videovignette. In ähnlicher Weise wurde bei Sherin und Van Es (2009), Jacobs et al. (2010), Star und Strickland (2008) und beim Oberserver-Instrument (Seidel und Stürmer 2014) die Facette „Perception" der professionellen Unterrichtswahrnehmung als das Sprechen über bestimmte Themen, wie beispielsweise Classroom Management oder mathematisches Denken, operationalisiert.

In Bezug auf die zweite Forschungsfrage lassen sich die folgenden Kernaussagen als Ergebnis zur Facette „Perception" der professionellen Unterrichtswahrnehmung formulieren:

- In der Prä-Erhebung thematisierten die Studierenden durchschnittlich etwas mehr als die Hälfte der Ereignisse der Videovignette, in der Post-Erhebung äußerte sich ein Großteil der Studierenden zu deutlich mehr Ereignissen des Videos.
- Die Steigerung der Anzahl an thematisierten Ereignissen betraf zwei Perspektiven: die fachliche und fachdidaktische Perspektive (ohne Bezug zur Sprache) und die sprachliche Perspektive. Im Verhältnis zur Anzahl an thematisierten Ereignissen, die von der Prä- zur Post-Erhebung stieg, zeigte sich aber nur eine Stärkung der sprachlichen Perspektive. In der Prä- und der Post- Erhebung haben 19 der 20 Studierenden mindestens einmal die sprachliche Perspektive eingenommen. In der Post-Erhebung taten dies 15 der 20 Studierenden häufiger und durchschnittlich deutlich umfangreicher.
- Beschreibungen der Ereignisse der Videovignette waren in der Prä- und der Post-Erhebung eher selten und nahmen weniger als 10 % aller Äußerungen der Studierenden ein. Insgesamt nahm die Summe der absoluten Häufigkeiten der nicht korrekt beschriebenen Ereignisse von der Prä- zur Post-Erhebung leicht ab und die der korrekt beschriebenen Ereignisse leicht zu.

Indem die Studierenden in der Post-Erhebung mehr Ereignisse der Videovignette thematisierten, dabei häufiger die Situation korrekt beschrieben sowie die sprachliche Perspektive einnahmen, konnten in der vorliegenden Studie folglich Hinweise auf eine Förderung der Kompetenzfacette „Perception" der professionellen Unterrichtswahrnehmung allgemein und mit Fokus auf die Bedeutung von Sprache im Mathematikunterricht identifiziert werden. Dieser Kompetenzzuwachs kann begründet auf die Teilnahme an dem speziell entwickelten Seminar zurückgeführt werden.

Eine Sensibilisierung (angehender) Lehrkräfte für ein bestimmtes Thema in der Unterrichtswahrnehmung, die sich in häufigerem Ansprechen dieser Thematik äußerte, zeigte sich nicht nur in der vorliegenden Studie, sondern beispielsweise auch bei der Interventionsstudie von Sherin und Van Es (2009). In der Studie von Sherin und Van Es zeigte sich die Fokussierung auf ein Thema allerdings in Bezug auf das mathematische Denken von Schüler*innen und nicht – wie in der vorliegenden Studie – in Bezug auf die Bedeutung von Sprache im Mathematikunterricht.

Die Studierenden dieser Studie haben insgesamt eher selten und wenig umfangreich Ereignisse der Videovignette beschrieben. Dieses Ergebnis steht im Kontrast zu der Studie von Sherin und Van Es (2009), in der Beschreibungen mit 43 % in der Prä-Erhebung und mit 14 % in der Post-Erhebung einen viel größeren Umfang einnahmen (ebd.). Eine mögliche Erklärung dieses Unterschieds könnte in der Definition der Kategorie „Beschreibung" liegen. Anhand der Kategorienbeschreibung von Sherin und Van Es lässt sich erahnen, dass auch interpretative Beschreibungen zu der Kategorie „Beschreibung" gehören, in der vorliegenden Studie wurden diese allerdings als Interpretation der Stufe I codiert. Außerdem veränderte sich hier der jeweilige Anteil an Beschreibungen, Interpretationen und Handlungsentscheidungen an den Äußerungen der Studierenden durchschnittlich nicht. Die Anteile waren in der Prä- und der Post-Erhebung ähnlich, obwohl sich die Studierenden in der Post-Erhebung durchschnittlich ausführlicher zur Videovignette äußerten.

Kompetenzfacette „Interpretation"

Ähnlich wie bei den Arbeiten von Van Es (2011) und Kersting et al. (2016) erfolgte in der vorliegenden Studie ein Ranking der von den Studierenden formulierten Interpretationen auf Basis festgelegter Kriterien. Dabei wurde wie bei Kersting et al. (2016) eine geschlossene Argumentationskette bei Interpretationen als Qualitätsmerkmal und eine interpretative Beschreibung als Indikator für geringere Kompetenz angesehen. Auf diese Weise entstanden drei Interpretationsstufen: I, II und III. Höhere Interpretationsstufen wurden mit höheren Fähigkeiten zur Interpretation assoziiert. Dies steht im Einklang mit den Studien von Carter et al. (1988) und Jacobs et al. (2010), die herausarbeiten konnten, dass tiefergehende

Interpretationen von Unterrichtssituationen einen Indikator für die Expertise bzw. Professionalität von Lehrkräften darstellen. Ergänzend wurden fachliche Bewertungen der Studierenden zu Teilergebnissen der Schülerinnen der Videovignette codiert. Fachliche Bewertungen wurden der Kompetenzfacette „Interpretation" der professionellen Unterrichtswahrnehmung zugeordnet, da sie über eine reine Beschreibung hinausgehen und auf Basis von Wissen erfolgen.

In Bezug auf die zweite Forschungsfrage lassen sich die folgenden Kernaussagen als Ergebnis zur Kompetenzfacette „Interpretation" der professionellen Unterrichtswahrnehmung formulieren:

- Zu beiden Erhebungszeitpunkten äußerten die Studierenden relativ viele fachliche Bewertungen von Teilergebnissen der Schülerinnen des Videos, die fachlich nicht korrekt waren. Es zeigte sich eine positive Entwicklung in dem Sinne, dass in der Post-Erhebung insgesamt doppelt so viele Ereignisse wie in der Prä-Erhebung fachlich korrekt bewertet wurden und die Anzahl fachlich nicht korrekter Bewertungen leicht zurückging. Der Zuwachs betraf 18 der 20 Studierenden.
- In der Prä- und der Post-Erhebung interpretierten die Studierenden fast jedes thematisierte Ereignis und die Interpretationen waren umfangreich, indem sie durchschnittlich ein Drittel der Äußerungen der Studierenden einnahmen. Während in der Prä-Erhebung die meisten Ereignisse auf Stufe I interpretiert worden sind, wurden in der Post-Erhebung überwiegend Interpretationen der Stufe II formuliert. Es zeigte sich eine Erhöhung der Anzahl der auf Stufe II und III interpretierten Ereignisse von der Prä-zur Post-Erhebung bei 15 der 20 Studierenden. In der Post-Erhebung formulierten fast doppelt so viele Studierende mindestens eine Interpretation der Stufe III wie in der Prä-Erhebung.
- Die Zunahme an höheren Interpretationsstufen von der Prä- zur Post-Erhebung betraf sowohl die fachdidaktische und fachliche Perspektive (ohne Bezug zur Sprache) als auch die sprachliche Perspektive – Letztere allerdings stärker. Hier nahm die Anzahl der aus der sprachlichen Perspektive interpretierten Ereignisse auf Stufe II und/oder III bei drei Viertel der Studierenden zu. Außerdem konnte bei 16 der 20 Studierenden ein Anstieg der mit explizitem Bezug zur Mathematik interpretierten Ereignisse aus der sprachlichen Perspektive von der Prä- zur Post-Erhebung festgestellt werden.
- In der Prä-Erhebung wurden meist keine konkreten Sprachmittel innerhalb der Interpretationen aus der sprachlichen Perspektive thematisiert und wenn doch, überwiegend Sprachmittel der Bildungssprache auf häufig auf Wortebene. In der Post-Erhebung haben mehr als drei Viertel der Studierenden zu mehr Ereignissen

als in der Prä-Erhebung Interpretationen formuliert, die eine konkrete Sprachebene bzw. ein konkretes Sprachregister thematisierten. Die Zunahme betraf insbesondere die Bildungssprache, Wortgruppen- und Satzebene. Die Fachsprache und Textebene spielte hingegen in der Prä- und der Post-Erhebung bei den Interpretationen keine große Rolle.

- Insgesamt konnten die folgenden vier Typen im Hinblick auf das Interpretationsverhalten aus der sprachlichen Perspektive rekonstruiert werden:

  - Der für Sprache insensitive Typ
  - Der Sprache und Mathematik separierende Typ
  - Der Sprache und Mathematik vernetzende Typ
  - Der Sprache und Mathematik komplex vernetzende Typ

In der Prä-Erhebung wurden drei Viertel der befragten Studierenden dem für Sprache insensitiven Typ oder dem Sprache und Mathematik separierenden Typ zugeordnet. In der Post-Erhebung waren hingegen 17 der 20 Studierenden dem Sprache und Mathematik vernetzenden oder komplex vernetzenden Typ zuzuordnen. Insgesamt konnten 14 Studierende in der Post-Erhebung einem Typus auf einem höheren Niveau als in der Prä-Erhebung zugeordnet werden. Es konnte kein Zusammenhang zwischen der Zuordnung der Studierenden zu den vier Typen und den Hintergrundvariablen (Lehramt, zweites Unterrichtsfach, weitere Lerngelegenheiten in der Fachdidaktik, weitere Lerngelegenheiten im Bereich Deutsch als Zweitsprache oder sprachbewusster Fachunterricht) festgestellt werden.
Die eben genannten Ergebnisse können als Hinweis auf einen Kompetenzzuwachs im Bereich der professionellen Unterrichtswahrnehmung hinsichtlich der Facette „Interpretation" bei einem Großteil der Studierenden von der Prä- zur Post-Erhebung gedeutet werden. Dies gilt allgemein, aber insbesondere für die professionelle Unterrichtswahrnehmung mit Fokus auf die Bedeutung von Sprache beim fachlichen Lernen und Lehren. Die Entwicklungen können begründet mit der Seminarteilnahme in Zusammenhang gebracht werden, da hier gemeinsam Unterrichtssituationen (Vignetten und Schüler*innenlösungen) insbesondere in Bezug auf die Verbindung von Mathematik und Sprache interpretiert worden sind. Bei diesen zahlreichen Lerngelegenheiten wurden immer wieder die kognitive und kommunikative Funktion von Sprache und die Bedeutung der Bildungssprache sowie der Sprachmittel aller Sprachebenen, insbesondere der Satzebene, thematisiert.

Die Daten zeigen, dass es dem Großteil der befragten Studierenden vor allem in der Prä-Erhebung schwerfiel, alle wahrgenommenen Ereignisse der Videovignette fachlich korrekt zu bewerten. Dabei wurden sowohl Fehler nicht erkannt als auch fachlich Korrektes fälschlicherweise als Fehler identifiziert. Dies bestätigen auch die Studien von Jakobsen et al. (2014) sowie Son (2013) zur Untersuchung der professionellen Unterrichtswahrnehmung angehender Lehrkräfte. Mögliche Erklärungen für diese Probleme sind, dass die Studierenden teils nicht über das benötigte Wissen des fachlichen Inhalts (in der vorliegenden Studie vorwiegend funktionale Zusammenhänge) verfügten oder dieses Wissen noch nicht situativ anwenden konnten. Ein Zusammenhang zwischen fachlich nicht korrekten Bewertungen und dem jeweils studierten Lehramt konnte dabei nicht festgestellt werden. Die Erhöhung des Anteils an fachlich korrekt bewerteten Ereignissen von der Prä- zur Post-Erhebung kann erstens durch die gemeinsame Identifizierung von Fehlern in Unterrichtssituationen (Vignetten und Schüler*innenlösungen) im neu angebotenen Seminar begründet werden. Ein fachlicher Input zu funktionalen Zusammenhängen erfolgte dabei nicht, wodurch nicht das Wissen zum Thema „funktionaler Zusammenhang", aber vermutlich die Fähigkeit, mathematisches Wissen situativ anzuwenden, im Seminar gestärkt wurde. Zweitens war für ein besonders häufig falsch bewertetes Ereignis der Videovignette ein Fokus auf die Sprache notwendig, um das Ereignis fachlich korrekt bewerten zu können. Genau für diese Perspektive waren im neu konzipierten Seminar zahlreiche Lerngelegenheiten gegeben.

In der vorliegenden Studie zeigte sich wie auch in anderen Studien (u. a. Sherin und Van Es 2009; Van Es 2009; Santagata 2009; Santagata und Guarino 2011; Schack et al. 2013) eine Stärkung der Kompetenzfacette „Interpretation" der professionellen Unterrichtswahrnehmung durch komplexere bzw. tiefergehende Interpretationen nach der Teilnahme an vignettenbasierten Lerngelegenheiten. Die höchste Interpretationsstufe III in der vorliegenden Arbeit ist durch eine geschlossene Argumentationskette und nicht wie beispielsweise bei Van Es (2009) durch explizite Anbindung des Beobachteten an theoretische Konzepte und Theorien gekennzeichnet. Das Kriterium bei Van Es könnte für eine vierte Interpretationsstufe maßgeblich sein, die aber im erhobenen Datenmaterial nicht hätte nachgewiesen werden können. Da es sieben Studierenden auch in der Post-Erhebung nicht gelang, Ereignisse auf Stufe III zu interpretieren und die Anzahl der auf Stufe III interpretierten Ereignisse insgesamt gering blieb, schien es einem Teil der Studierenden weiterhin schwerzufallen, tiefgehende Interpretationen zu äußern.

Die Studierenden der vorliegenden Studie scheinen in der Kompetenzfacette „Interpretation" nicht nur für die sprachliche Perspektive, sondern in geringem Umfang auch für die fachdidaktische und fachliche Perspektive (ohne Bezug zur Sprache) sensibilisiert worden zu sein. Eine naheliegende Erklärung für den Zuwachs in der Kompetenzfacette „Interpretation" aus der fachdidaktischen und fachlichen Perspektive (ohne Bezug zur Sprache) nach der Teilnahme an dem neu angebotenen Seminar ist, dass in dem Seminar wiederholt mathematisches Denken und Fehlvorstellungen von Schüler*innen in Vignetten und Schüler*innenlösungen thematisiert wurden. Zwar erfolgte die Thematisierung insbesondere aus einer sprachlichen Perspektive, aber konsequent mit Bezug zum mathematischen Inhalt und didaktischen Prinzipien der Mathematikdidaktik, sodass dadurch auch der Fokus auf mathematisch relevante Situationen (ohne Sprache) gestärkt worden sein könnte. Eine Förderung durch parallel wahrgenommene universitäre Lerngelegenheiten kann eher ausgeschlossen werden, da die Daten nicht auf einen Zusammenhang zwischen einer starken professionellen Unterrichtswahrnehmung und der Teilnahme an einer bestimmten Lehrveranstaltung hindeuten.

In Bezug auf die Interpretationen aus der sprachlichen Perspektive fällt auf, dass die Studierenden in der Prä-Erhebung die Ereignisse der Videovignette eher oberflächlich interpretierten und meist keine Verbindung zwischen Sprache und Mathematik herstellten. Letzteres kann in Verbindung damit gesehen werden, dass die Studierenden die kognitive Funktion von Sprache weniger wahrnahmen. Da die Studierenden in der Post-Erhebung deutlich öfter die Bedeutung von Sprache für die Mathematik explizit thematisiert haben, kann vermutet werden, dass auch eine Sensibilisierung für die kognitive Funktion von Sprache eingetreten ist. Die Stärkung der Sensibilität hinsichtlich der kognitiven Funktion von Sprache ist nach Prediger (2017b) ein Kriterium für gelungene Lerngelegenheiten zur sprachlichen Sensibilisierung von Mathematiklehrkräften.

In Bezug auf thematisierte Sprachebenen und Sprachregister ähneln die Ergebnisse zur Kompetenzfacette „Interpretation“ der professionellen Unterrichtswahrnehmung den Ergebnissen zur Aufgabenanalyse: Die untersuchten Studierenden sind innerhalb ihrer Interpretationen aus der sprachlichen Perspektive in der Prä-Erhebung selten auf konkrete Sprachmittel eingegangen und wenn, dann vorwiegend auf Sprachmittel der Wortebene. Der Fokus auf die Wortebene deckt sich mit den Erkenntnissen über sprachunbewusste Lehrkräfte von Prediger (2017b), die sich allerdings nicht explizit auf die professionelle Unterrichtswahrnehmung beziehen. Die stärkere Thematisierung der Satzebene bei der Hälfte und der Bildungssprache bei drei Viertel der Studierenden in der vorliegenden Studie entsprechen den von Prediger (2017b) genannten Indikatoren für gelungene Lerngelegenheiten für einen sprachbewussten Mathematikunterricht. Positiv ist außerdem, dass in der Post-Erhebung über die Hälfte der Studierenden Sprachebenen und Sprachregister thematisierten, die sie in der Prä-Erhebung innerhalb der Interpretationen noch nicht berücksichtigt hatten. Der von Turner et al. (2019) und Prediger (2017b) beschriebene Fokus auf die Fachsprache konnte wie bei der Aufgabenanalyse auch bei der Kompetenzfacette „Interpretation“ der professionellen Unterrichtswahrnehmung der in dieser Arbeit untersuchten Studierenden in der Prä- und der Post-Erhebung nicht festgestellt werden. Ebenso blieb die Textebene in Prä- wie in der Post-Erhebung weitgehend unbeachtet. Letzteres hängt vermutlich damit zusammen, dass die im Video bearbeitete Textaufgabe kaum rein formalbezogene Sprachmittel und nur eine Hürde auf Textebene aufweist. Außerdem sind Sprachmittel der Textebene und der Fachsprache in der Videovignette weniger relevant und wurden eher selten im neu angebotenen Seminar thematisiert. Neben dem eher geringen Potenzial der Videovignette zur Thematisierung der Textebene könnte es auch sein, dass eine Sensibilisierung der Studierenden für diese Sprachebene nicht gelang oder dass die Interpretation des zugehörigen Ereignisses besonders anspruchsvoll war.

Die vier Typen, die im Hinblick auf das Interpretationsverhalten aus der sprachlichen Perspektive rekonstruiert werden konnten, beruhen auf der Verknüpfung von Mathematik und Sprache innerhalb der Interpretationen. Mit dem Typus eines höheren Niveaus gehen aber in der Regel auch eine höhere Anzahl der aus der sprachlichen Perspektive interpretierten Ereignisse und höhere Interpretationsstufen einher. Folglich kann die Zuordnung von 14 Studierenden in der Post-Erhebung zu einem Typus auf einem höheren Niveau als in der Prä-Erhebung als eine positive Entwicklung auf mehreren Ebenen gedeutet werden. Fünf Studierende wurden hingegen demselben Typ wie in der Prä-Erhebung zugeordnet, davon waren allerdings bereits drei Studierende den beiden höchsten Typen zuzuordnen. Die anderen beiden Studierenden haben zwar mehr Ereignisse in der Post-Erhebung aus der sprachlichen Perspektive interpretiert, allerdings basierten die Interpretationen teils auf fachlich nicht korrekten Bewertungen oder Beschreibungen, sodass es nicht sinnvoll erschien, diesen Interpretationen eine Stufe zuzuordnen. Hier schien teils das mathematische Fachwissen zu fehlen bzw. die Fähigkeit dieses situativ anwenden zu können, um überhaupt zu sinnvollen Interpretationen kommen zu können. Insbesondere in dem einen Fall der negativen Entwicklung kann aber auch der Einfluss von Beliefs vermutet werden, die eine handlungsleitende Funktion haben. Wie von Becker-Mrotzek et al. (2012) beschrieben, betrachten sich einige Fachlehrkräfte nicht als zuständig für Sprachförderung in ihrem Fach. Diese Einstellung könnte ein möglicher Grund dafür sein, sich von dem Thema bewusst abzuwenden.

Kompetenzfacette „Decision-Making"

In Bezug auf die Kompetenzfacette „Decision-Making" der professionellen Unterrichtswahrnehmung konnten Handlungsoptionen aus der überfachlichen Perspektive (ohne Bezug zur Sprache), der fachlichen und fachdidaktischen Perspektive (ohne Bezug zur Sprache) und der sprachlichen Perspektive identifiziert werden. Letztere wurden im Rahmen des Forschungsinteresses genauer betrachtet. Die Handlungsoptionen aus der sprachlichen Perspektive waren auf zwei Ebenen zu unterscheiden: erstens dahingehend, ob es sich um situative Handlungsoptionen, also Interventionen in der Situation (Bezug zum Mikro-Scaffolding), oder um planungsbezogene Handlungsoptionen, also um alternative Planungen der Lernsequenz bzw. zukünftige Lerngelegenheiten (Bezug zum Makro-Scaffolding) handelte. Die zweite Ebene bezog sich auf die Art der Thematisierung von Sprache bzw. eines bestimmten Sprachmittels, wobei Sprache von den Studierenden in ihren Handlungsentscheidungen entweder vermieden oder implizit oder explizit thematisiert wurde.

In Bezug auf die zweite Forschungsfrage lassen sich die folgenden Kernaussagen als Ergebnis zur Kompetenzfacette „Decision-Making" der professionellen Unterrichtswahrnehmung formulieren:

- Handlungsoptionen nahmen durchschnittlich in der Prä- und der Post-Erhebung ungefähr die Hälfte der Äußerungen der Studierenden ein und waren nicht nur häufig, sondern auch umfangreich. Erwartungsgemäß entwickelten die Studierenden häufiger Handlungsoptionen zu Ereignissen des Videos, die fachliche Fehler der Schülerinnen zeigen. Bei über der Hälfte der Studierenden erhöhte sich die Anzahl der Handlungsoptionen auf Basis korrekter Beschreibung bzw. fachlicher Bewertung von der Prä- zur Post-Erhebung teils stark.
- In der Prä- und der Post-Erhebung formulierten die Studierenden nahezu keine Handlungsoptionen aus der überfachlichen Perspektive (ohne Bezug zur Sprache) und häufig Handlungsentscheidungen aus der fachlichen und fachdidaktischen Perspektive (ohne Bezug zur Sprache). Eine Veränderung von dem ersten zum zweiten Erhebungszeitpunkt ist hier kaum ersichtlich. Hingegen verdoppelte sich die Anzahl der aus der sprachlichen Perspektive entwickelten Handlungsoptionen von der Prä- zur Post-Erhebung und die Zunahme betraf drei Viertel der Studierenden.
- In Bezug auf die Sprachregister und Sprachebenen ähneln die Ergebnisse zu den Handlungsoptionen größtenteils denen zu den Interpretationen aus der sprachlichen Perspektive. In der Prä-Erhebung wurden meist keine Handlungsoptionen aus der sprachlichen Perspektive formuliert, die auf ein sprachliches Problem auf einer konkreten Sprachebene bzw. eines konkreten Sprachregisters eingingen. In der Post-Erhebung haben drei Viertel der Studierenden mehr Handlungsoptionen als in der Prä-Erhebung entwickelt, die ein sprachliches Problem auf einer konkreten Sprachebene bzw. eines konkreten Sprachregisters thematisieren. Die Studierenden fokussierten stärker bestimmte sprachliche Hürden. Die Zunahme betraf alle Sprachregister und Sprachebenen mit Ausnahme der Textebene, wobei Handlungsoptionen zu Sprachmitteln der Bildungssprache und Satzebene die stärkste Steigerung aufwiesen.
- In der Prä- und der Post-Erhebung waren die meisten genannten Handlungsoptionen situativ geprägt. Während in der Prä-Erhebung fast nie planungsbezogene Handlungsoptionen entwickelt wurden, formulierten in der Post-Erhebung

deutlich mehr Studierende Handlungsoptionen dieser Art und sie taten dies durchschnittlich auch häufiger. Die drei Arten der Thematisierung von herausfordernden Sprachmitteln (Vermeidung, implizite und explizite Thematisierung) wurden in der Post-Erhebung von mehr Studierenden in mehr Handlungsoptionen als in der Prä-Erhebung vorgeschlagen. Dabei gab es die zahlenmäßig stärkste Zunahme von der Prä- zur Post-Erhebung bei Handlungsoptionen, die Sprachmittel explizit thematisierten.

- In Bezug auf das Handlungsverhalten aus der sprachlichen Perspektiven konnten die folgenden fünf Typen rekonstruiert werden:
  - Der für Sprache insensitive Typ
  - Der Sprache vermeidende Typ
  - Der sprachlich implizite Typ
  - Der sprachlich explizite Typ
  - Der sprachlich umfassende Typ

In der Prä-Erhebung wurden über die Hälfte der Beforschten dem für Sprache insensitiven Typ und nur drei Studierende dem sprachlich expliziten Typ zugeordnet. In der Post-Erhebung hingegen war die Hälfte der Studierenden dem sprachlich expliziten und dem sprachlich umfassenden Typ zuzuordnen. Insgesamt konnten 11 Studierende in der Post-Erhebung einem Typus auf einem höheren Niveau als in der Prä-Erhebung zugeordnet werden. Vier Studierende waren hingegen in der Prä- und der Post-Erhebung dem für Sprache insensitiven Typ zuzuordnen. Die Zuordnung der Studierenden zu den fünf Typen wurde ebenfalls auf einen Zusammenhang zu Hintergrundvariablen (Lehramt, zweites Unterrichtsfach, weitere Lerngelegenheiten in der Fachdidaktik, weitere Lerngelegenheiten im Bereich Deutsch als Zweitsprache oder sprachbewusster Fachunterricht) untersucht. Es konnte kein Zusammenhang festgestellt werden.
In der vorliegenden Studie konnten damit Hinweise auf eine Förderung der Kompetenzfacette „Decision-Making“ der professionellen Unterrichtswahrnehmung hinsichtlich der Bedeutung von Sprache im Mathematikunterricht identifiziert werden, die auf die Teilnahme an dem Seminar zurückgeführt werden kann. Andere qualitative Studien mit Lehramtsstudierenden (Santagata und Guarino 2011; Schack et al. 2013) konnten ebenfalls zeigen, dass die gemeinsame systematische Analyse von Vignetten die Kompetenzfacette „Decision-Making“ gefördert hat. Allerdings lagen hier teils unterschiedliche Qualitätsmerkmale zugrunde. Die Folgerung der vorliegenden Studie basierte zum einen auf der Annahme, dass die Äußerung vieler verschiedener Handlungsoptionen bedeutet, dass die Studierenden über ein breites Handlungsrepertoire verfügten, was als positiv zu bewerten ist. Zum anderen wurde die explizite Thematisierung von Sprache bzw. bestimmter Sprachmittel als ein

Indikator besonderer Sprachbewusstheit betrachtet. Auf diese Annahmen und die eben genannten Erkenntnisse wird im Folgenden näher eingegangen. Die Veränderungen werden auf die Teilnahme der Studierenden an dem Seminar zurückgeführt, da hier auf vielfältige Weise situative und planungsbezogene sprachbewusste Handlungsoptionen im Sinne des Scaffolding-Ansatzes entwickelt und reflektiert worden sind.

In Bezug auf die Perspektiven, aus denen die Handlungsoptionen formuliert worden sind, fällt auf, dass die überfachliche Perspektive (ohne Bezug zur Sprache) kaum eine Rolle spielte. In anderen Studien, wie beispielsweise bei Sherin und Van Es (2009), nahmen Themen wie das Lernklima und Classroom Management eine viel größere Rolle ein. Diese Unterschiede können mit dem Inhalt der eingesetzten Videovignette begründet werden. Während die Studien von Sherin und Van Es (2003) meist Klassensituationen fokussierten, zeigt die Videovignette der vorliegenden Studie einen fachlichen Bearbeitungsprozess von zwei Schülerinnen, ohne dass eine Lehrkraft zu sehen ist. Hinzu kommt, dass die im Video gezeigte Partnerarbeit sehr harmonisch und engagiert verläuft. Eine Klassensituation könnte mehr Anlässe für Handlungsoptionen zur methodisch-didaktischen Gestaltung oder zum Classroom Management bieten.

Hinsichtlich der Sprachebenen und Sprachregister, die innerhalb der Handlungsoptionen aus der sprachlichen Perspektive von den Studierenden thematisiert wurden, gleichen die Ergebnisse überwiegend den Ergebnissen zur Kompetenzfacette „Interpretation" der professionellen Unterrichtswahrnehmung. Allerdings wurden in der Prä-Erhebung viel weniger Handlungsoptionen als Interpretationen in Bezug auf konkrete Sprachebenen formuliert, während es in der Post-Erhebung genau umgekehrt war. Eine mögliche Erklärung hierfür ist, dass die Studierenden in der Prä-Erhebung zwar teils sprachliche Hürden identifizierten und diese auch konkreten Sprachebenen zuordnen konnten, aber sie schätzen diese als nicht so relevant ein oder sie verfügten nicht über das Handlungsrepertoire, um solche Hürden mit einer Lerngruppe zu thematisieren. Die stärkere Berücksichtigung der Bildungssprache bei drei Viertel der Studierenden und der Satzebene bei der Hälfte der Studierenden in der Post-Erhebung ist als besonders positiv zu bewerten, da laut Prediger (2017b) in Lerngelegenheiten zur sprachlichen Sensibilisierung dies besonders fokussiert werden sollte.

Die explizite Thematisierung von Sprache bzw. bestimmter Sprachmittel stellt eine wichtige und außerdem adaptive Handlung zu Ereignissen der Videovignette im Sinne des Scaffolding-Ansatzes (Gibbons 2015) dar. Folglich wurde in der vorliegenden Studie diese Art der Handlungsoption als Indikator besonderer Sprachbewusstheit und somit auch der Zuwachs in diesem Bereich als besonders positiv bewertet. Diese Interpretation kongruiert mit der Forderung von Prediger (2017b), dass es bei Lehrkräften einen Wechsel vom defensiven zum offensiven Umgang mit sprachlichen Herausforderungen im Mathematikunterricht geben sollte. Dass in der Post-Erhebung der vorliegenden Studie viele Studierende häufiger Sprache bzw. bestimmte Sprachmittel explizit thematisierten, könnte folglich auch damit zusammenhängen, dass sie sich für die Sprachförderung stärker zuständig fühlten als in der Prä-Erhebung. Die defensive Strategie zeigt sich laut Prediger (2017b) in der Vermeidung von sprachlichen Herausforderungen, beispielsweise durch sprachliche Vereinfachung, und wird zumindest auf lange Sicht nicht als tragfähige Strategie angesehen, wenn dies die einzige Strategie bleibt. Der defensive Umgang mit sprachlichen Herausforderungen konnte in der vorliegenden Studie entgegen der eigenen Erwartung eher selten beobachtet werden: Die Studierenden gingen in Handlungsoptionen eher gar nicht auf Sprache ein, als Anforderungen sprachlich zu vereinfachen.

Während die Studierenden in der Prä-Erhebung fast nur Handlungsoptionen aus der sprachlichen Perspektive formulierten, die situativ geprägt waren, formulierten sie in der Post-Erhebung auch vermehrt Handlungsoptionen, die die grundsätzliche Stundenplanung oder zukünftige Unterrichtsstunden betrafen. Hierdurch wurde deutlich, dass sie auch vorausschauend agieren konnten. In der vorliegenden Studie wurde keine der beiden Arten von Handlungsoptionen (situativ und planungsbezogen) höher bewertet, aber es wird die Auffassung vertreten, dass Lehrkräfte in der Lage sein sollten, beide Arten von Handlungsoptionen zu entwickeln. Diese Fähigkeit steht eindeutig im Zusammenhang mit Fähigkeiten im Mikro- und Makro-Scaffolding (Gibbons 2015).

Ähnlich wie bei Santagata und Guarino (2011) konnte auch in der vorliegenden Studie herausgearbeitet werden, dass eine Intervention bei Lehrkräften zu einer vermehrten Formulierung verschiedener Handlungsoptionen führen kann. Dies ist positiv, da ein breites Repertoire an Unterrichtsstrategien mit erfolgreichen Lehrkräften assoziiert wird. Dies wurde bereits von Schoenfeld und Kilpatrick (2008) vermutet und von Kersting et al. (2010) in einer Studie nachgewiesen. Hingegen konnte die Formulierung stärker evidenzbasierter Handlungsoptionen nach einer Intervention wie bei Jacobs et al. (2010) im Sinne von stärker konkretisierten Handlungsoptionen in der vorliegenden Studie nicht nachgewiesen werden. Formulierten die Studierenden Handlungsoptionen, so haben sie diese auch genau beschrieben. Falls dies nicht der Fall war, wurden die Proband*innen dazu von der Interviewerin aufgefordert. Ein weiteres wünschenswertes Qualitätskriterium für Handlungsoptionen ist die Adaptivität, die allerdings ohne Expert*innenrating hinsichtlich der Passung mit bestimmten Ereignissen der Videovignette hier nur schwer realisierbar war. Dieses Qualitätskriterium wurde in der vorliegenden Studie in dem Sinne teilweise erfüllt, dass für die Typenbildung in Bezug auf das Handlungsverhalten aus der sprachlichen Perspektive (wie bei den Interpretationen) nur die Handlungsoptionen betrachtet wurden, bei denen das zugehörige Ereignis zuvor nicht fachlich inkorrekt bewertet oder inkorrekt beschrieben wurde. Auf diese Weise wurden zumindest Handlungsentscheidungen verworfen, in denen die Studierenden zum Beispiel auf einen Fehler der Schülerinnen im Video eingingen, den es gar nicht gab.

Die Bezeichnungen der fünf Typen, die im Hinblick auf das Handlungsverhalten aus der sprachlichen Perspektive rekonstruiert werden konnten, deuten hauptsächlich auf die Art der Thematisierung von herausfordernden Sprachmitteln (Vermeidung, implizite und explizite Thematisierung) hin. Mit dem Typus auf einem höheren Niveau gehen aber auch in der Regel mehr Handlungsoptionen aus der sprachlichen Perspektive, mehr planungsbezogene Handlungsoptionen und ein breiteres Handlungsrepertoire einher. Folglich kann die Zuordnung von 11 Studierenden in der Post-Erhebung zu einem Typus auf einem höheren Niveau als in der Prä-Erhebung als eine positive Entwicklung auf mehreren Ebenen interpretiert werden. Die anderen neun Studierenden wurden dem gleichen Typ wie in der Prä-Erhebung zugeordnet, davon zählten allerdings bereits drei Studierende zu dem sprachlich expliziten Typ. Vier Studierende waren in der Prä- und der Post-Erhebung dem sprachlich insensitiven Typ zuzuordnen. Ähnlich wie bei der Typologie des Interpretationsverhaltens haben die Studierenden hier auch teils Handlungsoptionen aus der sprachlichen Perspektive entwickelt, die jedoch auf fachlich nicht korrekten Bewertungen oder Beschreibungen basierten, sodass es nicht sinnvoll erschien, diese Handlungsoptionen als adaptiv bzw. angemessen zu betrachten. Es zeigte sich also, wie essenziell das mathematische Wissen bzw. die Fähigkeit ist, dieses situativ anwenden zu können. Die Ergebnisse deuten darauf hin, dass die Studierenden teils nicht über die Kompetenz verfügten, Fehler zu erkennen. Bei manchen Studierenden reicht diese Erklärung allerdings nicht aus. Hier bleibt unklar, ob für die Personen Sprache keine bzw. eine geringe Rolle im Mathematikunterricht gespielt hat (Ebene der Beliefs), ob die Person nicht über genügend Wissen hinsichtlich sprachbewusster Handlungsoptionen verfügte (Wissensebene) oder ob die Person vorhandenes Wissen eventuell nicht in der Situation aktivieren und anwenden konnte (Ebene der professionellen Unterrichtswahrnehmung).

Im Vergleich zu den Typen des Interpretationsverhaltens konnten für weniger Studierende positive Veränderungen von der Prä- zur Post-Erhebung beim Handlungsverhalten festgestellt werden. Dies könnte darauf hindeuten, dass diese Kompetenzfacette der professionellen Unterrichtswahrnehmung am schwierigsten gefördert werden kann. Zu dieser Hypothese würde auch passen, dass sowohl bei Schack et al. (2013) als auch bei Santagata und Guarino (2011) die Kompetenzfacette „Decision-Making“ bei den Lehramtsstudierenden von allen Facetten der professionellen Unterrichtswahrnehmung am wenigsten entwickelt war. Es gibt folglich

Hinweise darauf, dass das Entwickeln von Handlungsoptionen für angehende Lehrkräfte eine Herausforderung darstellt. Dies zeigte sich in der vorliegenden Studie vor allem in Bezug auf planungsbezogene Handlungsoptionen und Handlungsoptionen, bei denen Sprache bzw. Sprachmittel explizit thematisiert wurden.

12 Implikationen für die Lehrer*innenbildung

Die eben dargestellten und diskutierten Ergebnisse der vorliegenden Studie deuten darauf hin, dass Mathematiklehramtsstudierende bis zum Beginn der Masterphase ohne gezielte Lerngelegenheiten eher wenig Kompetenzen im Bereich Sprache im Mathematikunterricht erwerben, genauer gesagt hinsichtlich der Kompetenz zur Analyse von potenziellen sprachlichen Hürden in Textaufgaben und hinsichtlich der professionelle Unterrichtswahrnehmung mit Fokus auf die Bedeutung von Sprache im Mathematikunterricht. Unter der Annahme, dass jede Fachlehrkraft in der Lage sein sollte, einen sprachbewussten Mathematikunterricht zu planen und durchzuführen, sollten entsprechende Lerngelegenheiten in der universitären Lehrer*innenbildung fest verankert sein. Die vorliegende Studie konnte zeigen, dass das im Rahmen des Forschungsprojekts entwickelte Seminar die Kompetenzen in diesem Bereich fördern kann. Die Lehrveranstaltung stellt deshalb ein Best Practice-Beispiel dar, wie die Kompetenzförderung im Professionalisierungsprozess gelingen und curricular verankert werden kann.

Die Ergebnisse zur Kompetenzfacette „Interpretation" der professionellen Unterrichtswahrnehmung lassen erkennen, dass die Studierenden durch das Seminar insbesondere für die Vernetzung von Mathematik und Sprache sensibilisiert worden sind. Da aber auch fachunspezifische Fähigkeiten, beispielsweise bezüglich der Kompetenzdimension „Mehrsprachigkeit" oder Kompetenzen in der Sprachstandserfassung von Schüler*innen im Rahmen des Makro-Scaffolding benötigt werden, sollten zusätzlich auch fachunspezifische Lerngelegenheiten in der universitären Lehrer*innenbildung curricular verankert werden.

Die Typologien und die Zuordnung der Studierenden deuten auf eine hohe Heterogenität der Studierenden in Bezug auf Kompetenzen im Bereich Sprache im Mathematikunterricht und Bedürfnisse innerhalb von Lerngelegenheiten hin.

N. Krosanke, *Entwicklung der professionellen Kompetenz von Mathematiklehramtsstudierenden zur Bedeutung von Sprache*, Perspektiven der Mathematikdidaktik,
https://doi.org/10.1007/978-3-658-33505-2_12

Die hier entwickelten Typologien sollten bei der Entwicklung zukünftiger Lerngelegenheiten leitend sein. Sowohl die Studierenden, die schon mit einem eher geschärften Blick für die Bedeutung von Sprache im Mathematikunterricht an einer Lerngelegenheit teilnehmen, sind gezielt anzusprechen als auch diejenigen, die erst verstehen müssen, dass auch sie im Sinne eines erfolgreichen Mathematikunterrichts für die Förderung der sprachlichen Kompetenzen ihrer Schüler*innen zuständig sind.

Die vorliegende Studie konnte Hinweise auf Tätigkeiten liefern, die den Studierenden besonders schwergefallen sind. So waren tiefgehende Interpretationen auch nach der Teilnahme an dem Seminar eher selten und es gab Hinweise darauf, dass die Entwicklung von Handlungsoptionen für angehende Lehrkräfte eine Herausforderung darstellt. Letzteres zeigte sich in der vorliegenden Studie vor allem in Bezug auf planungsbezogene Handlungsoptionen und Handlungsoptionen, bei denen Sprache bzw. Sprachmittel explizit thematisiert wurden. Folglich sollten weitere Lerngelegenheiten im Professionalisierungsprozess curricular verankert werden, die das Ziel verfolgen, die Kompetenzfacetten „Interpretation" und „Decision-Making" der professionellen Unterrichtswahrnehmung in der Lehrer*innenbildung intensiv zu fördern. Dies kann und sollte allerdings nicht allein Aufgabe der universitären Lehrer*innenbildung sein. Vielmehr ist hier die Grundlage dafür zu schaffen, dass in der Ausbildung in der zweiten und dritten Phase eine praxisbezogene Vertiefung erfolgen kann. Dies gilt meines Erachtens insbesondere für die Entwicklung von Handlungsoptionen. Analog dazu sollte es im Professionalisierungsprozess von angehenden Mathematiklehrkräfte neben den im Rahmen dieser Studie entwickelten auch weitere Lerngelegenheiten zur Förderung der Kompetenz zur Analyse von potenziellen sprachlichen Hürden in Textaufgabe geben. Hier haben auch nach der Teilnahme an dem Seminar nicht alle Studierenden potenzielle Hürden auf allen Sprachebenen und in allen Sprachregistern thematisiert.

Eine besondere Relevanz in der vorliegenden Studie haben die nicht korrekten fachlichen Bewertungen von Unterrichtssituationen, die auch in anderen Studien eine zentrale Rolle einnahmen. Die Identifizierung und Analyse fachlicher Fehler der Schüler*innen ist eine zentrale Fähigkeit, die nicht selten einer Verknüpfung von Sprache und Mathematik bedarf und eine zentrale Basis für das (sprachbewusste) Handeln einer Lehrkraft darstellt. Die universitäre Lehrer*innenbildung sollte sich meines Erachtens der Förderung dieser Kompetenz stärker widmen. Eine reine Ausweitung der zum Beispiel an der Universität Hamburg aktuell curricular verankerten Lehrveranstaltungen zur Vermittlung von mathematischem Wissen wäre meines Erachtens nicht zielführend. Geboten scheint mir vielmehr die Erhöhung der mathematikdidaktischen Anteile am

Lehramtsstudium, da fachdidaktisches Wissen zur Erkennung fachlicher Fehler und Fehlvorstellungen der Schüler*innen im hohen Maße beitragen kann und stärker die Schulmathematik in den Blick nimmt. Des Weiteren sollten in mathematikdidaktischen Lehrveranstaltungen Lerngelegenheiten zur Förderung der professionellen Unterrichtswahrnehmung – auch mit Fokus auf der Bedeutung von Sprache im Mathematikunterricht – verstärkt eingebunden werden, um eine bessere Vernetzung zwischen Theorie und Praxis sicherzustellen. Eine weitere Möglichkeit sehe ich in der Neukonzeption ausgewählter bestehender Lehrveranstaltungen des fachwissenschaftlichen Studiums, die zum Ziel haben, die Mathematik und die Mathematikdidaktik deutlicher zu vernetzen. In diesem Kontext wurden an der Universität Hamburg inzwischen innovative Lehrveranstaltungen von Nolte, Koch und Amtsfeld (2018) und innerhalb des Projekts ProfaLe (beispielsweise Stender 2017) entwickelt, die erste wichtige Impulse zur Verbesserung der Lehrer*innenbildung setzen.

13 Limitationen der Studie und Ausblick

Die vorliegende Studie ging der Frage nach, inwiefern in den Äußerungen der Studierenden nach der Teilnahme an dem neu angebotenen Seminar Kompetenzzuwächse in der Aufgabenanalyse und der professionellen Unterrichtswahrnehmung – insbesondere in Bezug auf die Bedeutung von Sprache beim fachlichen Lernen und Lehren – festgestellt werden konnten. Der Einbezug einer Kontrollgruppe war aufgrund der geringen Studierendenzahl des Mathematiklehramts in einem Jahrgang und der zusätzlich auf Freiwilligkeit beruhenden Teilnahme an dem Seminar und der Studie nicht möglich. Trotzdem kann begründet festgestellt werden, dass die identifizierten Veränderungen sehr wahrscheinlich mit der Teilnahme an dem Seminar zusammenhängen. Dies gilt insbesondere für die Äußerungen, die sich auf sprachliche Aspekte beziehen, da die Studierenden hierzu außerhalb des Seminars keine weiteren universitären Lerngelegenheiten hatten.

Der Forschungsfokus des Projektes lag auf den Veränderungen in Bezug auf die professionelle Unterrichtswahrnehmung und die Kompetenz zur Analyse von sprachlichen Hürden bei Textaufgaben. Unklar bleibt, welche Lerngelegenheiten im Rahmen der Lehrveranstaltung besonders wirksam waren und ob andere Seminarkonzepte eventuell die Kompetenzen der Studierenden in dem angestrebten Bereich noch besser hätten fördern können. Für erste Hinweise über besonders gelungene Lerngelegenheiten könnten die von den untersuchten Studierenden erstellten Lerntagebücher, in denen jede Seminarsitzung reflektiert wurde, systematisch ausgewertet werden. Für eine tiefergehende Analyse der Lerngelegenheiten wäre eine neue Studie mit einem Design-Based-Research-Ansatz (Gravemeijer und Cobb 2006) eine Option. In der vorliegenden Studie wurden nur einzelne Elemente des Design-Based-Research-Ansatzes, wie die Überarbeitung des Seminarkonzepts nach der Evaluation sowie die Reflexion der Durchführung

N. Krosanke, *Entwicklung der professionellen Kompetenz von Mathematiklehramtsstudierenden zur Bedeutung von Sprache*, Perspektiven der Mathematikdidaktik,
https://doi.org/10.1007/978-3-658-33505-2_13

in das Design der Studie integriert. Der Fokus der Forschung lag aber auf der Kompetenzentwicklung der Studierenden und nicht auf den Lerngelegenheiten.

In Bezug auf die Untersuchung der professionellen Unterrichtswahrnehmung gibt es Limitationen der Studie, die mit dem Forschungsgegenstand einher gehen (siehe Abschnitt 2.2.2). Eine Herausforderung bei der Erfassung der professionellen Unterrichtswahrnehmung besteht darin, dass es sich bei ihr um einen kognitiven Prozess der Lehrkraft während des Unterrichtens handelt, der somit nur indirekt beobachtet werden kann. In der vorliegenden Studie konnten nur die mündlichen Äußerungen der Studierenden im Hinblick auf die professionelle Unterrichtswahrnehmung ausgewertet werden. Die Studierenden können daher mehr in der Videovignette wahrgenommen haben, als sie in der Interviewsituation angesprochen haben, obwohl sie dazu aufgefordert wurden, alles zu beschreiben, was sie beobachtet haben, und nicht etwa durch Multiple-Choice-Items eingeschränkt oder beeinflusst wurden. Folglich konnte es in der vorliegenden Studie nur darum gehen, der professionellen Unterrichtswahrnehmung möglichst nahe zu kommen und die Grenzen der Erfassungsansätze in der Analyse und Auswertung zu berücksichtigen.

Im Zusammenhang mit den limitierten Möglichkeiten bei der Erfassung der professionellen Unterrichtswahrnehmung steht das bisher ungelöste Problem, ob sich die beiden Kompetenzfacetten „Perception“ und „Interpretation“ trennen lassen. So wurden bestimmte Ereignisse möglicherweise überhaupt nur von den Studierenden thematisiert, weil die Studierenden hier beispielsweise einen fachlichen Fehler von Schüler*innen identifizierten und folglich bereits eine „Interpretation“ stattfand. Diese Problematik besteht auch in der vorliegenden Studie, allerdings wurden die drei Kompetenzfacetten der professionellen Unterrichtswahrnehmung weniger isoliert als in anderen Studien untersucht, um dem zyklischen kognitiven Prozess von „Perception“, „Interpretation“ und „Decision-Making“ gerecht zu werden. So erfolgte eine Verbindung der Facetten durch die Betrachtung von Ereignissen der Videovignette, wodurch im Kontext eines Ereignisses beispielsweise Interpretationen und Handlungsoptionen auf Basis einer nicht korrekten fachlichen Bewertung oder Beschreibung identifiziert werden konnten.

Ein Ziel bei der Erfassung der professionellen Unterrichtswahrnehmung beruht auf der Annahme, so der Performanz der Lehrkräfte näher zu kommen als es mit Wissenstests möglich ist. Hierfür soll sich die untersuchte Lehrkraft anhand der Videovignette bestmöglich in die gezeigte Unterrichtssituation hineinversetzen können. Dies gelang in der vorliegenden Studie besonders gut, da in dem Video keine Lehrkraft zu sehen ist. So konnten sich die Studierenden stärker in die handelnde Position einfühlen, anstatt eine beobachtete Handlung zu reflektieren.

Allerdings bleibt die Situation teils unauthentisch, da die Studierenden die Schülerinnen der Videovignette nicht kannten und sie sich trotz der gegebenen Zeit, um sich mit der Textaufgabe und der zugehörigen Musterlösung zu befassen, vermutlich unvorbereiteter als in der Praxis mit einer fachlichen Unterrichtseinheit auseinanderzusetzen hatten.

In der Prä- und der Post-Erhebung der vorliegenden Studie wurden dieselbe Videovignette und dieselbe Textaufgabe zur Datenerhebung eingesetzt. Hierdurch können Lerneffekte zum Inhalt und im Umgang mit dem Instrument nicht ausgeschlossen werden. Allerdings lagen vier Monate zwischen den Erhebungszeitpunkten und es gab keine Hinweise auf Erinnerungseffekte in den Äußerungen der Studierenden, weshalb Lerneffekte als unwahrscheinlich gelten können. In zukünftigen Forschungsprojekten würde ich aufgrund der Vergleichbarkeit erneut dieselbe Vignette in Prä- und Post-Erhebung einsetzen, allerdings den Einsatz mehrerer Videovignetten und mehrerer Textaufgaben mit vielfältigen (potenziellen) sprachlichen Hürden aller Sprachregister und Sprachebenen empfehlen. Es muss insbesondere geklärt werden, inwiefern Erkenntnisse aus empirischen Studien zur professionellen Unterrichtswahrnehmung durch die eingesetzte Videovignette bedingt sind. Die Frage ist, ob sich in der vorliegenden Studie bei Einsatz anderer Vignetten auch eine Sensibilisierung der Studierenden für die sprachliche Perspektive, insbesondere die Bildungssprache, Satzebene und Bedeutung von Sprache beim fachlichen Lernen und Lehren gezeigt hätte. Hiermit hängt auch die Frage zusammen, wie themenspezifisch die professionelle Unterrichtswahrnehmung allgemein und mit Fokus auf die Bedeutung von Sprache im Mathematikunterricht ist. Angesichts der Tatsache, dass in dem angebotenen Seminar das Themengebiet der Textaufgabe und der Videovignette („funktionaler Zusammenhang") nicht thematisiert worden ist, kann zumindest von einer teils themenunspezifischen Kompetenz ausgegangen werden. Insgesamt ist hier aber weiterhin eine Forschungslücke offensichtlich, die mit der vorliegenden Studie nicht geschlossen werden konnte. Interessant wäre es, die professionelle Unterrichtswahrnehmung bei verschiedenen mathematischen Themengebieten zu untersuchen. Ein weiterführender Ansatz bestünde auch darin, die professionelle Unterrichtswahrnehmung zu Videovignetten zu vergleichen, die verschiedene Arbeitsformen (beispielsweise Partnerarbeit und Plenumsgespräch) und Phasen des Unterrichts (beispielsweise Erkundung, Systematisieren und Üben) zeigen. Des Weiteren erscheint mir die Festlegung von Standardsituationen im Unterricht für die Bedeutung von Sprache im Mathematikunterricht (ähnlich dem Ansatz von Leatham et al. (2015)) als ein interessanter Ansatz für das Problem der Situationsabhängigkeit und der Verallgemeinerbarkeit von Erfassungsansätzen professioneller Unterrichtswahrnehmung („problem of generalizing the specific“, Thomas 2017, S. 510).

In der vorliegenden Arbeit wurde die professionelle Unterrichtswahrnehmung – insbesondere in Bezug auf die Bedeutung von Sprache beim Lernen und Lehren von Mathematik – und die Kompetenz im Bereich der Erkennung potenzieller sprachlicher Hürden in Textaufgaben von Mathematiklehramtsstudierenden untersucht. Ein Vergleich mit anderen Gruppen der Profession wie erfahrene Lehrkräfte oder sprachbewusste Lehrkräfte wäre spannend und erkenntnisversprechend. Für den Vergleich mit erfahrenen Lehrkräften liegen mir bereits Daten vor, die noch ausgewertet werden müssen. Ebenso wäre interessant, ob sich das hier entwickelte und durchgeführte Seminarkonzept auch für den Einsatz in der zweiten und dritten Phase der Lehrer*innenbildung eignet, um die professionelle Kompetenz im Bereich Sprache im Mathematikunterricht zu fördern.

Mit der Verortung des Forschungsprojekts in der qualitativen Forschung ging die Wahl einer kleinen Stichprobe einher. Folglich basieren die Aussagen der vorliegenden Arbeit über Zusammenhänge und Veränderungen nicht auf einer repräsentativen Stichprobe. Es sollten auf Basis der hier vorgelegten Erkenntnisse quantitative Studien folgen, um Aussagen darüber zu generieren, inwieweit Lerngelegenheiten zu einer Förderung der professionellen Unterrichtswahrnehmung mit Fokus auf der Bedeutung von Sprache beim fachlichen Lernen und Lehren beitragen können. Außerdem sollten Zusammenhänge zwischen der Fähigkeit, fachliche Fehler zu erkennen bzw. einer hohen professionellen Unterrichtswahrnehmung mit Fokus auf die Bedeutung von Sprache im Mathematikunterricht und den Hintergrundvariablen der untersuchten Studierenden überprüft werden. Für eine bessere Erklärung der Ergebnisse der vorliegenden Studie wäre auch die Untersuchung der Verbindung zu anderen Kompetenzbereichen hilfreich. So äußerten die Studierenden in der vorliegenden Studie relativ viele fachlich nicht korrekte Bewertungen, wobei unklar blieb, ob sie teils nicht über das benötigte Wissen des fachlichen Inhalts verfügten oder dieses Wissen nicht situativ anwenden konnten. Der Einsatz von Wissenstests zu den fachlichen Inhalten der Vignette könnte hier Klarheit bringen und diese erweiterten Erkenntnisse könnten wiederum weitere Implikationen für die universitäre Lehrer*innenbildung hervorbringen. Ebenso bleibt hier ungeklärt, warum einzelne Studierende durch das Seminar für Sprache im Mathematikunterricht wenig sensibilisiert wurden. Folgende mögliche Ursachen sollten in zukünftigen Studien überprüft werden: Erstens könnte für die Person Sprache keine oder eine geringe Rolle im Mathematikunterricht gespielt haben bzw. sie könnte sich für die Sprachförderung im

Mathematikunterricht nicht zuständig gefühlt haben (Ebene der Beliefs). Zweitens könnte die Person nicht über das erforderliche Wissen zur Bedeutung von Sprache oder bestimmter Sprachmittel im Mathematikunterricht verfügt haben (Wissensebene). Drittens konnte die Person vorhandenes Wissen eventuell nicht in der Situation aktivieren und anwenden (Ebene der professionellen Unterrichtswahrnehmung). Zukünftige Studien sollten folglich auch die Ebenen der Beliefs und des Wissens einbeziehen, um Erkenntnisse über die professionelle Unterrichtswahrnehmung besser erklären zu können.

Die vorliegende Studie konnte einen Beitrag zum Diskurs über die professionelle Unterrichtswahrnehmung leisten. Es wurden bewährte Ansätze zur Erfassung aufgegriffen und weiterentwickelt. So wurde nicht nur erstmals das Themengebiet „Sprache im Mathematikunterricht" zum Fokus der professionellen Unterrichtswahrnehmung erhoben, sondern es wurden teils neue Indikatoren für die Qualität von Aussagen über Videovignetten erprobt und diskutiert. In Bezug auf die Erfassung und die Wirkungsweite der professionellen Unterrichtswahrnehmung sind allerdings noch weitere umfangreiche empirische Untersuchungen und theoretisch konzeptionelle Arbeiten erforderlich. Dies gilt auch für die Frage, wie Mathematiklehrkräfte in allen Phasen der Lehrer*innenbildung bestmöglich für die Bedeutung von Sprache im Mathematikunterricht sensibilisiert werden können. Die Teilnahme an dem hier entwickelten Seminar stellt einen möglichen ersten guten Schritt im Professionalisierungsprozess der ersten Phase der Lehrer*innenbildung dar. Die Förderung der professionellen Unterrichtswahrnehmung mit Fokus auf der Bedeutung von Sprache beim fachlichen Lernen und Lehren wird hierbei als essenziell angesehen, um möglichst einen Einfluss auf die spätere Praxis der angehenden Lehrkräfte zu nehmen und somit einen Beitrag zur Chancengleichheit aller Schüler*innen zu leisten – unabhängig von deren sprachlicher Kompetenz. Für dieses Ziel ist es notwendig, sowohl die Vermittlung des Wissens über die Bedeutung von Sprache im Mathematikunterricht und sprachbewusste Unterrichtsgestaltung als auch die Lerngelegenheiten zur gezielten Förderung der professionellen Unterrichtswahrnehmung in den Curricula aller Lehramtsstudiengänge fest zu verankern.

Literaturverzeichnis

Abshagen, M. (2015). *Praxishandbuch Sprachbildung Mathematik. Sprachsensible unterrichten – Sprache fördern.* Stuttgart: Klett.

Amador, J. M., Males, L. M., Earnest, D. & Dietiker, L. (2017). Curricular noticing: Theory on and practice of teachers' curricular use. In E. O. Schack, M. H. Fisher & J. A. Wilhelm (Hrsg.), *Teacher noticing: bridging and broadening perspectives, contexts, and frameworks* (S. 161–182). Cham: Springer.

Baumann, B. & Becker-Mrotzek, M. (2014). *Sprachförderung und Deutsch als Zweitsprache an deutschen Schulen: Was leistet die Lehrerbildung?* Köln: Mercator-Institut für Sprachförderung und Deutsch als Zweitsprache.

Baumert, J. & Kunter, M. (2006). Stichwort: Professionelle Kompetenz von Lehrkräften. *Zeitschrift für Erziehungswissenschaft*, 9(4), 469–520.

Becker-Mrotzek, M., Hentschel, B., Hippmann, K. & Linnemann, M. (2012). *Sprachförderung in deutschen Schulen – die Sicht der Lehrerinnen und Lehrer. Ergebnisse einer Umfrage unter Lehrerinnen und Lehrern.* Köln: Universität zu Köln , Mercator-Institut für Sprachförderung und Deutsch als Zweitsprache.

Beese, M. & Gürsoy, E. (2012). Bezüge herstellen im Deutschen und Türkischen – Sprachliche Stolpersteine beim Mathematiklernen für zweisprachige Schüler*innen. *Praxis der Mathematik in der Schule, 45*, 34–37.

Beese, M., Benholz, C., Chlosta, C., Gürsoy, E., Hinrichs, B., Niederhaus, C. & Oleschko, S. (2014). *Sprachbildung in allen Unterrichtsfächern.* München: Langenscheidt.

Berliner, D.C. (2001). Learning about and learning from expert teachers. *International Journal of Educational Research, 35*, 463–482.

Blömeke, S. & Kaiser, G. (2014). Theoretical framework, study design and main results of TEDS-M. In S. Blömeke, F.-J. Hsieh, G. Kaiser & W. H. Schmidt (Hrsg.), *International perspectives on teacher knowledge, beliefs and opportunities to learn, advances in mathematics education* (S. 19–48). Dordrecht: Springer.

Blömeke, S. & Kaiser, G. (2017). Understanding the development of teachers' professional competencies as personally, situationally and socially determined. In D. J. Clandini & J. Husu (Hrsg.), *International handbook on research on teachereEducation* (S. 783–802). Thousand Oaks: Sage.

N. Krosanke, *Entwicklung der professionellen Kompetenz von Mathematiklehramtsstudierenden zur Bedeutung von Sprache*, Perspektiven der Mathematikdidaktik,
https://doi.org/10.1007/978-3-658-33505-2

Blömeke, S., Kaiser, G. & Lehmann, R. (2008). *Professionelle Kompetenz angehender Lehrerinnen und Lehrer. Wissen, Überzeugungen und Lerngelegenheiten deutscher Mathematik-Studierender und -referendare – Erste Ergebnisse zur Wirksamkeit der Lehrerausbildung.* Münster: Waxmann.

Blömeke, S., Kaiser, G. & Lehmann, R. (2010). *TEDS-M 2008. Professionelle Kompetenz und Lerngelegenheiten angehender Mathematiklehrkräfte für die Sekundarstufe I im internationalen Vergleich.* Münster: Waxmann.

Blömeke, S., König, J., Busse, A. Suhl, U., Benthien, J., Döhrmann, M. & Kaiser, G. (2014). Von der Lehrerausbildung in den Beruf – Fachbezogenes Wissen als Voraussetzung für Wahrnehmung, Interpretation und Handeln im Unterricht. *Zeitschrift für Erziehungswissenschaft, 17*, 509–542.

Blömeke, S., Gustafsson, J. E. & Shavelson, R. (2015). Beyond dichotomies: Competence viewed as a continuum. *Zeitschrift für Psychologie, 223*(1), 3–13.

Blömeke, S., Busse, A., Kaiser, G., König, J. & Suhl, U. (2016). The relation between content-specific and general teacher knowledge and skills. *Teaching and Teacher Education, 56*, 35–46.

Bock, A.-S. (2017). Professionalisierung von Lehramtsstudierenden für einen inklusiven Mathematikunterricht. In U. Kortenkamp & A. Kuzle (Hrsg.), *Beiträge zum Mathematikunterricht 2017* (S. 111–114). Münster: WTM-Verlag.

Bohnsack, R. (2014). *Rekonstruktive Sozialforschung. Einführung in qualitative Methoden.* Opladen: Verlag Barbara Budrich.

Bourdieu, P. (1992). Ökonomisches, kulturelles und soziales Kapital. In P. Bourdieu (Hrsg.), *Die verborgenen Mechanismen der Macht* (S. 49–75). Hamburg: VSA.

Boysen, J. (2012). Grundlagen zur mehrsprachigen Sozialisation. In M. Michalak & M. Kuchenreuther (Hrsg.), *Grundlagen der Sprachdidaktik Deutsch als Zweitsprache* (S. 27–56). Baltmannweiler: Schneider Verlag Hohengehren.

Brandenburger, A., Bainski, C., Hochherz, W. & Roth, H.-J. (2011). *European core curriculum for inclusive academic language teaching. National adaptation of the european core curriculum for inclusive academic language teaching North Rhine Westphalia (NRW), Germany – Adaption des europäischen Kerncurriculums für inklusive Förderung der Bildungssprache Nordrhein-Westfalen (NRW), Bundesrepublik Deutschland.* https://www.eucim-te.eu/data/eso27/File/Material/NRW.%20Adaptation.pdf

Brandt, H. & Gogolin, I. (2016). *Sprachförderlicher Fachunterricht. Erfahrungen und Beispiele.* Münster: Waxmann.

Bromme, R. (1992). *Der Lehrer als Experte: Zur Psychologie des professionellen Wissens.* Münster: Waxmann.

Bromme, R. (1997). Kompetenzen, Funktionen und unterrichtliches Handeln des Lehrers. In F. E. Weinert (Hrsg.), *Psychologie des Unterrichts und der Schule* (S. 177–212). Göttingen: Hogrefe.

Bromme, R., Seeger, F. & Steinbring H. (1990). *Aufgaben als Anforderungen an Lehrer und Schüler.* Köln: Aulis.

Bruner, J. S. (1974). *Entwurf einer Unterrichtstheorie.* Berlin: Berlin Verlag.

Budde, M. & Busker, M. (2016). Das Projekt Fach-Prosa. Ein fachintegriertes Modell in der Lehrerausbildung zur Professionalisierung in der Sprachförderung. In J. Menthe, D. Höttecke, T. Zabka, M. Hammann & M. Rothgangel (Hrsg.), *Befähigung zu gesellschaftlicher Teilhabe – Beiträge der fachdidaktischen Forschung* (S. 69–80). Münster u.a.: Waxmann.

Carter, K., Cushing, K., Sabers, D., Stein, P. & Berliner, D. C. (1988). Expert-novice differences in perceiving and processing visual information. *Journal of Teacher Education, 39*, 25–31.

Chi, M. T. H. (2011). Theoretical perspectives, methodological approaches, and trends in the study of expertise. In Y. Li & G. Kaiser (Hrsg.), *Expertise in mathematics instruction: An international perspective* (S. 17–39). New York: Springer.

Choy, B. H., Thomas, M. O., Yoon, S. (2017). The FOCUS framework: Characterising productive noticing during lesson planning, delivery and review. In E. O. Schack, M. H. Fisher & J. A. Wilhelm (Hrsg.), *Teacher noticing: bridging and broadening perspectives, contexts, and frameworks* (S. 445–466). Cham: Springer.

Clark, C. & Lampert, M. (1986). The study of teacher thinking: Implications for teacher education. *Journal of Teacher Education*, 37, 27–31.

Cooper, S. (2009). Preservice teachers' analysis of children's work to make instructional decisions. *School Science and Mathematics, 109*(6), 355–362.

Cummins, J. (1979). Cognitive/academic language proficiency, linguistic interdependence, the optimum age question and some other matters. *Working Papers on Bilingualism, 19*, 198–202.

Demmig, S. (2018). CLIL, sprachsensibler Fachunterricht, sprachbewusster Unterricht, Bildungssprache, DaZ, Language Awareness? Welche Konzepte brauchen Lehrkräfte in der Primarstufe in Österreich? *Zeitschrift für Interkulturellen Fremdsprachenunterricht, 23*(1), 111–120.

Depaepe, F., Verschaffel, L. & Kelchtermans, G. (2013). Pedagogical content knowledge: A systematic review of the way in which the concept has pervaded mathematics educational research. *Teaching and Teacher Education, 34*, 12–25.

Deseniss, A. (2015). *Schulmathematik im Kontext von Migration. Mathematikbezogene Vorstellungen und Umgangsweisen mit Aufgaben unter sprachlich-kultureller Perspektive.* Wiesbaden: Springer Spektrum.

Dittmar, N. (2004). *Transkription. Ein Leitfaden mit Aufgaben für Studenten, Forscher und Laien.* Wiesbaden: VA-Verlag.

Döhrmann, M., Kaiser, G. & Blömeke, S. (2010). Messung des mathematischen und mathematikdidaktischen Wissens: Theoretischer Rahmen und Teststruktur. In S. Blömeke, G. Kaiser & R. Lehmann (2010). *TEDS-M 2008. Professionelle Kompetenz und Lerngelegenheiten angehender Mathematiklehrkräfte für die Sekundarstufe I im internationalen Vergleich* (S. 169–196). Münster: Waxmann.

Döhrmann, M., Kaiser, G. & Blömeke, S. (2012). The conceptualization of mathematics competencies in the international teacher education study TEDS-M. *ZDM Mathematics Education, 44*(3), 325–340.

Doll, J., Buchholtz, N., Kaiser, G., König, J., & Bremerich-Vos, A. (2018). Nutzungsverläufe für fachdidaktische Studieninhalte der Fächer Deutsch, Englisch und Mathematik im Lehramtsstudium: Die Bedeutung der Lehrämter und der Zusammenhang mit Lehrinnovationen. *Zeitschrift für Pädagogik, 64*(4), 511–532.

Döring, N. & Bortz, J. (2016). *Forschungsmethoden und Evaluation in den Sozial- und Humanwissenschaften.* Berlin/Heidelberg: Springer.

Dresing, T. & Pehl, T. (2015). *Praxisbuch Interview, Transkription & Analyse. Anleitungen und Regelsysteme für qualitativ Forschende.* Marburg: Eigenverlag.

Dröse, J. & Prediger, S. (2018). Strategien für Textaufgaben – Fördern mit Info-Netzen und Formulierungsvariationen. *Mathematik lehren, 206*, 8–12.

Drüke-Noe, C. (2012). Leseverstehen – mit Sprache muss man rechnen. *Praxis der Mathematik in der Schule, 4*(49), 2–11.

Duarte, J. (2012). *Durchgängige Sprachbildung als gemeinsame Aufgabe in allen Fächern* [Powerpoint-Folien]. https://www.foermig.uni-hamburg.de/pdf-dokumente/duarte-vortrag.pdf

Duarte, J., Gogolin, I. & Kaiser, G. (2011). Sprachlich bedingte Schwierigkeiten von mehrsprachigen Schülerinnen und Schülern bei Textaufgaben. In S. Prediger & E. Özdil (Hrsg.), *Mathematiklernen unter Bedingungen der Mehrsprachigkeit. Stand und Perspektiven der Forschung und Entwicklung in Deutschland* (S. 35–54). Münster: Waxmann.

Dunekacke, S., Jenßen, L., & Blömeke, S. (2015). Effects of mathematics content knowledge on pre-school teachers' performance: A video-based assessment of perception and planning abilities in informal learning situations. *International Journal of Science and Mathematics Education, 13*(2), 267–286.

Duval, R. (2006). A cognitive analysis of problems of comprehension in a learning of mathematics. *Educational Studies in Mathematics, 61*, 103–131.

Flick, U. (2011). *Qualitative Sozialforschung*. Hamburg: Rowohlt.

Freie und Hansestadt Hamburg, Behörde für Schule und Berufsbildung (2011). *Bildungsplan Stadtteilschule Mathematik*. https://www.hamburg.de/bildungsplaene/2363316/start-stadtteilschule/

Freie und Hansestadt Hamburg, Behörde für Schule und Berufsbildung (2019). *Das Schuljahr 2018/2019 in Zahlen. Das Hamburger Schulwesen*. https://www.hamburg.de/contentblob/12142126/0d1b816c0d6ea2ddf55bab11360cf043/data/pdf-gesamtdokument-2018-19.pdf

Friebertshäuser, B. & Langer, A. (2010). Interviewformen und Interviewpraxis. In B. Friebertshäuser, A. Langer & A. Prengel (Hrsg.), *Handbuch Qualitative Forschungsmethoden in der Erziehungswissenschaft* (S. 437–455). Weinheim: Juventa.

Gibbons, P. (2015). *Scaffolding language, scaffolding learning: teaching second language learners in the mainstream classroom* (2. Auflage). Portmouth: Heinemann.

Godwin, C. (1994). Professional vision. *American Anthropologist, 96*(3), 606–633.

Gogolin, I. (1994). *Der monolinguale Habitus der multilingualen Schule*. Münster/New York: Waxmann.

Gogolin, I. (2009). Zweisprachigkeit und die Entwicklung bildungssprachlicher Fähigkeiten. In I. Gogolin & U. Neumann (Hrsg.), *Streitfall Zweisprachigkeit – The bilingualism controversy* (S. 263–280). Wiesbaden: Verlag für Sozialwissenschaften.

Gogolin, I. & Duarte, J. (2016). Bildungssprache. In J. Kilian, B. Brouer & D. Lüttenberg (Hrsg.), *Handbuch Sprache in der Bildung* (S. 478–499). Berlin: De Gruyter.

Gogolin, I. & Lange, I. (2010). *Durchgängige Sprachbildung. Eine Handreichung*. Münster: Waxmann.

Gold, B., Hellermann, C., & Holodynski, M. (2016). Professionelle Wahrnehmung von Klassenführung – Vergleich von zwei videobasierten Erfassungsmethoden. In D. Prinz & K. Schwippert (Hrsg.), *Der Forschung – Der Lehre – Der Bildung. Aktuelle Entwicklungen der Empirischen Bildungsforschung* (S. 103–118). Münster: Waxmann.

Gravemeijer, K. & Cobb, P. (2006). Design research from a learning design perspective. In J. Van den Akker, K. Gravemeijer, S. McKenney & N. Nieveen (Hrsg.), *Educational design research* (S. 17–51). London: Routledge.

Griesel, H., Postel, H., Suhr, F. & Gundlach, A. (2006). *Elemente der Mathematik. Leistungskurs Stochastik*. Hannover: Schroedel.

Gürsoy, E., Benholz, C., Renk, N., Prediger, S. & Büchter, A. (2013). Erlös = Erlösung? – Sprachliche und konzeptuelle Hürden in Prüfungsaufgaben. *Deutsch als Zweitsprache, 1*, 14–24.

Haag, N., Heppt, B., Stanat, P., Kuhl, P. & Pant, H. (2013). Second language learners' performance in mathematics: Disentangling the effects of academic language features. *Learning and instruction, 28*, 24–34.

Habermas, J. (1977). Umgangssprache, Wissenschaftssprache, Bildungssprache. In Max-Planck-Gesellschaft (Hrsg.), *Jahrbuch 1977* (S. 36–51). Göttingen.

Halliday, M. (1978). *Language as a social semiotic: social interpretation of language and meaning*. London: Edward Arnold.

Halliday, M. (1994). *An introduction to functional grammar*. London: Hodder & Stoughton.

Hammer, S. & Fischer, N. (2018). Nationale und internationale Kooperationen und Dissemination. In T. Ehmke, S. Hammer, A. Köker, U. Ohm & B. Koch-Priewe (Hrsg.), *Professionelle Kompetenzen angehender Lehrkräfte im Bereich Deutsch als Zweitsprache* (S. 285–294). Münster: Waxmann.

Hammer, S., Carlson, S. A., Ehmke, T., Koch-Priewe, B., Köker, A., Ohm, U., Rosenbrock, S. & Schulze, N. (2015). Kompetenz von Lehramtsstudierenden in Deutsch als Zweitsprache. Validierung des GSL-Testinstruments. *Zeitschrift für Pädagogik, 61. Beiheft*, 32–54.

Hattie, J. (2003). *Teachers make a difference. What is the research evidence?* Camberwell Victoria: ACER.

Hein, K. (2018). Gegenstandsorientierte Fachdidaktische Entwicklungsforschung am Beispiel des mathematikdidaktischen Projekts MuM-Beweisen. In K. Fereidooni, K. Hein & K. Kraus (Hrsg.), *Theorie und Praxis im Spannungsverhältnis. Beiträge für die Unterrichtsentwicklung* (S. 31–48). Münster: Waxmann.

Heinze, T. (2001). *Qualitative Sozialforschung*. München: Oldenburg Wissenschaftsverlag.

Heinze, A., Herwartz-Emden, L., Braun, C. & Reiss, K. (2011). Die Rolle von Kenntnissen der Unterrichtssprache beim Mathematiklernen. Ergebnisse einer quantitativen Längsschnittstudie in der Grundschule. In S. Prediger & E. Özdil (Hrsg.), *Mathematiklernen unter Bedingungen der Mehrsprachigkeit. Stand und Perspektiven der Forschung und Entwicklung in Deutschland* (S. 11–34). Münster: Waxmann.

Helfferich, C. (2014). Leitfaden- und Experteninterviews. In N. Baur & J. Blasius (Hrsg.), *Handbuch Methoden der empirischen Sozialforschung* (S. 559–574). Wiesbaden: Springer.

Helsper, W. (2007). Eine Antwort auf Jürgen Baumerts und Mareike Kunters Kritik am strukturtheoretischen Professionsansatz. *Zeitschrift für Erziehungswissenschaft, 10*(4), 567–579.

Helsper, W. (2014). Lehrerprofessionalität – der strukturtheoretische Professionsansatz zum Lehrberuf. In E. Terhart, H. Bennewitz & M. Rothland (Hrsg.), *Handbuch der Forschung zum Lehrerberuf* (S. 216–240). Münster: Waxmann.

Hirstein, A., Denn, A.-K., Jurkowski, S. & Lipowsky, F. (2017). Entwicklung der professionellen Wahrnehmungs- und Beurteilungsfähigkeit von Lehramtsstudierenden durch das Lernen mit kontrastierenden Videofällen – Anlage und erste Ergebnisse des Projekts KONTRAST. *Beiträge zur Lehrerinnen- und Lehrerbildung, 35*(3), 472-486.

Hußmann, S. (2005). Umgangssprache – Fachsprache. In T. Leuders (Hrsg.), *Mathematik-Didaktik. Praxishandbuch für die Sekundarstufe 1 und 2* (S. 60–75). Berlin: Cornelsen-Scriptor.

Jacobs, J. & Morita, E. (2002). Japanese and american teachers' evaluations of videotaped mathematics lessons. *Journal for Research in Mathematics Education, 33*(3), 154–175.

Jacobs, V. R., Lamb, L. L. C. & Philipp, R. A. (2010). Professional noticing of children's mathematical thinking. *Journal for Research in Mathematics Education, 41*(2), 169–202.

Jakobsen, A., Ribeiro, C. & Mellone, M. (2014). Norwegian prospective teachers' MKT when interpreting pupils' productions on a fraction task. *Nordic Studies in Mathematics Education, 19*(3–4), 135–150.

Jentsch, A., Schlesinger, L., Heinrichs, H., Kaiser, G., König, J. & Blömeke, S. (2020) Erfassung der fachspezifischen Qualität von Mathematikunterricht: Faktorstruktur und Zusammenhänge zur professionellen Kompetenz von Mathematiklehrpersonen. *Journal für Mathematik-Didaktik,*https://doi.org/10.1007/s13138-020-00168-x.

Kaiser, G. (2015). *Professionelles Lehrerhandeln zur Förderung fachlichen Lernens unter sich verändernden gesellschaftlichen Bedingungen (ProfaLe). Qualitätsoffensive Lehrerbildung in Hamburg* [Powerpoint-Folien]. https://wcms-fakew.rrz.uni-hamburg.de/fakew/1145514/vortrag-profale-20-05-2.pdf

Kaiser, G. & König, J. (2019). Competence measurement in (mathematics) teacher education and beyond: implications for policy. *Higher Education Policy, 32*, 597–615.

Kaiser, G. & Schwarz, I. (2009). Können Migranten wirklich nicht rechnen? Zusammenhänge zwischen mathematischer und allgemeiner Sprachkompetenz. *Friedrich-Jahresheft 2009 Migration*, 68–69.

Kaiser, G., Busse, A., Hoth, J., König, J. & Blömeke, S. (2015). About the complexities of video-based assessments: Theoretical and methodological approaches to overcoming shortcomings of research on teachers' competence. *International Journal of Science and Mathematics Education, 13*, 369–387.

Kaiser, G., Blömeke, S., König, J., Busse, A., Döhrmann, M. & Hoth, J. (2017). Professional competencies of (prospective) mathematics teachers – cognitive versus situated approaches. *Educational Studies in Mathematics, 94*(2), 161–182.

Kelle, U. & Kluge, S. (2010). *Vom Einzelfall zum Typus. Fallvergleich und Fallkontrastierung in der qualitativen Sozialforschung*. Wiesbaden: Springer.

Kersting, N. (2008). Using video clips of mathematics classroom instruction as item prompts to measure teachers' knowledge of teaching mathematics. *Educational and Psychological Measurement, 68*(5), 845–861.

Kersting, N. B., Givvin, K., Sotelo, F. & Stigler, J. W. (2010). Teacher's analysis of classroom video predicts student learning of mathematics: further explorations of a novel measure of teacher knowledge. *Journal of Teacher Education, 61*(1–2), 172–181.

Kersting, N., Sutton, T., Kalinec-Craig, C., Stoehr, K. J., Heshmati, S., Lozano, G. & Stigler, J. W. (2016). Further exploration of the classroom video analysis (CVA) instrument as a measure of usable knowledge for teaching mathematics: Taking a knowledge system perspective. *ZDM Mathematics Education, 48*(1), 97–109.

Klieme, E. & Baumert, J. (Hrsg.) (2001). *TIMSS – Impulse für Schule und Unterricht. Forschungsbefunde, Reforminitiativen, Praxisberichte und Video-Dokumente.* Bonn: BMBF.

Klieme, E., Neubrand, M. & Lüdtke, O. (2001). Mathematische Grundbildung: Testkonzeption und Ergebnisse. In J. Baumert, E. Klieme, M. Neubrand, M. Prenzel, U. Schiefele, W. Schneider et al. (Hrsg.), *PISA 2000. Basiskompetenzen von Schülerinnen und Schülern im internationalen Vergleich* (S. 139–190). Opladen: Leske + Budrich.

Kniffka, G. (2012). Scaffolding – Möglichkeiten, im Fachunterricht sprachliche Kompetenz zu vermitteln. In M. Michalak (Hrsg.), *Grundlagen der Sprachdidaktik Deutsch als Zweitsprache* (S. 208–225). Baltmannsweiler: Schneider Verlag Hohengehren.

Kniffka, G. & Roelcke, T. (2016). *Fachsprachenvermittlung im Unterricht.* Paderborn: Schöningh.

Koeppen, K., Hartig, J., Klieme, E. & Leutner, D. (2008). Current issues in competence modeling and assessment. *Zeitschrift für Psychologie, 216*(2), 61–73.

König, J., Blömeke, S., Klein, P., Suhl, U., Busse, A. & Kaiser, G. (2014). Is teachers' general pedagogical knowledge a premise for noticing and interpreting classroom situations? A video-based assessment approach. *Teaching and Teacher Education, 38*, 76–88.

König, J., Ligtvoet, R., Klemenz, S. & Rothland, M. (2017). Effects of opportunities to learn in teacher preparation on future teachers' general pedagogical knowledge: Analyzing program characteristics and outcomes. *Studies in Educational Evaluation, 53*, 122–133.

Konrad, K. (2010). Lautes Denken. In G. Mey & K. Mruck (Hrsg.), *Handbuch qualitative Forschung in der Psychologie* (S. 476–490). Wiesbaden: Springer.

Kramer, C., König, J., Kaiser, G., Ligtvoet, R. & Blömeke, S. (2017). Der Einsatz von Unterrichtsvideos in der universitären Ausbildung: Zur Wirksamkeit video- und transkriptgestützter Seminare zur Klassenführung auf pädagogisches Wissen und situationsspezifische Fähigkeiten angehender Lehrkräfte. *Zeitschrift für Erziehungswissenschaft, 20*(1), 137–164.

Krammer, K. & Hugener, I. (2014). Förderung der Analysekompetenz angehender Lehrpersonen anhand von eigenen und fremden Unterrichtsvideos. *Journal für Lehrerinnen- und Lehrerbildung, 14*(1), 25–32.

Krammer, K., Hugener, I., Biaggi, S., Frommelt, M., Fürrer Auf der Maur, G. & Stürmer, K. (2016). Videos in der Ausbildung von Lehrkräften: Förderung der professionellen Unterrichtswahrnehmung durch die Analyse von eigenen bzw. fremden Videos. *Unterrichtswissenschaft, 44*(4), 357–372.

Krauss, S., Brunner, M., Kunter, M., Baumert, J., Blum, W., Neubrand, M. & Jordan, A. (2008). Pedagogical content knowledge and content knowledge of secondary mathematics teachers. *Journal of Educational Psychology, 100*(3), 716–725.

Krosanke, N., Orschulik, A., Vorhölter, K. & Buchholtz, N. (2019). Beobachtungsaufträge als Chance zum Praxis-Transfer – eine Einbindung in das mathematikdidaktische Begleitseminar zum Kernpraktikum. In Post-Doc-Gruppe der Fakultät für Erziehungswissenschaften der Universität Hamburg (Hrsg.), *Wie kann Praxis-Transfer in der tertiären Bildungsforschung gelingen*? Proceedings des Post-Doc Symposiums Praxistransfer an der Universität Hamburg.

Kuckartz, U. (2016). *Qualitative Inhaltsanalyse. Methoden, Praxis, Computerunterstützung.* Beltz Juventa: Weinheim und Basel.

Kultusministerkonferenz (2003). *Bildungsstandards im Fach Mathematik für den mittleren Schulabschluss.* https://www.kmk.org/fileadmin/veroeffentlichungen_beschluesse/2003/2003_12_04-Bildungsstandards-Mathe-Mittleren-SA.pdf

Kunter, M., Baumert, J., Blum, W., Klusmann U., Krauss, S. & Neubrand, M. (2013). *Cognitive activation in the mathematics classroom and professional competence of teachers. Results from the COACTIV project.* New York: Springer.

Lamme, V. A. F. (2003). Why visual attention and awareness are different. *Trends in Cognitive Sciences, 7*(1), 12–18.

Lamnek, S. (1995). *Qualitative Sozialforschung: Band 1 Methodologie* (3. Auflage). Weinheim: Psychologie Verlags Union.

Lamnek, S. (2005). *Qualitative Sozialforschung.* Weinheim: Beltz.

Leatham, K. R., Peterson, B. E., Stockero, S. L. & Van Zoest L. R. (2015). Conceptualizing mathematically significant pedagogical opportunities to build on student thinking. *Journal for Research in Mathematics Education, 46*(1), 88–124.

Leisen, J. (2010). *Handbuch Sprachförderung im Fach. Sprachsensibler Fachunterricht in der Praxis.* Bonn: Varus.

Leisen, J. (2011). Der sprachsensible Fachunterricht. *Betrifft: Lehrerausbildung und Schule, 8*, 6–15.

Leisen, J. (2017). *Handbuch Fortbildung Sprachförderung im Fach. Sprachsensibler Fachunterricht in der Praxis.* Stuttgart: Klett.

Leiss, D., Domenech, M., Ehmke, T. & Schwippert, K. (2017). Schwer – schwierig – diffizil: Zum Einfluss sprachlicher Komplexität von Aufgabe auf fachliche Leistungen in der Sekundarstufe I. In D. Leiss, M. Hagena, A. Neumann & K. Schwippert (Hrsg.), *Mathematik und Sprache. Empirischer Forschungsstand und unterrichtliche Herausforderungen* (S. 99–126). Münster: Waxmann.

Lengyel, D. (2016). Umgang mit sprachlicher Heterogenität im Klassenzimmer. In: J. Kilian, B. Brouër & D. Lüttenberg (Hrsg.), *Handbuch Sprache in der Bildung* (S. 500–522). Berlin/Boston: de Gruyter.

Lindmeier, A. M., Heinze, A. & Reiss, K. (2013). Eine Machbarkeitsstudie zur Operationalisierung aktionsbezogener Kompetenz von Mathematiklehrkräften mit videobasierten Maßen. *Journal für Mathematik-Didaktik, 34*, 99–119.

Linneweber-Lammerskitten, H. (2013). Sprachkompetenz als integrierter Bestandteil der mathematical literacy. In M. Becker-Mrotzek, K. Schramm, E. Thürmann & H. J. Vollmer (Hrsg.), *Sprache im Fach. Sprachlichkeit und fachliches Lernen* (S. 151–166). Münster: Waxmann.

Lipowsky, F. (2006). Auf den Lehrer kommt es an. Empirische Evidenzen für Zusammenhänge zwischen Lehrerkompetenzen, Lehrerhandeln und dem Lernen der Schüler. *Zeitschrift für Pädagogik, 51. Beiheft*, 47–70.

Lissmann, U. (2010). *Leistungsmessung und Leistungsbeurteilung – eine Einführung.* Landau: Empirische Pädagogik.

Lyon, E. G., (2013). What about language while equitably assessing science? Case studies of preservice teachers' evolving expertise. *Teaching and Teacher Education, 32*(C), 1–11.

Maier, H. & Schweiger, F. (1999). *Mathematik und Sprache.* Wien: Öbv & hpt.

Malle, G. (1993). *Didaktische Probleme der elementaren Algebra.* Braunschweig/Wiesbaden: Vieweg.

Mayring, P. (2015). *Qualitative Inhaltsanalyse. Grundlagen und Techniken.* Weinheim und Basel: Beltz.

Mayring, P. & Fenzl, T. (2014). Qualitative Inhaltsanalyse. In N. Baur & J. Blasius, *Handbuch Methoden der empirischen Sozialforschung* (S. 543–556). Wiesbaden: Springer Fachmedien.

Meyer, M. & Prediger, S. (2012). Sprachenvielfalt im Mathematikunterricht – Herausforderungen, Chancen und Förderansätze. *Praxis der Mathematik, 54*(45), 2–9.

Meyer, M. & Tiedemann, K. (2017). *Sprache im Fach Mathematik. Mathematik im Fokus.* Berlin: Springer.

Michalak, M., Lemke, V. & Goeke, M. (2015). *Sprache im Fachunterricht. Eine Einführung in Deutsch als Zweitsprache und sprachbewussten Unterricht.* Tübingen: Narr.

Ministerium für Bildung, Wissenschaft, Forschung und Kultur des Landes Schleswig-Holstein (2014). *Lehrplan für die Sekundarstufe I der weiterführenden allgemeinbildenden Schulen. Hauptschule, Realschule, Gymnasium, Gesamtschule. Mathematik.* https://lehrplan.lernnetz.de/index.php?wahl=139

Morek, M. & Heller, V. (2012). Bildungssprache – Kommunikative, epistemische, soziale und interaktive Aspekte ihres Gebrauchs. *Zeitschrift für angewandte Linguistik, 57*, 67–101.

Neubrand, M., Jordan, A., Krauss, S., Blum, W. & Löwen, K. (2011). Aufgaben im COACTIV-Projekt: Einblicke in das Potenzial für kognitive Aktivierung im Mathematikunterricht. In M. Kunter, J. Baumert, W. Blum, U. Klusmann, S. Krauss & M. Neubrand (Hrsg.), *Professionelle Kompetenz von Lehrkräften. Ergebnisse des Forschungsprogramms COACTIV* (S. 116–132). Münster: Waxmann.

Nickerson, S. D., Lamb, L. & LaRochelle, R. (2017). Challenges in measuring secondary mathematics teachers' professional noticing of students' mathematical thinking. In E. O. Schack, M. H. Fisher & J. A. Wilhelm (Hrsg.), *Teacher noticing: Bridging and broadening perspectives, contexts, and frameworks* (S. 381–400). Cham: Springer.

Nolte, M., Koch, S. & Amtsfeld, T. (2018). Problemlösen: Zugänge zu kindlichen Lösungsräumen und fachmathematischem Hintergrund. In Fachgruppe Didaktik der Mathematik der Universität Paderborn (Hrsg.), *Beiträge zum Mathematikunterricht 2018* (S. 1323–1326). Münster: WTM-Verlag.

OECD (2003). *PISA 2003 Assessment Framework: Mathematics, Reading, Science and Problem Solving Knowledge and Skills – Publications 2003.* https://www.oecd.org/education/school/programmeforinternationalstudentassessmentpisa/33694881.pdf

OECD (2007). *Science Competencies for Tomorrow's World: Vol. 2: Data (PISA 2006).* Paris: OECD.

OECD (2016). *Programme for international student assessment (PISA). PISA 2015 Ergebnisse. Ländernotiz Deutschland.* https://www.oecd.org/pisa/PISA-2015-Germany-DEU.pdf

Orschulik, A. (2019). Entwicklung der professionellen Wahrnehmungskompetenz von Studierenden in universitären Praxisphasen. In A. Frank, S. Krauss & K. Binder (Hrsg.), *Beiträge zum Mathematikunterricht 2019* (S. 593–596). Münster: WTM-Verlag.

Oser, F. & Heinzer, S. (2010). Was die Lehrerbildung vergisst: Kompetenzprofile für erzieherisches Handeln. *Beiträge zur Lehrerinnen- und Lehrerbildung, 23*(3), 361–378.

Oser, F., Curcio, G.-P. & Düggeli, A. (2007). Kompetenzmessung in der Lehrerbildung als Notwendigkeit. Fragen und Zugänge. *Beiträge zur Lehrerinnen- und Lehrerbildung, 25*(1), 14–26.

Oevermann, U. (1996). Theoretische Skizze einer revidierten Theorie professionellen Handelns. In A. Combe & W. Helsper (Hrsg.), *Pädagogische Professionalität* (S. 70–182). Frankfurt am Main: Suhrkamp.

Phillipp, R., Jacobs, V. R. & Sherin, M. G. (2014). Noticing of mathematics teachers. In S. Lerman (Hrsg.), *Encyclopedia of mathematics education* (S. 465–466). Dordrecht: Springer.

PIK As (o.J.). *Orientierung an der Hundertertafel.* https://pikas.dzlm.de/pikasfiles/uploads/upload/Material/Haus_4_-_Sprachfoerderung_im_Mathematikunterricht/UM/Hundertertafel/Lehrer-Material/Plakate/Plakat7_Woerterliste.pdf

Pitton, A. & Scholten-Akoun, D. (2013). Deutsch als Zweitsprache als verpflichtender Bestandteil der Lehramtsausbildung in Nordrhein-Westfalen – eine vorläufige Bestandsaufnahme. In C. Röhner & B. Hövelbrinks (Hrsg.), *Fachbezogene Sprachförderung in Deutsch als Zweitsprache. Theoretische Konzepte und empirische Befunde zum Erwerb bildungssprachlicher Kompetenzen* (S. 176–197). Weinheim und Basel: Beltz Juventa.

Pöhler, B. (2018). *Konzeptuelle und lexikalische Lernpfade und Lernwege zu Prozenten: Eine Entwicklungsforschungsstudie.* Heidelberg: Springer Spektrum.

Pöhler, B. & Prediger, S. (2015). The interplay of micro- and macro-scaffolding: an empirical reconstruction for the case of an intervention on percentages. *ZDM Mathematics Education, 47*, 1179–1194.

Prediger, S. (2013a). Darstellungen, Register und mentale Konstruktion von Bedeutungen und Beziehungen – mathematikspezifische sprachliche Herausforderungen identifizieren und bearbeiten. In M. Becker-Mrotzek, K. Schramm, E. Thürmann, H. J. Vollmer (Hrsg.), *Sprache im Fach. Sprachlichkeit und fachliches Lernen* (S. 167–183). Münster: Waxmann.

Prediger, S. (2013b). Sprachmittel für mathematische Verstehensprozesse – Einblicke in Probleme, Vorgehensweisen und Ergebnisse von Entwicklungsforschungsstudien. In A. Pallack (Hrsg.), *Impulse für eine zeitgemäße Mathematiklehrer-Ausbildung. MNU-Dokumentation der 16. Fachleitertagung Mathematik* (S. 26–36). Neuss: Seeberger.

Prediger, S. (2015a). „Die Aufgaben sind leicht, weil ... die leicht sind." Sprachbildung im Fachunterricht – am Beispiel Mathematikunterricht. In W. Ostermann, T. Helmig, N. Schadt & J. Boesten (Hrsg.), *Sprache bildet! Auf dem Weg zu einer durchgängigen Sprachbildung in der Metropole Ruhr* (S. 185–196). Mühlheim: Verlag an der Ruhr.

Prediger, S. (2015b). Wortfelder und Formulierungsvariation. Intelligent Spracharbeit ohne Erziehung zur Oberflächlichkeit. *Lernchancen, 104*, 10–14.

Prediger, S. (2016). Wer kann es auch erklären? Sprachliche Lernziele identifizieren und verfolgen. *Mathematik differenziert, 7*(2), 6–9.

Prediger, S. (2017a). „Kapital multipliziert durch Faktor halt, kann ich nicht besser erklären" – Sprachschatzarbeit im verstehensorientierten Mathematikunterricht. In B. Lütke, I. Petersen & T. Tajmel (Hrsg.), *Fachintegrierte Sprachbildung – Forschung, Theoriebildung und Konzepte für die Unterrichtspraxis* (S. 229–252). Berlin: De Gruyter.

Prediger, S. (2017b). Auf sprachliche Heterogenität im Mathematikunterricht vorbereiten – Fokussierte Problemdiagnose und Förderansätze. In J. Leuders, T. Leuders, S. Prediger & S. Ruwisch (Hrsg.), *Mit Heterogenität im Mathematikunterricht umgehen lernen – Konzepte und Perspektiven für eine zentrale Anforderung an die Lehrerbildung* (S. 29–40). Wiesbaden: Springer Spektrum.

Prediger, S. (2019). Design-Research in der gegenstandsspezifischen Professionalisierungsforschung – Ansatz und Einblicke in Vorgehensweisen und Resultate. In T. Leuders, E.

Christophel, M. Hemmer, F. Korneck & P. Labudde (Hrsg.), *Fachdidaktische Forschung zur Lehrerbildung* (S. 11–34). Münster: Waxmann.

Prediger, S. & Wessel, L. (2018). Brauchen mehrsprachige Jugendliche eine andere fach- und sprachintegrierte Förderung als einsprachige? Differentielle Analysen zur Wirksamkeit zweier Interventionen in Mathematik. *Zeitschrift für Erziehungswissenschaft, 21*, 361–382.

Prediger, S., Tschierschky, K., Wessel, L. & Seipp, B. (2012). Professionalisierung für fach- und sprachintegrierte Diagnose und Förderung im Mathematikunterricht. Entwicklung und Erprobung eines Konzepts für die universitäre Fachlehrerausbildung. *Zeitschrift für interkulturellen Fremdsprachenunterricht, 17*(1), 40–58.

Prediger, S., Eisen, V., Kietzmann, U., Wilhelm, N., Şahin-Gür, D. & Benholz, C. (2017). Sprachsensibles Unterrichten fördern – Cluster Mathematik. Überblick zu den Bausteinen für das Fachseminar Mathematik der zweiten Ausbildungsphase. In S. Oleschko (Hrsg.), *Sprachsensibles Unterrichten fördern. Angebote für den Vorbereitungsdienst* (S. 188–229). Arnsberg: Landesweite Koordinationsstelle Kommunale Integrationszentren (LAKI).

Prediger, S., Şahin-Gür, D. & Zindel, C. (2018). Are teachers' language views connected to their diagnostic judgments on students' explanations? In E. Bergqvist, M. Österholm, C. Granberg & L. Sumpter (Hrs.), *Proceedings of the 42nd conference of the international group for the psychology of mathematics education* (S. 11–18). Umeå: PME.

Rehm, M. & Bölsterli, K. (2014). Entwicklung von Unterrichtsvignetten. In D. Krüger, I. Parchmann & H. Schecker (Hrsg.), *Methoden in der naturwissenschaftlichen Forschung* (S. 213–225). Berlin: Springer.

Reichertz, J. (2014). Empirische Sozialforschung und soziologische Theorie. In N. Baur & J. Blasius (Hrsg.), *Handbuch Methoden der empirischen Sozialforschung* (S. 65–80). Wiesbaden: Springer.

Reusser, K. (1997). Erwerb mathematischer Kompetenzen: Literaturüberblick. In F. Weinert & A. Helmke (Hrsg.), *Entwicklung im Grundschulalter* (S. 141–155). Weinheim: Beltz / Psychologie Verlags Union.

Richardson, V. (1996). The role of attitudes and beliefs in learning to teach. In J. Sikula, T. Buttery & E. Guyton (Hrsg.), *Handbook of research on teacher education* (S. 102–119). New York: Macmillan.

Riebling, L. (2013). *Sprachbildung im naturwissenschaftlichen Unterricht – Eine Studie im Kontext migrationsbedingter sprachlicher Heterogenität*. Münster: Waxmann.

Rösch, H. & Paetsch, J. (2011). Sach- und Textaufgaben im Mathematikunterricht als Herausforderung für mehrsprachige Kinder. In S. Prediger & E. Özdil (Hrsg.), *Mathematiklernen unter Bedingungen der Mehrsprachigkeit. Stand und Perspektiven der Forschung und Entwicklung in Deutschland* (S. 55–76). Münster: Waxmann.

Ross, N. & Kaiser, G. (2018). Klassifikation von Mathematikaufgaben zur Untersuchung mathematisch-kognitiver Aspekte von Schülerleistungstests und von Unterrichtsqualität. In Fachgruppe Didaktik der Mathematik der Universität Paderborn (Hrsg.), *Beiträge zum Mathematikunterricht 2018* (S. 1519–1522). Münster: WTM-Verlag.

Rowland, T. & Ruthven, K. (Hrsg.) (2011). *Mathematical knowledge in teaching*. London: Springer.

Santagata, R. (2009). Designing video-based professional development for mathematics teachers in low-performing schools. *Journal of Teacher Education, 60*(1), 38–51.

Santagata, R. & Guarino, J. (2011). Using video to teach future teachers to learn from teaching. *ZDM Mathematics Education, 43*(1), 133–145.

Santagata, R. & Yeh, C. (2016). The role of perception, interpretation, and decision making in the development of beginnings teachers' competence. *ZDM Mathematics Education, 48*(1), 153–165.

Santagata, R., Zannoni, C. & Stigler, J. W. (2007). The role of lesson analysis in pre-service teacher education: an empirical investigation of teacher learning from a virtual video-based field experience. *Journal of Mathematics Teacher Education, 10*, 123–140.

Schack, E. O., Fisher, M. H., Thomas, J. N., Eisenhardt, S., Tassell, J. & Yoder, M. (2013). Prospective elementary school teachers' professional noticing of children's early numeracy. *Journal of Mathematics Teacher Education, 16*(5), 379–397.

Scheiner, T. (2016). Teacher noticing: enlightening or blinding? *ZDM Mathematics Education, 48*(1), 227–238.

Schoenfeld, A. H. (2010). *How we think: A theory of goaloriented decision making and its educational applications.* New York: Routledge.

Schoenfeld, A. H. (2011). Noticing matters. A lot. Now what? In M. G. Sherin, V. R. Jacobs & R. A. Phillipp (Hrsg.), *Mathematics teacher noticing: Seeing through teachers' eyes* (S. 223–238). New York: Routledge.

Schoenfeld, A. H. & Kilpatrick, J. (2008). Toward a Theory of Proficiency in Teaching Mathematics. In D. Tirosh & T. Wood (Hrsg.), *International handbook of mathematics teacher education: Volume 2. Tools and processes in mathematics teacher education* (S. 321–354). Rotterdam: Sense Publishers.

Scholten, N., Höttecke, D. & Sprenger, S. (2019). How do geography teachers notice critical incidents during instruction? *International Research in Geographical and Environmental Education, 2*(29), 163–177.

Schreier, M. (2014). Varianten qualitativer Inhaltsanalyse: Ein Wegweiser im Dickicht der Begrifflichkeiten. *Forum qualitative Sozialforschung, 15*(1).

Schukajlow, S. & Leiss, D. (2012). Die Mapping-Technik als Hilfe in einem Mathematikunterricht mit anspruchsvollen Leseanforderungen. *Praxis der Mathematik in der Schule, 4*(46), 26–32.

Schütte, M. (2009). *Sprache und Interaktion im Mathematikunterricht der Grundschule.* Münster: Waxmann.

Schütte, M. & Kaiser, G. (2011). Equity and the quality of the language used in mathematics education. In B. Atweh, M. Graven, W. Secada & P. Valero (Hrsg.), *Mapping Equity and Quality in Mathematics Education* (S. 237–251). New York: Springer.

Schwarz, B. (2011). *Professionelle Kompetenz von Mathematiklehramtsstudierenden. Eine Analyse der strukturellen Zusammenhänge.* Wiesbaden: Springer.

Seidel, T., & Stürmer, K. (2014). Modeling and measuring the structure of professional vision in pre-service teachers. *American Educational Research Journal, 51*(4), 739–771.

Seidel, T., Stürmer, K., Blomberg, G., Kobarg, M. & Schwindt, K. (2011). Teacher learning from analysis of videotaped classroom situations: Does it make a difference whether teachers observe their own teaching or that of others? *Teaching and Teacher Education, 27*(2), 259–267.

Seidel, T., Blomberg, G. & Renkl, A. (2013). Instructional strategies for using video in teacher education. *Teaching and Teacher Education, 34*, 56–65.

Sherin, B. & Star, J. R. (2011). Reflections on the study of teacher noticing. In M. G. Sherin, V. R. Jacobs & R. A. Phillipp (Hrsg.), *Mathematics teacher noticing: Seeing through teachers' eyes* (S. 65–78). New York: Routledge.

Sherin, M. G. (2017). Exploring the boundaries of teacher noticing: Commentary. In E. O. Schack, M. H. Fisher & J. A. Wilhelm (Hrsg.), *Teacher noticing: bridging and broadening perspectives, contexts, and frameworks* (S. 401–408). Cham: Springer.

Sherin, M. G. & van Es, E. A. (2009). Effects of video club participation on teachers' professional vision. *Journal of Teacher Education, 60*(1), 20–37.

Sherin, M. G., Linsenmeier, K. A. & van Es, E. A. (2009). Selecting video clips to promote mathematics teachers' discussion of student thinking. *Journal of Teacher Education, 60*(3), 213–230.

Sherin, M. G., Jacobs, V. R. & Phillipp, R. A. (2011a). *Mathematics teacher noticing: Seeing through teachers' eyes.* New York: Routledge.

Sherin, M. G., Russ, R. S. & Colestock, A. A. (2011b). Accessing mathematics teachers' in – the-moment noticing. In M. G. Sherin, V. R. Jacobs & R. A. Phillipp (Hrsg.), *Mathematics teacher noticing: Seeing through teachers' eyes* (S. 79–94). New York: Routledge.

Shulman, L. S. (1986). Those who understand: Knowledge growth in teaching. *Educational Researcher, 15*(2), 4–14.

Son, J.-W. (2013). How preservice teachers interpret and respond to student errors: Ratio and proportion in similar rectangles. *Educational Studies in Mathematics, 84*(1), 49–70.

Son, J.-W. & Kim, O.-K. (2015). Teachers' selection and enactment of mathematical problems from textbooks. *Mathematics Education Research Journal, 27*(4), 491–518.

Stahnke, R., Schueler, S. & Roesken-Winter, B. (2016). Teachers' perception, interpretation, and decision-making: a systematic review of empirical mathematics education research. *ZDM Mathematics Education, 48*(1), 1–27.

Stanat, P. (2006). Disparitäten im schulischen Erfolg: Forschungsstand zur Rolle des Migrationshintergrunds. *Unterrichtswissenschaft, 34*(2), 98–124.

Stangen, I. (2017). *Wissen über fachspezifische sprachliche Besonderheiten angehender Lehrkräfte der mathematisch-naturwissenschaftlichen Fächer.* Vortrag im Rahmen des internationalen ProfaLe-Kongresses "New International Perspectives on Future Teachers' Professional Competencies" am 22. September 2017 an der Universität Hamburg.

Stangen, I., Schroedler, T., Lengyel, D. (2020). Kompetenzentwicklung für den Umgang mit Deutsch als Zweitsprache und Mehrsprachigkeit im Fachunterricht: Universitäre Lerngelegenheiten und Kompetenzmessung in der Lehrer(innen)bildung. In I. Gogolin, B. Hannover, A. Scheunpflug (Hrsg.), *Evidenzbasierung in der Lehrkräftebildung* (S. 123–149). Wiesbaden: Springer.

Star, J. R., & Strickland, S. K. (2008). Learning to observe: Using video to improve preservice mathematics teachers' ability to notice. *Journal of Mathematics Teacher Education, 11*(2), 107–125.

Stender, P. (2017). Ein Lehramtsspezifisches Tutorium zur Reduktion der doppelten Diskontinuität in der Lehrerbildung. In U. Kortenkamp & A. Kuzle (Hrsg.), *Beiträge zum Mathematikunterricht 2017* (S. 961–964). Münster: WTM.

Stockero, S. L. & Rupnow, R. L. (2017). Measuring noticing within complex mathematics classroom interactions. In E. O. Schack, M. H. Fisher & J. A. Wilhelm (Hrsg.), *Teacher noticing: Bridging and broadening perspectives, contexts, and frameworks* (S. 281–302). Cham: Springer.

Strauss, A. L. & Corbin, J. M. (1996). *Grounded Theory: Grundlagen qualitativer Sozialforschung*. Weinheim: Beltz, Psychologie Verlags Union.

Stürmer, K., Könings, K. D., Seidel, T. (2013). Declarative knowledge and professional vision in teacher education: Effect of courses in teaching and learning. *British Journal of Educational Psychology, 83*(3), 467–483.

Stürmer, K., Seidel, T., Müller, K., Häusler, J. & Cortina, K. S. (2017). What is in the eye of preservice teachers while instructing? An eye-tracking study about attention processes in different teaching situations. *Zeitschrift für Erziehungswissenschaft, 20*, 75–92.

Tajmel, T. (2013). Möglichkeiten der sprachlichen Sensibilisierung von Lehrkräften naturwissenschaftlicher Fächer. In C. Röhner & B. Höverlbrinks (Hrsg.), *Fachbezogene Sprachförderung in Deutsch als Zweitsprache. Theoretische Konzepte und empirische Befunde zum Erwerb bildungssprachlicher Kompetenzen* (S. 198–211). Weinheim und Basel: Beltz Juventa.

Tajmel, T. (2017). *Naturwissenschaftliche Bildung in der Migrationsgesellschaft. Grundzüge einer Reflexiven Physikdidaktik und kritisch-sprachbewussten Praxis*. Wiesbaden: Springer Fachmedien.

Tajmel, T. & Hägi-Mead, S. (2017). *Sprachbewusste Unterrichtsplanung. Prinzipien, Methoden und Beispiele für die Umsetzung*. Münster: Waxmann.

Terhart, E. (2011). Lehrerberuf und Professionalität. Gewandeltes Begriffsverständnis – neue Herausforderungen. *Zeitschrift für Pädagogik, 57. Beiheft*, 202–224.

Terhart, E., Bennewitz, H. & Rothland, M. (Hrsg.) (2014). *Handbuch der Forschung zum Lehrerberuf*. Münster: Waxmann.

Tillmann, K.-J. (2014). Konzepte der Forschung zum Lehrerberuf. In E. Terhart, H. Bennewitz & M. Rothland (Hrsg.), *Handbuch der Forschung zum Lehrerberuf* (S. 308–318). Münster: Waxmann.

Thomas, J. N. (2017). The ascendance of noticing: Connections, challenges, and questions. In E. O. Schack, M. H. Fisher & J. A. Wilhelm (Hrsg.), *Teacher noticing: Bridging and broadening perspectives, contexts, and frameworks* (S. 507–512). Cham: Springer.

Törner, G. (2002). Epistemologische Grundüberzeugungen – verborgene Variablen beim Lehren und Lernen von Mathematik. *Der Mathematikunterricht, 45*, 103–128.

Turner, E., Roth McDuffie, A., Sugimoto, A., Aguirre, J., Bartell, T. G., Drake, C., Foote, M., Stoehr, K. & Witters, A. (2019). A study of early career teachers' practices related to language and language diversity during mathematics instruction. *Mathematical Thinking and Learning, 21*(1), 1–27.

Ufer, S., Reiss, K. & Mehringer, V. (2013). Sprachstand, soziale Herkunft und Bilingualität: Effekte auf Facetten mathematischer Kompetenz. In M. Becker-Mrotzek, K. Schramm, E. Thürmann, H. J. Vollmer (Hrsg.), *Sprache im Fach. Sprachlichkeit und fachliches Lernen* (S. 185–202). Münster: Waxmann.

Van Es, E. A. (2011). A framework for learning to notice student thinking. In M. G. Sherin, V. R. Jacobs & R. A. Philipp (Hrsg.), *Mathematics teacher noticing. Seeing through teachers' eyes* (S. 134–151). New York: Routledge.

Van Es, E. A. und Sherin, M. G. (2002). Learning to notice: Scaffolding new teachers' interpretations of classroom interactions. *Journal of Technology and Teacher Education, 10*(4), 571–596.

Venn, M. (2011). Lerntagebücher in der Hochschule. *Journal für Hochschuldidaktik, 1*, 9–12.

Vom Hofe, R. (1996). Grundvorstellungen – Basis für inhaltliches Denken. *Mathematik lehren, 78*, 4–8.

Wagenschein, M. (1968). *Verstehen lehren. Genetisch – sokratisch – exemplarisch.* Weinheim: Beltz.

Walzebug, A. (2015). *Sprachlich bedingte soziale Ungleichheit. Theoretische und empirische Betrachtungen am Beispiel mathematischer Testaufgaben und ihrer Bearbeitung.* Münster: Waxmann.

Weinert, F. E. (2001). Concepts of competence: a conceptual clarification. In D. S. Rychen & L. H. Salgnik (Hrsg.), *Defining and selecting key competencies* (S. 45–66). Göttingen: Hogrefe and Huber.

Wessel, L. (2015). *Fach- und sprachintegrierte Förderung durch Darstellungsvernetzung und Scaffolding – Ein Entwicklungsforschungsprojekt zum Anteilbegriff*. Heidelberg: Springer Spektrum.

Wilhelm, N. (2016). *Zusammenhänge zwischen Sprachkompetenz und Bearbeitung mathematischer Textaufgaben. Quantitative und qualitative Analysen sprachlicher und konzeptueller Hürden.* Wiesbaden: Springer.

Wittmann, E. C. (1985). Objekte – Operationen – Wirkungen: Das operative Prinzip in der Mathematikdidaktik. *Mathematiklehren, 11*, 7–11.

Wood, D., Bruner, J. S. & Gail, R. (1976). The role of tutoring in problem solving. *Journal of Child Psychology and Psychiatry, 17*, 89–100.

Wygotski, L. (1978). *Denken und Sprechen.* Berlin: Fischer.

Zindel, C. (2019). *Den Kern des Funktionsbegriffs verstehen – Eine Entwicklungsforschungsstudie zur fach- und sprachintegrierten Förderung.* Wiesbaden: Springer.

Printed in the United States
by Baker & Taylor Publisher Services